Ausgewählte Vorträge und Schriften von Adolf Frank

über Kalisalze,
Kalkstickstoff, Moorkultur und Torfverwertung,
Zellstoffgewinnung, Mosaikindustrie usw.

herausgegeben und eingeleitet

von

Prof. Dr. H. Grossmann

Mit 14 Figuren im Text

Berlin W.
Verlag von M. Krayn
1922

INHALT.

Einleitung.

Wenn man die große Zahl der wissenschaftlichen und technischen Arbeiten von Adolf Frank, welche dieser hervorragende deutsche Chemiker im Laufe seines langen Lebens veröffentlicht hat, überblickt, so ergibt sich, daß Frank nicht nur eine ganze Reihe von wichtigen Industrien geschaffen, sondern daß er auch mehreren Produktionszweigen seinen Stempel aufgedrückt hat, deren Ursprung auf andere Chemiker und Techniker des In- und Auslandes zurückzuführen ist. Diese Tatsache rechtfertigt es sicherlich zur Genüge, daß im folgenden eine Auswahl der älteren und neueren Veröffentlichungen Franks der Allgemeinheit zugänglich gemacht wird. Hierzu kommt aber noch, daß Frank im Gegensatz zu den Vertretern der wirtschaftlichen Chemie seine Untersuchungen und Arbeiten weniger in größeren systematischen Abhandlungen zu veröffentlichen pflegte, so daß diese Arbeiten z. T. auch in weniger allgemein zugänglichen Zeitschriften oder Kongreßberichten zerstreut erschienen und dadurch schneller in Vergessenheit geraten sind.

In unserer schnellebigen Zeit aber liegt eine besonders große Gefahr dafür vor, daß selbst außerordentlich bedeutungsvolle Leistungen einzelner Forscher ziemlich rasch in Vergessenheit geraten, wenn nicht die Möglichkeit geschaffen wird, sich schnell und bequem über ihre Arbeiten zu informieren. Diesem Zweck soll vor allem die vorliegende Auswahl dienen. Sie soll aber ferner auch dazu beitragen, den zahlreichen Freunden Adolf Frank's im In- und Ausland das Lebensbild dieses großen Chemikers an der Hand seiner charakteristischen Veröffentlichungen vor Augen zu führen. Seine Arbeiten gewähren nämlich einen tiefen Einblick in sein Schaffen, da sie nicht nur von Tatsachen erfüllt sind, sondern auch von persönlichen Äußerungen des Verfassers, die nicht nur für seine Art bezeichnend sind, sondern auch ein für die ganze Zeit charakteristisches Gepräge tragen. Die folgende Auswahl aus seinen Schriften soll aber auch ein von vielen

Chemikern sicherlich freudig begrüßtes Zeichen der Erinnerung an einen der Pioniere der deutschen chemischen Industrie bilden. Frank hat die Entwicklung dieser glänzenden Industrie aus kleinsten Anfängen heraus erlebt. Es ist ihm, der in dem zweiten Jahr des Weltkrieges dahingegangen ist, erspart geblieben, jene für die deutsche chemische Industrie so überaus schweren Zeiten nach der Beendigung des Krieges zu erleben.

Aus der großen Zahl der umfangreichen Veröffentlichungen Frank's sind selbstverständlich nur die besonders charakteristischen oder historisch wichtigen Schriften und Vorträge zum Wiederabdruck ausgewählt worden, die auch heute noch z. T. weit über den Kreis der Chemiker hinaus Interesse erregen dürften. Alle Veröffentlichungen Frank's zeichnen sich vor allem durch ihre große Sachlichkeit in der Darstellung aus. Alle zeigen ferner die außerordentliche Belesenheit des Verfassers und seine vollkommene Beherrschung des technischen und wissenschaftlichen Materials. Wenn auch manche Schriften nicht ganz frei von einer gewissen Nüchternheit erscheinen, da Frank es im allgemeinen nicht liebte, seine Persönlichkeit vor die Sache zu stellen, so tritt doch überall seine sympathische und menschlich empfindende Denkungsweise hervor. Denn sein soziales Empfinden war auch schon in früheren Zeiten äußerst rege, als es noch nicht in weiteren Kreisen als Selbstverständlichkeit erachtet wurde, derartige Anschauungen zu hegen und vor allem in die Tat umzusetzen.

Auch das nationale Moment ist in sämtlichen Schriften Frank's ganz besonders deutlich betont. Stets war es sein Bestreben, die deutsche Volkswirtschaft lebenskräftig zu erhalten und aus eigenen Mitteln diejenigen Produkte zu beschaffen, welche Deutschland gegenüber fremder Einfuhr selbständiger machen konnte. Frank gehörte daher auch schon vor der Wendung der deutschen Zollpolitik im Jahre 1879 zu den Schutzzöllnern, wenn er auch in dieser Frage stets einen gemäßigten Standpunkt vertreten hat. Angesichts der schon erwähnten großen Sachlichkeit, die man bei der Lektüre aller Veröffentlichungen Frank's nicht zu übersehen vermag, erscheint es aber noch besonders notwendig, auf die reiche innere Phantasie dieses Mannes hinzuweisen. Denn Frank war in der Tat nicht nur ein in wirtschaftlichen und technischen Dingen unterrichteter und klarblickender Mann des praktischen Lebens, sondern sein Gedankenflug erstreckte sich fast stets weit über den Gegenstand seiner Arbeit hinaus. Er besaß vor allem auch ein ungewöhnliches Feingefühl für neue technische Entwicklungsmöglichkeiten und verfügte zudem über die notwendige Zähigkeit in der Durchführung seiner Pläne. Selbstverständlich ist es auch ihm nicht in allen Fällen gelungen, seine technischen Arbeiten stets zu wirtschaftlichen Erfolgen auszugestalten, aber anregend dürfte Frank ganz zweifellos auf vielen Gebieten gewirkt haben, wo ihm der technische Erfolg selbst versagt geblieben ist. Auf Grund seiner durch zahlreiche Reisen im Ausland erworbenen Kenntnisse von Land und Leuten gelang es ihm auch früher als anderen Chemikern, das Wesentliche der Dinge schneller zu erfassen und durch neue Kombinationen technischen Erfolgen die Wege zu eröffnen. Gerade die Auswahl dieser Schriften gibt dafür eine ganze Reihe von Beispielen. Frank war ferner auch als echte Erfindernatur erfüllt von einem besonders großen Optimismus, der sich selbst durch Fehlschläge niemals vollkommen bannen ließ. Vielleicht trägt das Studium von Frank's Schriften ebenfalls mit dazu bei, dieser optimistischen Grundauffassung, ohne die Deutschland schon lange vollständig zusammengebrochen wäre, die Wege zu ebnen.

Bei der Auswahl der Veröffentlichungen erschien eine historische Anordnung nicht zweckmäßig. Deshalb sind die folgenden Veröffentlichungen mehr nach sachlichen Gesichtspunkten zusammengestellt worden, entsprechend den hauptsächlichen Arbeitsgebieten Adolf Frank's. Zur Erleichterung des Verständnisses sind den einzelnen Schriften und Vorträgen vom Herausgeber kurze Erläuterungen vorausgeschickt, die notwendig erschienen, um einzelne Arbeiten auch historisch richtig zu würdigen.

Kalisalze.

In weiteren Kreisen ist Adolf Frank vor allem durch seine Arbeiten über die Kaliindustrie bekannt geworden, die er schon in jungen Jahren ausgeführt hat. Von den zahlreichen Veröffentlichungen auf diesem Gebiet sind im folgenden wiedergegeben das Promemoria zur Errichtung einer chemischen Fabrik aus dem Jahre 1860, seine Abhandlungen über die Bedeutung des Kochsalzes und seine historischen Veröffentlichungen über das Jubiläum des Staßfurter Salzbergbaus. Während diese Arbeiten sich mit der deutschen Kaliindustrie beschäftigten, behandelt die Veröffentlichung über das Vorkommen und die Verarbeitung der Kalisalze zu Kalusz (1873) das damals einzig in Betracht kommende bergmännische Vorkommen von Kalisalzen außerhalb Staßfurts und seiner Umgebung.

I. Promemoria des Chemikers Adolf Frank, betreffend die Anlage einer chemischen Fabrik bei Staßfurt oder Leopoldshall

eingereicht an
Herrn Oberberghauptmann Krug von Nidda
in Berlin
und an Herrn Staatsminister von Schaetzell
in Bernburg
mit Brief vom 29. Oktober 1860.

Das Staßfurter Steinsalzlager enthält neben dem unerschöpflichen Vorrat von reinem Chlornatrium noch eine darüber abgelagerte, wahrscheinlich aus den Mutterlaugen herstammende über 100 Fuß mächtige Schicht verschiedener anderer Salze, welche, da sie sich zunächst durch ihre Färbung und ihre Ungenießbarkeit charakterisieren, mit dem allgemeinen Namen der bunten bitteren Salze belegt sind. Die nähere chemische Untersuchung dieser Salze hat nun ergeben, daß dieselben aus Chlornatrium, Chlorkalium, Chlormagnesium, ferner aus schwefelsaurem Natron, schwefelsaurem Kali, schwefelsaurer Magnesia und geringeren Mengen von schwefelsaurem Kalk bestehen. Daneben finden sich noch als sporadische Einlagerungen Knollen von Borazit, ein wegen seines Borsäuregehaltes sehr wertvolles Mineral. Die Zusammensetzung der bunten bitteren Salze ist eine sehr wechselnde; die zunächst über dem Steinsalz lagernden Schichten enthalten größere Mengen von Chlornatrium; in den höheren Lagern tritt der Chlornatriumgehalt immer mehr zurück, während sich der Gehalt an Chlorkalium in entsprechendem Maße vermehrt und daneben auch noch die schwefelsauren Salze von Kali, Natron und Magnesia auftreten. Besonders findet sich die schwefelsaure Magnesia in einer eigentümlichen schwerlöslichen Form mit zirka 2 Äquivalent Kristallwasser in ziemlich breiten Lagen und Bändern vor, noch weiterhin verschwinden aber die schwefelsauren Salze, und es findet sich ein fast nur aus Chlorkalium und Chlormagnesium bestehendes Salz, welches durchschnittlich in 100 Teilen enthält:

Chlorkalium	26
Chlormagnesium	34
Wasser	38
Gips, Eisenoxyd, Ton	2
	100

Charakteristisch für die bitteren Salze ist ihr großer Gehalt an Kristallwasser, welcher, in Verbindung mit ihren hygroskopischen Eigenschaften, die leichte Zerfließlichkeit derselben bedingt und ein Haupthindernis ihrer Verwertung in weiteren Kreisen bietet. Trotzdem ist aber das Vorkommen der kalihaltigen Salze ein so wichtiges, daß ihm eine mindestens ebenso große Beachtung als dem Steinsalz selbst gebührt, um so mehr, als das Steinsalz die Konkurrenz der Salinen und der anderen Steinsalzbergwerke zu bestehen hat, während das mächtige Lager der kalihaltigen Salze ganz allein und ohne Konkurrenz dasteht. Die einzige Quelle für die Gewinnung des Kalis und seiner Verbindungen boten bisher die Pflanzenaschen, die zu diesem Zwecke teils von den Abfällen der Feuerungen gesammelt, teils geradezu durch Verbrennung der Wälder dargestellt werden. Der in stetem Steigen begriffene Wert des Holzes und die sowohl hierdurch, als auch durch die immer mehr zunehmende Verwendung anderer Brennmaterialien beschränkte Gewinnung der Holzasche hat der Kaligewinnung in den meisten Ländern Europas schon seit längerer Zeit ein Ende gemacht, und mit dem Fortschreiten einer rationellen Waldkultur und Waldnutzung, sowie mit der steten Verbesserung der Kommunikationsmittel werden auch diejenigen europäischen Länder, welche noch Pottasche produzieren, wie Rußland, Ungarn und Galizien, sowie von den außereuropäischen die Nordamerikanischen Staaten die Produktion einschränken und das Holz als solches zu verwerten streben.

So sehr nun auch die Industrie schon jetzt wegen des hohen Preises der Pottasche ihren Bedarf an diesem wichtigen Stoffe einzuschränken bestrebt ist, so nimmt doch der Konsum von Jahr zu Jahr zu, und in demselben Maße heben sich die Preise der Kalisalze. Als hauptsächliche industrielle Verwendung der Kalisalze mögen hier die zur Darstellung der Schmierseifen, ferner die bei der Darstellung des Blutlaugensalzes und Berlinerblaues, wie zu mannigfachen anderen Zwecken der Färberei, Druckerei, Flachs-, Woll- und Baumwollspinnerei, sodann die bedeutende Verwendung in der Glasfabrikation, die Verwendung bei der Darstellung des Alauns usw. usw. dienen; eine sehr bedeutende und besonders für Kriegszeiten äußerst wichtige Benutzung der Pottasche ist die zur Gewinnung des Salpeters, sei es im Plantagenbetriebe, sei es durch Zersetzung des salpetersauren Natrons (Chilisalpeters).

Das schwefelsaure Kali dient ebenfalls in ausgedehntem Maße bei der Alaun- und Glasfabrikation.

Das Chlorkalium findet als billigstes Kalisalz bei der Alaunfabrikation eine bedeutende Verwendung, ist auch mit Vorteil bei der Salpeterdarstellung benutzt.

Die jährliche Einfuhr des Zollvereins an Pottasche beträgt 125 000 Ztr., die Einfuhr an Chlorkalium 15 000 Ztr., die von Salpeter 70 000 bis 80 000 Ztr. Der Gesamtwert dieser Einfuhr repräsentiert über 2 Millionen Taler, und dabei würden alle oben angeführten Verwendungen bei etwas niedrigerem Preise der Kalisalze noch bedeutend steigen; vor allem wird die Glasfabrikation sich beeilen, die Kalisalze mehr als bisher anzuwenden, da die aus Gemischen von Natron und Kali dargestellten Gläser mit geringerem Aufwand von Brennmaterial zu schmelzen und zu verarbeiten sind und gleichzeitig einen höheren Glanz und eine hellere Farbe als die reinen Natrongläser besitzen. Welche Massen von Kalisalzen die Industrie von England, Frankreich und Belgien usw. konsumiert, läßt sich aus den obigen Angaben leicht schließen. Eine nicht weniger wichtige Verwertung der Kalisalze, wie die in den Gewerben, ist die in neuerer Zeit durch die Fortschritte des rationellen Landbaues vielfach eingeführte und in mächtiger Progression steigende Verwendung der Kalisalze als Düngemittel.

Bei der intensiven Bewirtschaftung und Ausnutzung der Felder, wie dieselbe durch die jetzigen Wertverhältnisse von Grund und Boden nötig ist, bei dem infolge dessen stattfindenden Ausfall der Brache, in welcher der Acker früher Zeit fand, durch Verwitterung der Gesteine seinen Verlust an Alkalien zu ersetzen, bei dem gesteigerten Anbau der Blattfrüchte und Ölsaaten, welche ungleich größere Mengen von Alkalien gebrauchen, als die Getreide (1 Morgen Rübenacker gibt nach den genauen Untersuchungen von Brettschneider 150--200 Pfd. Alkalien ab) ist es durchaus notwendig, den Bedarf des Bodens an Alkalien von außen zuzuführen und zu ergänzen. Wie sehr diese Bedeutung der Kalisalze für die Agrikultur bereits erkannt ist, beweist am besten der hohe Preis, welchen Liebig, Stöckhardt und auch die englischen Agrikulturchemiker dafür angeben. Nach den letzten von Stöckhardt veröffentlichten Wertbestimmungen, die sowohl bei den praktischen Ökonomen, wie bei den Chemikern allgemein als Norm gelten und allen Düngerwertberechnungen zu Grunde gelegt werden, beträgt der Wert, den 1 Pfd. Kalisalze in Deutschland für die Landwirtschaft haben, 1 Sgr. 5 Pf., in England 1 Sgr. Der Wert von 1 Pfd. Natronsalz in Deutschland 4 Pf., in England 1/4 Pf.

Danach würde sich der Wert von 100 Pfd. Kalisalz in Deutschland auf nahe 5 Taler stellen, zu welchem Preise das schwefelsaure Kali in der Tat von Landwirten gekauft wird.

Wie gering dagegen die Förderungskosten der kalihaltigen Salze aus dem Staßfurter Lager ausfallen werden, und wie sehr man dann durch Preisreduktion dieses so wertvollen Pflanzennahrungsmittels seinen Verbrauch zu steigern vermag, bedarf keiner Auseinandersetzung.

So wichtig hiernach die Ausbeutung des Staßfurter Kalivorkommens ist, so stellt sich doch seiner Verwertung bisher in dem Gehalt desselben an Chlormagnesium ein Hindernis entgegen, welches, da es an einer technisch brauchbaren Methode zur Trennung des Chlormagnesiums von Chlorkalium bisher fehlte, jede weitere Verarbeitung der Kalisalze nahezu unmöglich machte und selbst die Versendung des rohen bitteren Salzes verhinderte, da der bedeutende Gehalt an Chlormagnesium dasselbe sehr zerfließlich macht und zu gleicher Zeit in Gemeinschaft mit dem darin enthaltenen Kristallwasser das Gewicht des allein wertvollen Chlorkaliums derart vermehrt, daß ein weiterer Transport nicht möglich ist, weil die Frachten zu hoch würden. Da, wie oben erwähnt, das bittere Salz nur zirka 20 Proz. Chlorkalium enthält, so müssen also, um 1 Ztr. Chlorkalium zu versenden, 3 Ztr. Chlormagnesium und Wasser mit verfrachtet werden. Die Fracht würde also um das drei- bis vierfache erhöht.

Die von mir gefundene Methode, das Chlormagnesium von dem Chlorkalium zu trennen und so das letztere für weitere Verarbeitung und Veredlung rein zu erhalten, ändert diese Sachlage vollständig.

Das so gereinigte und konzentrierte Salz verträgt wegen seines ungleich höheren Wertes einen weiteren Transport und höhere Frachten und kann daher auch für den Export, sowie überhaupt für weitere Verarbeitung benutzt werden.

Für die weniger reinen kalihaltigen Salze dürfte es sich, im Falle ihr Abbau notwendig sein sollte, empfehlen, nur das Wasser daraus zu entfernen und das Chlormagnesium durch Glühen mit Wasserdampf zum größeren Teil zu zersetzen und die so auf ungefähr die Hälfte des früheren Gewichtes reduzierte Masse als Düngesalz zu mäßigen Preisen in den Handel zu bringen.

Das Chlorkalium ist, wie schon gesagt, mit gutem Nutzen verkäuflich; noch vorteilhafter aber dürfte es sein, dasselbe durch weitere chemische Operationen in wertvollere Produkte überzuführen, und ist gerade die Lage von Staßfurt, sowie verschiedene andere wichtige Nebenvorkommen hierfür überaus günstig. Es bieten sich hierfür mehrere Wege dar; zunächst könnte man nämlich das Chlorkalium durch Umsetzung mit Natronsalpeter direkt in Kalisalpeter und Chlornatrium verwandeln, wobei ein erklecklicher Gewinn verbleibt, doch würde die Salpeterproduktion immer nur eine beschränkte sein können, da der Konsum dieses Artikels ein begrenzter ist und bei Überfüllung des Marktes die Preise rasch sinken würden.

Ein weites und beinahe unbeschränktes Feld ist dagegen für die Fabrikation der Pottasche offen, und hierauf vor allem hätte eine chemische Fabrik ihr Augenmerk zu richten. Die Pottasche läßt sich aus dem Chlorkalium auf dieselbe Weise herstellen, wie die Soda aus dem Chlornatrium, und nur der Mangel des Chlorkaliums, sowie der hohe Preis desselben haben dieser Fabrikation bisher entgegengestanden, die sonst höchst lukrativ ist, da der Zentner einer 80 proz. Pottasche nicht unter 8½—9 Taler zu beschaffen ist, während 90 proz. Soda jetzt mit 5 Taler pro Zentner auf den Markt kommt. Der Preis des schwefelsauren Kaliums beträgt jetzt pro Zentner 5 Taler.

Das Lager der bitteren Salze enthält nun in der schwefelsauren Magnesia, welche darin in großen Massen auftritt, ein Material zur Gewinnung der schwefelsauren Salze, durch welches die sehr kostspielige, kaum mit weniger als 60 000 bis 70 000 Taler zu bewerkstelligende Anlage einer Schwefelsäurefabrik entbehrlich wird. Die im Staßfurter Lager vorkommende schwefelsaure Magnesia, der sogenannte Kieserit, besteht in 100 Teilen aus 23 Magnesia, 46 Schwefelsäure und 31 Wasser. Ein Zentner dieses Kieserits ist also vollständig hinreichend, um 74 Pfd. Chlorkalium in 87 Pfd. schwefelsaures Kali umzuwandeln.

Ebenso gut wie zur Darstellung von schwefelsaurem Kali, resp. Pottasche, läßt sich der Kieserit zur Darstellung des schwefelsauren Natrons und der Soda benutzen, und würden hierdurch bei Herstellung von einem Zentner Glaubersalz, wozu 106 Pfd. Schwefelsäure zum Preise von 1 Taler 8 Sgr. erforderlich sind, nur 122 Pfd. reiner Kieserit im Preise von 10 Sgr. nötig sein, mithin 26 Sgr. an Schwefelsäure erspart.

Bei dem jetzt sehr niedrigen Preise der Soda dürfte aber trotzdem die Anlage einer Sodafabrik nicht so ratsam sein, als die einer Pottaschefabrik. Eher würde es sich noch empfehlen, bei günstigen Konjunkturen durch Doppelzersetzung von Pottasche mit Kalisalpeter salpetersaures Kali und Soda zu erzeugen.

Auch das bei Darstellung des Chlorkaliums in großen Mengen als Nebenprodukt gewonnene Chlormagnesium dürfte zur Gewinnung von Salzsäure und Chlor für chemische und hüttenmännische Zwecke lohnende Verwendung finden.

II. Ueber die Bedeutung des Kochsalzes für Zuführung mineralischer Nahrungsmittel zu den Wurzeln der Pflanzen und für die Düngung des Untergrundes.

Mitteilung von Dr. A. Frank-Staßfurt an die III. Wanderversammlung Deutscher Agrikulturchemiker, München, 9., 10. u. 11. August 1865.

Seitdem Liebig die Versuche von Way-Ogston über Absorption gelöster Mineralstoffe durch die Ackerkrume in so epochemachender Weise in ihrer Bedeutung und allgemeinen Anwendung auf die Theorie und Praxis des Ackerbaues erklärt und fortgeführt hat, sind für die Theorie der Mineraldüngung eine Anzahl neuer Gesichtspunkte geschaffen, aus denen manches, was bis dahin mit dieser Lehre im Widerspruch zu stehen schien, sich nicht nur erklärt, sondern sich ihr als zugehöriges Bindeglied einordnet. Als eines der wichtigsten Resultate des durch Liebig aufgestellten Satzes von der Fixierung des Nährstoffes dürfte aber wohl die erst jetzt in vollem Maße gewürdigte Bedeutung des Untergrundes — der humusfreien Schicht — für die Entwicklung der meisten Kulturgewächse betrachtet werden. Die nachfolgenden Beobachtungen und Versuche, welche, ursprünglich für einen rein praktischen Zweck angestellt, in ihrem weiteren Verlauf auch einige Aufschlüsse von allgemeinerem Interesse ergaben, dürften unter diesen Umständen vielleicht einigen Wert haben. — Vor mehreren Jahren als Chemiker in einer der bedeutendsten und ältesten norddeutschen Zuckerfabriken tätig, wurde meine Aufmerksamkeit speziell auf den Anbau der Zuckerrübe und die schon damals vielfach auftretenden Klagen über Rübenmüdigkeit des Bodens gelenkt. Da diese Klagen auch in solchen Wirtschaften laut wurden, wo notorisch eine sehr reiche Düngung stattfand, und da selbst dort, wo dem Rübenboden die verkohlte Melassenschlampe und damit die sämtlichen Salze der Zuckerrübe wiedergegeben wurden, die Wirkung dieses nach der älteren Theorie der Mineraldüngung durchaus genügenden Ersatzes der Bodenkraft nur eine langsame und ungenügende war, so konnte eine Erklärung für diese anormale Erscheinung nur in der mangelhaften Zurückführung der Nahrungsmittel in den Untergrund, aus dem die Rübe als tiefwurzlige Pflanze einen großen Teil der zu ihrer Entwicklung nötigen Stoffe entnimmt, gesucht werden.

Untersuchungen, die ich in dieser Beziehung zunächst mit dem Prof. Schacht in Bonn anstellte, zeigten uns, daß die Zuckerrübe bei normaler Entwicklung eine ungemein lange Wurzel macht, und haben wir solche Wurzeln auf 8—10' Tiefe ausgegraben, ohne daß es uns aber jemals gelungen wäre, die ganze Wurzel bis zu ihrem äußersten Ende zu erhalten. Die gesund entwickelte Zuckerrübe zeigt eine längliche, gewissermaßen (spindelförmige) mohrrübenartige Form und spitzt sich langsam zu; die an beiden Seiten befindlichen Nebenwurzeln sind schwach haarförmig entwickelt und laufen nicht aus, während die Rübe im übrigen glatt und eben auf der Oberfläche bleibt; ganz anders gestaltet sich die Entwicklung der Rüben auf rübenmüdem Boden: die Rübe wird dort runder, kohlrübenartig, die Pfahlwurzel ist nur schwach entwickelt, dagegen sind die Seitenwurzeln stark und in der oberen Ackerkrume vielfach verzweigt und verbreitet. Die Bildung des Blattes leidet auf rübenmüdem Boden in wenig bemerkbarer Weise, wenn auch andere Erscheinungen, wie Rost und sonstige Pilzbildung, darauf hinweisen, daß seine Ernährung keine normale ist. — Wie bekannt, sind auch bei der sogenannten Kleemüdigkeit des Bodens die Erscheinungen ähnliche und ist es auch dort zunächst die Bewurzlung, welche zurückgeht.

Die Beobachtung dieser Erscheinungen führte mich nun zunächst darauf, die einzelnen Bodenschichten von normalem und von sogenanntem rübenmüden Acker einer vergleichenden Prüfung zu unterwerfen. Das Resultat dieser Untersuchung war, daß in der Zusammensetzung der oberen, dem Pflug und der Atmosphäre zugänglichen Schicht des Ackers ein Unterschied in dem Gehalt an löslichen Mineralnährstoffen nicht gefunden werden konnte, dagegen trat ein solcher Unterschied bei Untersuchung des Untergrundes in ganz entschiedener Weise zu Ungunsten des „rübenmüden" Bodens hervor, und habe ich diese Erfahrung bei vielfacher Wiederholung der Untersuchungen immer gleichmäßig bestätigt gefunden. Der Grund der mangelnden Ergiebigkeit des einen Bodens gegen den anderen konnte daher nur in einer Erschöpfung des Untergrundes an löslicher Pflanzennahrung, resp. in der Absorption der durch die Düngung wieder zugeführten in den oberen Schichten gesucht werden, und da die Landwirtschaft keine oder nur unvollkommene mechanische Mittel besitzt, in dem Untergrund durch Öffnung desselben eine rasche Verwitterung der Gesteine und Löslichmachung von Nährstoffen zu bewirken, so glaubte ich meine Versuche dahin richten zu müssen, wie weit es auf chemischem Wege und durch Zugabe von lösenden und die absorbierende Kraft der oberen Ackerkrume verringernden resp. aufhebenden Stoffe möglich sei, die Nahrungsmittel in den daran verarmten Untergrund zu führen. Die in hiesiger Gegend vielfach, namentlich in der Magdeburger Flur, beobachtete Erscheinung, daß Düngung mit Melassenschlempe, welche also die Salze der Rübe neben organischen und stickstoffhaltigen — die Absorption verlangsamenden — Substanzen enthält, eine weit bessere Wirkung erzielt hatte, als die durch Verkohlen der Schlempe erhaltenen reinen Salze, gewährten hierfür ebenso sehr einen Anhalt, als eine Aussicht auf Erfolg.

Unter den die absorbierende Kraft des Bodens vermindernden resp. die fixierenden Stoffe lösenden Körpern steht nun das Kochsalz obenan, und da außerdem das in den letzten Jahren zur Ausbeutung gelangte, beinahe unerschöpfliche Kalisalzvorkommen von Staßfurt, dessen technische Verwertung ich zuerst zu beginnen das Glück hatte, das Kali stets mit Kochsalz zusammen darbieten, so war dies ein Grund mehr für mich, gerade die Verwendbarkeit des Kochsalzes für obigen Zweck besonders zu studieren.

Die bisher übliche Methode zur Untersuchung der absorbierenden Kraft der Böden durch Schütteln derselben in einer Flasche mit den hinzugesetzten verdünnten Nährstofflösungen genügte jedoch für den beabsichtigten Zweck nicht, da es mir hauptsächlich daran lag, das Eindringen der gelösten Nährstoffe in den normal geschichteten Boden kennen zu lernen, und konstruierte ich mir daher für diese Untersuchungen einen ebenso einfachen, als, wie es mir scheint, zweckentsprechenden Apparat nach beistehender Zeichnung. Der Apparat (Fig. 1) besteht aus einem gut lackierten Zylinder von Weißblech, der je nach Bedürfnis von 6 zu 6 oder von 12 zu 12 Zoll mit durch Hähne verschließbaren Seitentubulaturen versehen ist und ebenso unten in einer durch einen Hahn verschließbaren Öffnung endet. An die Stelle der anfangs angewendeten Metallhähne habe ich später mit Vorteil den einfacheren Verschluß durch Korke mit durchgebohrten Glasrohren gesetzt, welche dann durch einen übergezogenen Kautschukschlauch und ein Stückchen Glasstab leicht und sicher verschlossen werden konnten. Die Blechzylinder wurden in Längen von 3–6' und in einer lichten Weite von 3" angewandt. In diese Röhren wurden dann die dem Acker vorsichtig entnommenen Erdschichten, in derselben Reihe, wie sie dort folgen, die tiefsten zu unterst, die oberen darüber, eingeleitet resp. eingeschlämmt. Die Bodenproben waren hineingewogen, nachdem sie vorher analysiert und nach den bekannten Methoden ihr Wassergehalt und ihre wasserbindende Kraft bestimmt war. Sämtliche Analysen sind in meinem Laboratorium von meinem Assistenten, Herrn Becker, gemacht. Durch wiederholtes Aufgießen großer Mengen von destilliertem Wasser und Öffnen des unteren Hahnes wurden dann die in dem Boden enthaltenden löslichen Salze so weit entfernt, daß sowohl Silberlösung als Chlorbaryum nur noch eine ganz schwache Trübung

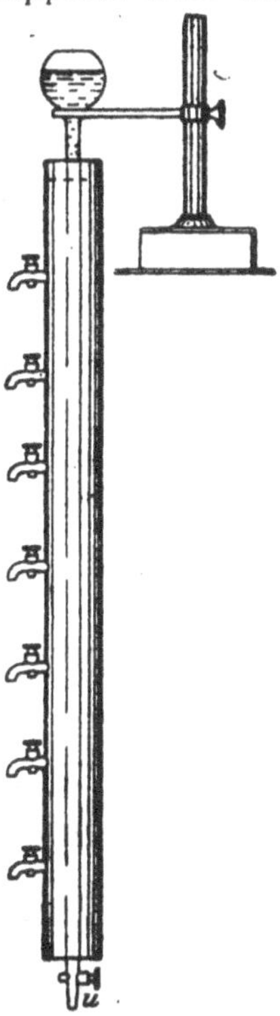

Fig. 1.

gaben, sodann blieb der gefüllte Zylinder bei offenem Hahne einige Tage stehen, um das noch im Boden enthaltene Wasser möglichst abtropfen zu lassen. Auf die so vorbereitete Zylinderfüllung, welche wohl einen Durchschnitt des Ackers von entsprechender Tiefe möglichst vollständig repräsentiert, wurde nun eine Lösung von vier Litern [1]) von Kalisalzen (1 g in 1 Liter Wasser) gegeben, und zwar behufs Vermeidung eines Drucks der Flüssigkeitssäule in der Weise, daß diese Lösung sich in einer über dem Zylinder hängenden umgestürzten Flasche befand, aus welcher also nur immer so viel von der Lösung nachfließen konnte, als in die Erde eingesickert war.

Nachdem nun zunächst durch Versuche festgestellt war, daß die aufgegebene Salzlösung das noch in der Erde zurückgehaltene Wasser fast vollständig vor sich herdrängte, ohne daß sich die beiden Flüssigkeiten diffundierten, und nachdem zu größerer Sicherheit, so lange von der Lösung (1 g KCl in 1 Liter Wasser) aufgegeben war, bis eine am 2. Hahn 12" von der oberen Öffnung entnommene Probe denselben Chlorgehalt zeigte, als die aufgegebene Lösung selbst, wurde durch Öffnen dieses Hahnes ein Teil der Lösung, welcher also eine Bodenschicht von 12" Tiefe passiert hatte, abgelassen. Bei Untersuchung des so gewonnenen „Drainwassers" fand sich in demselben dieselbe Menge Chlor, welche in der aufgegebenen Chlorkaliumlösung enthalten war, von 100 Teilen des in der Lösung enthaltenen Kalis dagegen nur noch zirka 9 Proz. im Durchschnitt mehrerer Versuche, es waren mithin vom aufgegebenen Kali in der obersten Schicht der Ackerkrume absorbiert 91 Proz. In der am 3. Hahn 18" Tiefe abfließenden Lösung fanden sich nur noch 4,5 Proz. des aufgegebenen Kalis, aber alles Chlor wieder, weiter herab, beim Öffnen der tiefer gelegenen Hähne nahm dann der Kaligehalt der Lösung nur noch wenig ab, und selbst nachdem die Flüssigkeit eine 6' hohe Bodenschicht passiert hatte, enthielt sie noch immer 2–2,5 Proz. des ursprünglich aufgegebenen Kalis; es scheint demnach bei einer gewissen Verdünnung der Lösung, in diesem Falle etwa 1 : 40 000 bis 1 : 50 000, die lösende oder chemische Kraft des Wassers im Zurückhalten der gelösten Verbindung größer zu sein, als die zerlegende resp. absorbierende Kraft des Bodens. Aus

[1]) Ich habe die Wassermenge gerade auf 4 Liter bemessen, weil bei einem durchschnittlichen Regenfall von 24" rh. in Mitteldeutschland dies für eine Fläche von 3' Diam. ziemlich genau 4 Liter beträgt und obige Menge daher, wenn man die Verdunstung unberücksichtigt läßt, ziemlich die Gesamtmenge und Gesamtwirkung der Niederschläge eines Jahres repräsentiert.

einer Lösung von schwefelsaurem Kali, in gleicher Weise behandelt, wurde das Kali anscheinend noch rascher absorbiert, so daß reines, schwefelsaures Kali noch weniger tief in den Boden eindringt, als Chlorkalium.

Nachdem diese Versuche mehrfach wiederholt waren, und nachdem sich dabei auch gezeigt hatte, daß in einem nicht vorher ausgewaschenen kochsalzhaltigen Boden eine weit größere Menge des in Lösung aufgegebenen Kalis in den Drainwassern verblieb, so z. B. in einem Boden, der 0,025 Proz. NaCl enthielt, beim Passieren der Kalilösung von obigem Gehalt durch eine 18" hohe Erdschicht sich noch 14 Proz. des ursprünglich aufgegebenen Kalis in der Lösung wieder fanden, wurden die Absorptionsversuche in der Weise wiederholt, daß die aufgegebenen Lösungen aus einem Teil reiner Kalisalze, 1 Teil Kochsalz und 1000 Teilen Wasser bestanden. Hierbei traten dann sofort andere Erscheinungen auf, welche eine veränderte Absorption und ein Tieferführen des Kalis und, wie später gezeigt werden wird, auch andere Nahrungsstoffe ganz entschieden erwiesen. Während nämlich in einer reinen Kalilösung, nachdem dieselbe 18" Bodentiefe passiert hatte, sich nur noch, wie oben angegeben, im Durchschnitt mehrerer Versuche 5 Proz. des ursprünglich gelösten Kalisalzes fanden, zeigte sich bei Anwendung eines Gemisches von KaCl und NaCl nach dem Passieren der 18" hohen Schicht, der Kaligehalt der Lösung noch mit 18 Proz. und selbst nach dem Passieren einer Bodenschicht von 4' (Obergrund und Untergrund) betrug der Kaligehalt der Lösung noch immer 5 Proz. des ursprünglich aufgegebenen. Das Kochsalz hatte also das Kali tiefer herabgeführt. Um diese Erscheinung auch in anderer Weise festzustellen, wurde ein mit Erde gefüllter und mit reiner Kalilösung behandelter, resp. gesättigter Zylinder zunächst mit reinem Wasser behandelt, bis das ablaufende Wasser keine merkliche Spur von gelöstem Kali mehr zeigte; als nun auf diese Bodenschicht eine Lösung von bloßem Kochsalz in Wasser aufgegossen wurde, ließ sich in den ablaufenden Drainwassern sofort wieder Kali in bedeutenden Mengen nachweisen. Das Kochsalz hatte also auch hier wieder Kali löslich gemacht, ob es dasselbe durch Natron substituiert hat, vermag ich noch nicht zu entscheiden, jedenfalls ist der Vorgang bei Fixierung des Kochsalzes und der anderen Natronsalze im Boden, wenn schon diese an sich unbedeutender als die der Kalisalze ist, auch ein wesentlich anderer; es ist mir beim Aufbringen reiner NaCl-Lösungen nie gelungen, in den Drainwassern alles Cl wieder zu finden, und andererseits war die größte Menge des in den durchfiltrierten Wassern gefundenen Chlors noch mit Natrium verbunden, es scheint danach, daß Chlornatrium im Boden nicht so leicht zerlegt wird, wie die Kalisalze, daß aber ein Teil davon vom Boden unzersetzt fixiert wird. — Längeres Auswaschen mit reinem Wasser entfernt daneben fast alles absorbierte Chlornatrium wieder, während dasselbe Verfahren, wie oben bereits bemerkt, das fixierte Kali nicht wieder auflöst. Nachdem ich so das Verhalten von reinen Kalisalzlösungen und von Gemischen desselben mit Kochsalz näher beobachtet, und die hohe Bedeutung des Kochsalzes als indirektes Düngemittel kennen gelernt hatte, lag es nahe, noch zu untersuchen, wie sich Kochsalzlösungen gegen unlösliche Phosphate im Boden verhielten, um so mehr, da es bekannt ist, daß Kochsalzlösungen von den meisten unlöslichen phosphorsauren Verbindungen mehr zu lösen imstande sind, als reines Wasser.

Zum Zwecke dieser Untersuchung wurde die oberste dreizöllige Bodenschicht in dem mit Erde gefüllten Zylinder mit gefälltem, gut ausgewaschenen basisch phosphorsauren Kalk sorgfältig gemischt und dann zunächst in oben erörterter Weise reines Wasser darauf gegeben, hierbei zeigte es sich dann, daß von der Phosphorsäure in dem bei 12" Tiefe ablaufenden Drainwasser nur höchst unbedeutende Spuren zu finden waren, wurde dagegen in dem aufgegebenen Wasser Kochsalz (1 : 1000) gelöst, so war die Phosphorsäure bei Tiefen bis zu 4' und darüber überall noch in der Lösung nachzuweisen, und hatte sich also auch hier die Bedeutung des Kochsalzes als lösendes und verteilendes Agens gezeigt. Leider hat mir und Herrn Becker unsere anderweit sehr in Anspruch genommene Zeit noch nicht gestattet, diese, gerade bei der Phosphorsäure sehr interessanten, aber auch schwierigen Versuche auch quantitativ durchzuführen, und würde ich mich sehr freuen, wenn die Versuche in dieser Richtung von anderer und besser befähigter Seite aufgenommen und fortgeführt würden. In ähnlicher Weise, wie die Wirkung von Kochsalz gegen Kalisalz, wären dann nach dem Rate des Herrn Dr. Stohmann auch die Wirkungen von Gipslösungen auf das Herabführen der Kalisalze in die tieferen Bodenschichten zu untersuchen und von nicht geringem Interesse wird die Fortführung einer von mir auch wegen überhäufter Arbeit aufgegebenen Untersuchung über das Verhalten des Bodens gegen Salzlösungen bei Gegenwart von stickstoffhaltigen Stoffen — Jauchen, Urin und

Melassenschlempen sein. Ebenso wären dann aber auch neben den von mir hauptsächlich benutzten tonigen und humosen, aber stets kalkhaltigen Bodenarten die Versuche wohl noch auf leichte Sandböden und auf saure und Moorböden auszudehnen, und bin ich zu näheren Mitteilungen über die praktischen Handgriffe bei den Versuchen gern bereit; eine Aufzählung derselben in diesem Journal würde kaum eine Berechtigung haben, und bemerke ich hier nur noch, daß ein Filtrationsversuch der obigen Art in einer Röhre von 4—6' Länge mindestens 4 Wochen in Anspruch nimmt, da die aufgegebene Flüssigkeit nur sehr langsam durchsickert.

Sobald es übrigens meine Zeit gestattet, denke ich die oben angeführten Versuche nochmals im großen Maßstabe und im freien Felde zu wiederholen, um in solcher Weise die durch Verdampfung der atmosphärischen Wasser, Kapillarität usw. hinzutretenden Einwirkungen mit in Rechnung ziehen zu können, und beabsichtige ich für diesen Zweck Bottiche von 6' Höhe und 5' Diameter mit den entsprechenden Bodenschichten zu füllen.

Unvollständig, wie die Versuche sind, die ich hiermit veröffentliche, dürften sie doch einige brauchbare Fingerzeige für die Praxis geben. Wie es mir scheint, erklärt die besprochene Wirkung des Kochsalzes in hinreichender Weise die von durchaus zuverlässiger Seite berichteten ganz entgegengesetzten Resultate bei reinen Kochsalzdüngungen. Wird das Kochsalz als Düngemittel auf einem an fixierten Nährstoffen reichen — schweren — Boden angewendet, so wird es durch Löslichmachung und Verteilung der Nahrungsstoffe günstig wirken, um so mehr, da auf solchem Boden vorzugsweise auch tiefwurzlige Gewächse erbaut wurden, wendet man dagegen die reine Kochsalzlösung auf einem schon an sich armen Boden mit sehr durchlässigem Untergrunde an, so wird das Kochsalz infolge seiner lösenden Kraft ein Herabwaschen der fixierten Nahrungsstoffe aus der Ackerkrume veranlassen und diese gewissermaßen versinken machen. Die Wirkung des Kochsalzes bei Verwendung der Kalisalze, und damit die Richtigkeit der obigen Theorien, hatte ich in den letzten Jahren vielfach Gelegenheit zu erproben; während nämlich diejenigen mit großen Mengen reiner Kalisalze, sowohl bei Anwendung von schwefelsaurem Kalk als Chlorkalium nur sehr geringe, oder gar keine Erfolge ergaben, waren die Resultate überall, wo Gemische von Kalisalzen mit Kochsalz zur Verwendung kamen, sehr befriedigend, und ebenso haben in diesen Fällen Zusätze von kleinen Mengen phosphorsauren Kalks eine bedeutende Wirkung gezeigt, während phosphorsaurer Kalk und reine Kalisalze geringere Resultate ergaben. Gestützt hierauf empfahl ich auch denjenigen Landwirten, welche der weiteren Entfernung wegen hochgrädige Kalisalze beziehen, die Vermischung derselben mit Kochsalz vor Anwendung mit gutem Erfolge.

Die in früherer Zeit gegen die Anwendung chlorhaltiger Düngemittel herrschende Abneigung scheint mir, soweit sie Chlornatrium betrifft, auch nach diesen Versuchen der Begründung zu entbehren, besonders wenn durch frühzeitige Anwendung der Salzdüngungen ein Auswaschen der neugebildeten und nicht fixierten Chloride in die tieferen, von der Pflanze nicht benutzten Lagen des Untergrundes ermöglicht wird. Die Bedeutung des Chlors für die Körnerbildung findet übrigens in hiesiger Gegend jetzt durch erneute starke Anwendung des lange Zeit bei den Landwirten ganz verpönten mit Salzsäure bereiteten Superphosphat ebenfalls eine praktische Bestätigung.

Dr. A. Frank.

III. Das Jubiläum des Staßfurter Salzbergbaues[1]).

Von Dr. Adolf Frank, Charlottenburg.

Vor 50 Jahren am 4. Dezember 1851 wurde auf dem Kokturhof der uralten Staßfurter Saline der „van der Heydt"-Schacht abgesteckt und angehauen und damit die Eröffnung des Salzbergbaues in Preußen begonnen. Das Jubiläum dieses für die gesamte wirtschaftliche und industrielle Entwicklung Deutschlands so wichtigen Gedenktages wurde am 4. Januar 1902 unter Beteiligung der durch diesen Bergbau geschaffenen und mit ihm eng verknüpften Kaliindustrie gefeiert.

Da ich an der Begründung dieser Industrie wesentlichen Anteil hatte und auch bei ihrer weiteren Ausbildung durch viele Jahre tätig war, so mag es mir anläßlich des Jubiläums gestattet sein, von der an Arbeit und Kämpfen, aber auch an Erfolgen reichen Zeit der ersten Anfänge nochmals einen Überblick zu geben.

Das Königreich Preußen produzierte bis etwa zur Mitte des vorigen Jahrhunderts auf seinen Salinen nur zirka 2141000 Zoll-

[1]) Z. f. angew. Chem. 1902. Heft 12.

zentner = 107 000 tons Siedesalz, während sein Konsum an Speisesalz allein derzeit schon 2 577 000 Zollzentner betrug, und da hierzu noch der innere Verbrauch für chemische Industrie und Landwirtschaft, sowie für die vertragsmäßige Salzversorgung des Königreichs Sachsen trat, so deckte die eigene Produktion kaum 75 Proz. des Bedarfes, und mehr als eine halbe Million Zentner mußte jährlich speziell nach den preußischen Ostprovinzen von England und Portugal eingeführt werden. Dieser Umstand, sowie die infolge der steigenden Brennmaterialpreise immer kostspieliger werdende Verarbeitung der schwachen Solen veranlaßte die preußische Bergbehörde zunächst zwecks Anreicherung der vorhandenen Salzsolen die Steinsalzlagerstätten durch Tiefbohrungen aufzusuchen, und zwar wurden die ersten Bohrversuche in Thüringen im Gebiet des Zechstein vorgenommen, durch welche man auch bei Artern am 25. November 1837 auf Steinsalz fündig wurde. Da indes der Versuch in Artern, einen Schacht abzuteufen, infolge des großen Wasserandranges mißlang, so beschloß man, neue Bohrversuche anzustellen, und wurde namentlich infolge der Gutachten von Reinwarth und Karsten am 23. April 1839 in Staßfurt eine Tiefbohrung begonnen. Bei der damals sehr unvollkommenen Technik der Tiefbohrungen schritt die Arbeit nur langsam vorwärts. Im Jahre 1843 wurde bei 816 Fuß Tiefe das erste Salz gefunden, doch wurde die Bohrung dann noch weitere 6 Jahre bis 1851 fortgesetzt, wo man, nachdem ein Salzlager von 1035 Fuß Mächtigkeit vertikal durchsunken war, ohne daß man das Liegende erreichte, bei einer Gesamttiefe von 1851 Fuß die Bohrung einstellte und auf Grund einer Denkschrift des Geh. Bergrats von Carnall die Eröffnung eines Steinsalzbergbaues durch Niederbringung zweier Schächte beschloß. Der erste, zum Kunst-, resp. Maschinenschacht bestimmte Schacht „van der Heydt" wurde am Barbaratage, den 4. Dezember 1851, der zur Förderung bestimmte „Manteuffel"-Schacht am 31. Januar 1852 abgesteckt und angehauen. Das Abteufen der Schächte nahm 5 Jahre in Anspruch und wurde mit demselben im November 1856 in 1066 Fuß Tiefe aufgehört, nachdem man in das reine Steinsalz eingedrungen war, während man die ersten Lager von freilich sehr unreinen und ungenießbaren Salzen bereits in 816 Fuß Tiefe angefahren hatte. Der Wert dieses unreinen von 816 bis 974 Fuß Schachttiefe anstehenden Salzvorkommens, welches später eine so große Bedeutung gewann, wurde derzeit nicht gleich erkannt. Man war froh, unter demselben ein mächtiges reines Steinsalzlager aufgefunden zu haben, und warf die beim Schachtabteufen gewonnenen oberen bitteren Salze, denen man die Bezeichnung „Abraumsalze“ gab, zunächst als unbrauchbar auf die Halde.

Die bergmännische Gewinnung des Steinsalzes erfolgte nunmehr zunächst auf einer horizontalen Abbausole durch streichende Strecken und senkrecht hierauf stehende Abbauörter. Bei dem zirka 30° von Ost nach West betragenden Einfallwinkel des Gebirges gelangten aber diese querschlägigen Örter mit jedem Fuß westlicher Bewegung einen halben Fuß höher in das Hangende, während man mit jedem Fuß östlich einen halben Fuß weiter in das Liegende kam. Bei der horizontalen Fortführung der Strecke nach dem Hangenden zu gelangte man so naturgemäß wieder an die beim Niederbringen von 816—974 Fuß Tiefe aufgeschlossenen oberen bunten und bitteren Abraumsalze. Der damalige Oberberghauptmann Krug v. Nidda, welcher auf Grund der von Rose und Marchand angestellten Analysen die Möglichkeit der technischen Verwertung der Abraumsalze erkannte, ordnete im Jahre 1859 eine Durchquerung des Abraumsalzlagers bis zur oberen hängenden Mergellage an, und Proben der hierbei gewonnenen Mineralien wurden von dem damaligen Bergreferendar, späteren Oberberghauptmann Freund, auf dem Staßfurter Werke und auch von mir analysiert, sowie auch an chemische Fabriken und Landwirte zu Versuchen abgegeben, ohne daß sich aber dafür zunächst Abnehmer fanden.

Ich war im Jahre 1858 in der Zuckerfabrik von Benneke-Hecker & Co. in Staßfurt als Chemiker eingetreten und hatte mich speziell agrikulturchemischen Studien über die nach Liebig's Forschungen durch den Zuckerrübenbau drohende Erschöpfung des Bodens an Kalisalzen gewidmet. Besondere Anregung empfing ich hierbei noch einerseits durch das damals zuerst in bedrohlicher Form beobachtete und von mir in Gemeinschaft mit Professor Schacht studierte Auftreten der Rübennematoden und andererseits auch durch die mir übertragene Einrichtung einer Fabrik für Herstellung von Pottasche aus den Schlempen der Melassenbrennerei. Da ich überzeugt war, daß die im Staßfurter Salzwerke bis dahin unbenutzt ruhenden oder, soweit sie beim Abteufen gefördert waren, als wertlos auf die Halde gestürzten Abraumsalze sich zum Ersatz des den Rübenäckern entzogenen Kalis eigneten, so richtete ich meine Arbeiten zunächst darauf, diese Salze für die Rübendüngung verwendbar zu machen, und gelang mir dies in den Jahren 1859—1860. Im Anschluß daran und gestützt auf die älteren Arbeiten, welche H e r m a n n und B a l a r d zur Ausnutzung der Salzmutterlaugen gemacht hatten, führte ich dann auch gleich die Herstellung von gereinigtem Chlorkalium für technische Zwecke durch.

Über meine Arbeiten und über die sich hieran knüpfenden Aussichten für Begründung einer besonderen Kaliindustrie berichtete ich dann im Juli 1860 an die preußische Bergbehörde, wie auch bald darauf an die Herzogl. Anhaltinische Bergverwaltung, welche derzeit auch bereits die Eröffnung eines Salzbergbaues in Leopoldshall in Aussicht genommen hatte. In einem von mir im Oktober 1860 eingereichten ausführlichen Promemoria, von welchem ich in der Anlage I Auszug beifüge, wies ich die Verwendbarkeit der Staßfurter Kalisalze für Herstellung von Chlorkalium, Pottasche, Salpeter usw. nach, desgleichen auch Wert und Bedeutung der in Verbindung mit den eigentlichen Kalisalzen vorkommenden Magnesiaverbindungen, und betonte vor allem die große Wichtigkeit der Staßfurter Kalifunde für die Bodenkultur.

Die lange anhaltende geschäftliche Depression, die der schweren Finanzkrisis von 1857 folgte, war aber der Begründung neuer industrieller Unternehmungen wenig günstig, und da ich selbst mittellos war, so gelang es mir erst nach vielen vergeblichen Bemühungen im Frühjahr 1861, das nötige Kapital zur Anlage einer kleinen Kalifabrik in Staßfurt zusammenzubringen, in welcher Fabrik ich am 1. Oktober 1861, also etwa 10 Jahre nach dem Beginn des Schachtbaues, den Betrieb mit einer täglichen Verarbeitung von 100 Zentner Abraumsalzen begann und mit Erfolg durchführte. Als jedoch die technische Verwendbarkeit der Abraumsalze für die Kaligewinnung durch meine inzwischen gemachten Veröffentlichungen bekannt geworden war, folgten meiner ersten Anlage bald andere, von denen namentlich die von Vorster & Grüneberg, resp. deren Chemikern Dr. Grüneberg und Michels und von Leißler & Townsend von Anfang an mit reicheren Mitteln begründeten Kalifabriken die neue Industrie wesentlich förderten. Im letzten Quartal des Jahres 1861 hatte ich in meiner Fabrik 6265 Zollzentner verarbeitet. 1862 waren bereits 4 Fabriken im Betriebe, welche 408 000 Zentner Rohsalze verarbeiteten. 1864 waren schon 18 Fabriken entstanden, und die Förderung der Abraumsalze, an welcher sich inzwischen das neu erschlossene Herzogliche Salzwerk zu Leopoldshall beteiligte, stieg auf 2 775 000 Zentner = 139 000 tons. 1872 wurden in 33 Fabriken 10 284 000 Zentner = 514 000 tons verarbeitet.

Da die Verwendung der Staßfurter Produkte für industrielle Zwecke nicht so rasch zunahm, als die Kalifabrikation, erschien es um so mehr geboten, die weiteste, ausdehnungsfähigste Benutzung der Kalidüngemittel nach Möglichkeit zu fördern.

Die für die ersten Düngungsversuche verwendeten, direkt vom Salzwerk bezogenen rohen Abraumsalze hatten aber infolge ihres hohen Chlormagnesiumgehaltes sehr ungünstige Resultate ergeben und wurden dadurch viele Agrikulturchemiker zu dem falschen Schlusse geführt, daß Chlorverbindungen überhaupt für die Pflanzenernährung ungeeignet seien. Glücklicherweise konnte ich mich bei Bekämpfung dieses Irrtums auf das Urteil von Justus v. Liebig stützen, der auf Grund meiner zahlreichen, sorgfältigst durchgeführten Feldversuche, sowie einer von mir 1864 ausgeführten wissenschaftlichen Untersuchung über das Verhalten der Chlorverbindungen im Boden die Brauchbarkeit des Chlorkaliums als Düngemittel bestätigte. Da meine auf der Versammlung deutscher Agrikulturchemiker 1865 mitgeteilte und danach in den Landwirtschaftlichen Versuchsstationen, Bd. 8, 1866 veröffentlichte Arbeit durch die etwa 25 Jahre später allgemein eingeführte Anwendung der Kombination von Thomasphosphat und Kainit volle Bestätigung gewonnen hat, so füge ich auch diese unter Anlage II an. Liebig's eigene Äußerungen über die Bedeutung des Staßfurter Kalibergbaues für die Landwirtschaft habe ich bereits früher in dieser Zeitschrift, Jahrgang 1893, S. 325 veröffentlicht . . .

Die günstigen, mit der Theorie übereinstimmenden Erfahrungen, welche beim Rübenbau infolge Benutzung der Kalidüngemittel konstatiert wurden, schafften den letzteren auch in anderen landwirtschaftlichen Betrieben rasch ein weiteres Verwendungsgebiet. Bereits im Jahre 1866, gleich nach Beendigung des amerikanischen Sezessionskrieges, wurden auf Anregung von Professor Mallet von der Virginia-Universität bedeutende Quantitäten von Staßfurter Kalidünger für die Baumwollen- und Tabakskulturen nach den Vereinigten Staaten bezogen. Auch infolge des in den Jahren 1867 und 1868 in den Moorkolonaten des Herzogtums Arenberg-Meppen ausgebrochenen Notstandes wurde der Kalidüngung ein neues weites Feld eröffnet, welches bereits durch die Arbeiten Liebig's und Rimpau's vorbereitet war.

Ein von den Gebieten der Agrikulturchemie weit abliegender Teil der Staßfurter Industrie wurde 1865 von mir durch Einführung der Fabrikation von Brom aus den Mutterlaugen der Kalisalzverarbeitung in Angriff genommen; wenngleich der ursprünglich auf A. W. Hofmann's Anregung versuchte Ersatz des Jodmethyls durch Bromäthyl bei Darstellung von Hofmann's Blau nicht den gewünschten Erfolg hatte, so ist die Massenherstellung des Broms doch sowohl für die Entwicklung der Teerfarbenindustrie, als auch für die Fabrikation anderer Brompräparate zu großer Bedeutung gelangt. Aus den Mutterlaugen der Kaliwerke werden jetzt jährlich zirka 500 000 kg Brom hergestellt, und der Preis dieses Stoffes, welcher 1865 50–60 M. pro kg betrug, ist jetzt auf etwa 3 M. herabgegangen. Für einen anderen Teil des in enormen Mengen als Abfallprodukt der Kalifabrikation erhaltenen Chlormagnesiums wurde 1866 durch Leißler & Townsend eine Verwendung als Schlichtmaterial geschaffen, desgleichen auch für den als Nebenprodukt aus den Löserückständen gewonnenen Kieserit. Die Herstellung von schwefelsaurer Kalimagnesia und schwefelsaurem Kali durch Umsetzung von Chlorkalium mit Kieserit und die Weiterverarbeitung des gewonnenen Sulfats zu Pottasche wurden derzeit besonders durch Dr. Grüneberg gefördert, und sind diese Verfahren trotz der neuerdings eingeführten elektrolytischen Prozesse noch jetzt für die Kaliindustrie von großer Bedeutung.

Der wirtschaftliche Aufschwung, welcher dem Kriege von 1870 folgte, brachte auch der Staßfurter Kaliindustrie eine weitere zuvor kaum geahnte Ausdehnung. Nachdem durch das preußische Berggesetz von 1865 der bis dahin als Staatsmonopol geltende Salzbergbau freigegeben war, wandte sich nun auch das Privatkapital diesem zu, und zwar entstand zunächst an der Grenze der preußischen Bergwerksfelder das gewerkschaftliche Salzbergwerk „Neu-Staßfurt", bald darauf die Kaliwerke von Westeregeln und Aschersleben, welchen im Laufe der Jahre zahlreiche andere folgten, so daß zur Zeit in Deutschland, welches für die Kalisalzgewinnung nahezu ein von der Natur gebotenes Monopol hat, 23 Staats- und Privatwerke betrieben werden und eine Anzahl anderer Kalibergwerke noch im Abteufen begriffen sind. Auf den betriebsfertigen Werken wurden im Jahre 1900 von Rohsalzen verschiedener Art 3 037 256 tons gefördert. Daneben wurden dann in Deutschland noch 927 000 tons Steinsalz gewonnen, von denen 236 000 tons ausgeführt wurden im Gegensatz zu der noch 1857 bestehenden Salzeinfuhr von 25 000 tons. Die deutschen Kalibergwerke und Kalifabriken sind jetzt sämtlich zu einem Syndikat vereinigt. Die zu diesem Syndikat gehörigen Werke beschäftigten im letzten Jahre etwa 800 Beamte und 16 000 Arbeiter und waren mit 513 Dampfkesseln und 736 Dampfmaschinen ausgerüstet, welche letztere einen Effekt von 47 000 HP repräsentieren. Der Wert der Gesamtproduktion an Kalirohsalzen und Fabrikaten im Jahre 1900 betrug 59 Millionen Mk. Das Absatzgebiet für die von Jahr zu Jahr steigende Produktion des deutschen Kalibergbaues ist die ganze zivilisierte Welt, und zwar entfällt auf industrielle und landwirtschaftliche Verwendung jetzt etwa die gleiche Menge der Förderung. Während aber der Bedarf der Industrie zur Erzeugung von Pottasche, Salpeter, Alaun, chromsaurem, schlorsaurem Kali usw. trotz seiner Größe immerhin ein limitierter bleiben wird, ist derjenige der Landwirtschaft noch der weitesten Ausdehnung fähig. Zur Zeit verbraucht Deutschland an Kalidüngemitteln etwa 800 000 tons, während der Export der verschiedenen Rohsalze und Fabrikate für landwirtschaftliche Verwendung zirka 700 000 tons beträgt. In Deutschland wird die Kalidüngung nicht bloß bei den intensiven Kulturen, wie z. B. bei dem mit ihrer Hilfe stetig erweiterten Anbau der Zuckerrübe benutzt, sondern in beinahe noch größerem Maße für die Kulturen der geringsten Sand- und Moorböden, bei welchen durch Benutzung des Kalis in Verbindung mit dem ebenfalls der Landwirtschaft durch die Industrie zugänglich gemachten Thomasphosphat jetzt erst ein lohnender Betrieb ermöglicht wird. Alle europäischen Länder, wie auch die anderen Kontinente, verwenden die Staßfurter Kalidüngemittel in stetig wachsenden Mengen. Besonders groß ist der Bedarf der Vereinigten Staaten von Amerika, die uns für dieses, ihrer sonst durch klimatische oder andere Verhältnisse so begünstigten landwirtschaftlichen Kultur notwendige Düngemittel tributpflichtig sind und hoffentlich bleiben. Die Menge der in den letzten Jahren allein nach den Vereinigten Staaten ausgeführten verschiedenen Kalisalze und Kalidüngemittel betrug 314 500 tons. Rechnet man hierzu noch den Versand von Kalisalzen und Steinsalzen nach anderen überseeischen Ländern, der etwa 100 000 tons per Jahr beträgt, so ist daraus ersichtlich, welche Bedeutung diese Ausfuhr auch für die deutsche Schiffahrt hat, die durch den Salzexport wertvolle und lohnende Ausfrachten findet, während für unseren Handel und für unsere Volkswirtschaft in den Kalisalzen ein Tauschmittel für die bisher noch zum großen Teil von außerhalb importierten Stickstoff- und phosphorhaltigen Düngemittel gegeben ist. Was die Einwirkung des deutschen Salzbergbaues auf die Entwicklung unserer Gesamtindustrie betrifft, so will ich hier nur kurz erwähnen, daß unsere Sodafabrikation sich von 26 000 tons im Jahre 1867 auf rund 250 000 im Jahre 1897 erhöht hat.

Während wir Mitte der 60 er Jahre noch große Mengen von Soda, Chlorkalk und Pottasche importierten, ist unsere Ausfuhr bei diesen drei wichtigsten Hilfsstoffen der Industrie im Jahre 1900 auf 92 800 tons gestiegen, wogegen die Gesamteinfuhr dieser Fabrikate nur 2518 tons betrug.

Möge der deutsche Kalibergbau und die deutsche Kaliindustrie auch in allen kommenden Zeiten wachsen, blühen und gedeihen, wie bisher!

IV. Vorkommen und Verarbeitung der Kalisalze in Kalusz[1]).

Von Dr. A. Frank in Staßfurt.

Aus dem Wiener Weltausstellungsbericht 1873, Bd. III, Abt. I, S. 47—52.

Der große Aufschwung, welchen das Staßfurter Salzwerk durch die Kaliindustrie genommen hatte, konnte nicht verfehlen, auch in anderen Steinsalzlagern eifrige Forschungen nach Kalisalzablagerungen hervorzurufen. Nachdem diese Versuchsarbeiten in Wielizka den bekannten — wenn auch in seinen üblen Folgen durch die damaligen Zeitungsberichte übertrieben geschilderten — Wassereinbruch in das dortige Steinsalzlager herbeigeführt hatten, ohne die gesuchten Kalisalze zu erschließen, wandte man sich den ausgedehnten Steinsalzlagern in den Ostkarpathen zu. In einem der dortigen zahlreichen, aber noch sehr primitiv — durch Laugwerksbetrieb — ausgebeuteten Salzwerke, dem zu Kalusz, war bereits in den fünfziger Jahren von Professor H. Rose in Berlin das Vorkommen von reinem Chlorkalium — Sylvin — konstatiert, auch eine hierauf bezügliche Notiz veröffentlicht worden. Eine Wiederaufnahme der so gegebenen Andeutungen, verbunden mit Nachforschungen über die eigentümlich bittere Beschaffenheit des aus den Kaluszer Laugwerken gewonnenen Kochsalzes, welches

[1]) Über das Kaluszer Kalivorkommen finden sich Veröffentlichungen, Tschermak: Wochenschrift des Niederösterreichischen Gewerbevereins 1866: Nr. 1, 11; Tschermak, pr. Chem., CIII, 250; Foetterle, Berg- und hüttenmännische Zeitung 1868, 226, 259; v. Kripp, Ibid. 1868, 377, 385, 411, 417; E. Windakiewicz, Berggeist 1869; Nr. 3 und 102; v. Hingenau: Jahrb. der k. k. geol. Reichsanstalt 1869; v. Hauer, Jahrb. der k. k. geol. Reichsanstalt 1870, Nr. 1; Foetterle, Ibid. 1871, Nr. 4; sowie endlich das als Manuskript gedruckte Gutachten: Über die Kalisalzlagerstätte zu Kalusz, von v. Carnall, B. v. Cotta und E. Windakiewicz, Wien 1873.

sich bei der Analyse stark kalihaltig zeigte, führten dann Herrn B. Margulies und Professor Tschermak in Wien in den Jahren 1868 und 1869 zur Auffindung bauwürdiger Lager von Sylvin, denen bald auch die Auffindung bedeutender, die Staßfurter resp. Leopoldshaller an Mächtigkeit weit übertreffender Kainitablagerungen folgten. Dagegen fehlte in Kalusz das Vorkommen von Karnallit und Kieserit nahezu vollständig und scheint dies wie das ganze Vorkommen des Sylvins als linsenartige Einlagerung im Haselgebirge — mit Ton vermischtem Steinsalz — mit Sicherheit darauf zu deuten, daß die Vorkommen von Kainit und Sylvin sekundäre Bildungen aus einem früheren, dem Staßfurter gleichen Mutterlaugensalzlager sind, welche aber durch spätere Hebungen und Zuflüsse von süßem Wasser, wenigstens in ihren oberen Lagen, nochmals umgesetzt wurden — ein Prozeß, der auch in dem Staßfurter Salzlager an einzelnen Stellen direkt nachweisbar ist [1]). Da sich in den später aufgeschlossenen beziehungsweise noch im Aufschluß begriffenen, tieferen Lagen der Kaluszer Werke sehr schöne reichhaltige Adern von Karnallit finden, so ist nach dem Urteil der Geologen bei weiterem Vordringen in die tieferen Schichten die Auffindung eines dem Staßfurter Vorkommen entsprechenden Karnallitlagers mit großer Wahrscheinlichkeit auch dort zu erwarten, um so mehr, als das Einfallen, welches in den oberen Teufen bis zu 60° beträgt, sich nach unten regelmäßig verflacht und in den bisher aufgeschlossenen tiefsten Horizonten sich schon auf 30° vermindert, obwohl dieselben die Tiefe der Staßfurter Abbausohlen noch lange nicht erreichen, da der Bergbau im preußischen Salzwerk in einer Teufe von 333 m bei einem durchschnittlichen Einfallen der Schichten von 30°, im Leopoldshaller von 219 m bei einem Fallwinkel von 44° umgeht, während der tiefste bisher erzielte Aufschluß in Kalusz nur zirka 115 m unter der Hängebank des Schachtes liegt. Die Tatsache, daß auch im Staßfurter Becken Kainit und Sylvin fast nur in dem höher gelegenen Leopoldshaller Werke vorkommen, bildet eine weitere Stütze dieser Hypothese.

Vorkommen und Verarbeitung der Sylvinsalze. Wie schon angeführt, findet sich der Sylvin in einzelnen linsenförmigen Lagern, die aber untereinander durch schwächere Bänder verbunden sind und ein regelmäßiges Streichen zeigen, im Haselgebirge (Salzton) eingeschlossen; die Mächtigkeit dieser Sylvin-

---

[1]) **Frank, Ber. Chem. Ges. 1868 I., 124.**

ablagerungen beträgt im Maximum 33 m, im Minimum 4 m und kann im Durchschnitt mit 8 m angenommen werden. Im mittleren Teile der Linsen finden sich starke, zuweilen 0,6 bis 0,9 m dicke Lagen von fast chemisch reinem Chlorkalium, welches, wenn allein gefördert, ohne alle weitere Umarbeitung für die meisten chemischen Zwecke brauchbar sein würde, nach dem Hangenden und Liegenden zu verarmen die Lagen indes durch Vermischung mit Salzton immer mehr, um schließlich ganz in diesen überzugehen. Da indes Magnesiumsalze in dieser Sylvinablagerung fast ganz fehlen, so ist der chemische Prozeß der Chlorkaliumgewinnung aus diesem Material ein ungleich einfacherer als in Staßfurt, indem man die Salze nur mit einer kalt gesättigten Lösung von Chlorkalium und Chlornatrium erhitzt. Da nun das Chlorkalium bei höherer Temperatur im Wasser bedeutend löslicher ist, als bei niederer, während die Lösefähigkeit des Chlornatriums bei verschiedenen Temperaturen nicht wesentlich variiert, so nimmt die Lauge beim Erhitzen mit den von löslichen Teilen nur Chlorkalium und Chlornatrium enthaltenden Rohsalzen nur das erstere auf, und wird, nachdem sie sich dem Temperaturgrade entsprechend mit Chlorkalium gesättigt hat, in Kristallisierbassins gelassen, in welchen sie beim Abkühlen das mehr gelöste Chlorkalium auskristallisieren läßt, um dann wieder, mit neuen Mengen Rohsalz erhitzt, denselben Prozeß zu durchlaufen. Es fallen also bei dem Betriebe in Kalusz die so schwierigen Verdampfoperationen der Staßfurter Fabrikation mit ihren weitere Raffinationsarbeiten erfordernden Zwischenprodukten ganz fort und es wird sofort ein sehr reines, kräftig kristallisiertes und vollkommen magnesiumfreies Chlorkalium erzielt. — Würden die Kaluszer Sylvinrohsalze nur aus einem Gemische von Chlorkalium und Chlornatrium bestehen, so müßte der beschriebene Prozeß in sehr glatter Weise und fast ohne Verlust vor sich gehen, dieselben enthalten aber neben den löslichen Bestandteilen noch einen bedeutenden Prozentsatz unlöslichen Ton und Gips, wodurch der Prozeß kompliziert und der Fabrikations- beziehungsweise Laugenverlust erhöht wird. Nach dem jetzt dort üblichen Verfahren werden die gewonnenen Sylvinerze so gattiert, daß sie durchschnittlich 22 bis 24 % Chlorkalium enthalten, der Chlornatriumgehalt beträgt dann durchschnittlich 30 bis 32 %, und der Rest besteht aus Salzton und Gips. Die so geklaubten Erze werden möglichst gleichmäßig etwa zu Bohnengröße durch Quetschwerke und Siebe zerkleinert und dann in große als Extraktionsgefäße dienende Pfannen, die mit falschem Boden versehen sind, gefüllt. Auf die so vorgerichtete Masse läßt man die von der früheren Kristallisation herrührende Lauge laufen, welche zuvor entweder in einer Pfanne mit direktem Feuer oder durch eine Dampfschlange erhitzt war. Gewöhnlich sind vier Extraktions- und vier Laugenwärmgefäße in ähnlicher Weise kombiniert, wie dies bei der englischen Sodaextraktion üblich ist, so daß die zum Ersatz des durch die Lösung des Chlorkaliums und durch äußere Abkühlung entstandenen Wärmeverlustes nach jedem Passieren eines Extraktionsgefäßes neu angeheizte Lauge zuletzt über das mit frischem Salz beschickte Extraktionsgefäß und von dort in die Kristallisierbassins geht. Um den Laugenverlust zu ersetzen, erhält die Pfanne, welche völlig ausgezogen ist, zuletzt siedende Chlornatriumlösung und nachdem diese die noch in der Masse vorhandene Chlorkalium-Chlornatriumlösung verdrängt hat, wird das betreffende Extraktionsgefäß zur Entleerung ausgeschaltet und ein inzwischen mit frischem Material beschicktes vorn an die Batterie gehängt. Die in die Kristallisiergefäße ablaufende Lauge zeigt einen durchschnittlichen Gehalt von 15 % Chlorkalium und 17,4 % Chlornatrium und enthält nach dem Auskristallisieren bei Sommertemperatur 11,5 % Chlorkalium und 20,6 % Chlornatrium und bei Winterkälte 7,2 % Chlorkalium und 22,7 % Chlornatrium. Bei einer Beschickung mit Rohsylvin von 22 bis 24 % Chlorkalium Gehalt verbleibt im Rückstand meist noch 20 bis 25 % des darin enthalten gewesenen Chlorkaliums sowie nahezu der ganze Chlornatriumgehalt; um dieses sowie auch das in den ärmeren Sylvinerzen von nur 10 bis 12 % Chlorkalium enthaltene Kaliumsalz zu gewinnen, werden die Löserückstände in den Extraktionsgefäßen selbst, die ärmeren Rückstände in großen Holzkästen mit süßem Wasser methodisch extrahiert. Bei dieser Operation wird sowohl Chlorkalium als Chlornatrium zum größten Teil gelöst und es bleibt nur ein wenig salzhaltiger Ton und Gipsschlamm zurück. Die erhaltene klare und durch event. Passieren durch mehrere Lösegefäße mit beiden Salzen völlig gesättigte Sole, welche einen durschnittlichen Gehalt von 6,3 % Chlorkalium und 22,5 % Chlornatrium zeigt, wird nun in einer gewöhnlichen Salinenpfanne wie einfache Salzsole so lange eingekocht, als sich reines Kochsalz ausscheidet und dieses wird in über der Siedepfanne stehenden Bühnen zur Entfernung der anhängenden chlorkaliumhaltenden Lauge mit reiner siedender Kochsalzlösung übergossen — gedeckt —. Das Auskochen von Chlornatrium und gleichzeitige Konzentrieren der Chlorkaliumlauge wird fortgesetzt, bis unter beständigem Zuspeisen neuer Mischsole die Pfanne eine heiße Lösung von 15 bis 16 % Chlorkalium und 16 bis 17 % Chlornatrium enthält, dann wird das Feuer gelöscht und der Inhalt der Pfanne schnell in Kristallisierbassins abgelassen, in welchen das Chlorkalium auskristallisiert. Die Pfanne wird sofort nach dem Entleeren wieder mit neuer vorgewärmter Mischlauge gefüllt und der Prozeß geht so regelmäßig fort. Da die Mischlauge mit beiden Salzen gesättigt ist und das Chlorkalium in Lösung bleibt, so fällt gerade soviel Kochsalz aus, als Wasser verdampft, resp. als aus einer gesättigten reinen Kochsalzlösung beim Verdampfen ausfallen würde und der Mehrverbrauch an Brennstoff gegen den gewöhnlichen Salzsiedeprozeß wird nur veranlaßt durch das bei jedesmaligem Ablassen der Pfanne nötige Abkühlen und Wiederanfeuern derselben nach erfolgter Füllung. Immerhin ist aber diese Methode für die Kaluszer Verhältnisse und bei dem hohen Preise des Kochsalzes in den benachbarten russischen Provinzen von praktischem Werte, da sie eine nahezu vollständige Zugutemachung aller Sylvinerze und somit auch einen leichteren Abbau und eine sorgfältigere Scheidung der Erze ermöglicht. Das Chlorkalium wird von Kalusz schon wegen der hohen Fracht, die darauf bis zu den Konsumtionsplätzen, Wien, Stettin usw., lastet, nur in hochgrädiger Ware — 95 bis 97 % — in den Handel gebracht und kann wegen seiner großen Reinheit und schönen, kräftigen Kristallisation als Primaqualität bezeichnet werden.

G e w i n n u n g und V e r a r b e i t u n g des K a i n i t s. Wie schon oben angeführt, übertrifft das Kainitvorkommen in Kalusz bezüglich seiner Mächtigkeit und der dadurch erleichterten Gewinnung das von Staßfurt-Leopoldshall ganz bedeutend. Bei einer absoluten Mächtigkeit des Kaluszer Kainitlagers von 6 bis 7 Lachter (12 bis 14 m) ist dasselbe im zweiten und dritten Horizont der Grube, also auf 60 m flacher Pfeilerhöhe durch zwei streichende Strecken auf mehr als 200 m aufgeschlossen und ist eine Fortsetzung des Lagers auch in größere Tiefe ebenso wie im Streichen sicher anzunehmen. Schon die bisher aufgeschlossenen Mengen repräsentieren aber ein sofort gewinnbares Quantum von 2 bis $2^{1}/_{2}$ Millionen Zentner. Die durchschnittliche Zusammensetzung des Kainits soll sein:

	im II. Horizont	im III. Horizont
Schwefelsaures Kalium	20,3	19,6
„ Magnesium .	14,2	14,2
Chlormagnesium	11,1	11,1
Chlornatrium	27,2	27,5
Schwefelsaures Calcium . . .	2,8	0,5
Unlösliches (Ton, Sand) . . .	9,2	9,8
Wasser	Rest	Rest
	100,00	100,00

Hiernach bietet sich der Kaluszer Kainit sowohl zur Darstellung von schwefelsaurem Kaliummagnesium und reinem schwefelsaurem Kalium, als auch zur Gewinnung von Chlorkalium und Glaubersalz, event. zu einer kombinierten Fabrikation, in welcher zunächst ein Teil des Kalis als schwefelsaures Kaliummagnesium, der Rest als Chlorkalium gewonnen werden kann, während die bei letzterer Fabrikation ausgekochten Salzgemische von Kochsalz und schwefelsaurem Magnesium ein brauchbares Material für ausgedehnte Glaubersalzgewinnung bieten würden, da die harten und langen galizischen Winter der Darstellung von Glaubersalz weit mehr Chancen bieten, als das verhältnismäßig milde Klima von Staßfurt. Soviel indes bekannt, ist die Kainitverarbeitung in Kalusz bisher noch nicht durchgeführt[1]) und werden bisher nur kleine Quantitäten Kainit zu Düngesalzen verwendet. Bei weiterer Entwicklung des Werkes dürfte aber dem Kainit die größte Beachtung zu schenken sein, da das daraus zu gewinnende schwefelsaure Kalium wegen seines höheren Handelwertes die bedeutenden Frachtspesen leichter trägt und also im Verhältnis zu Staßfurt auch konkurrenzfähiger ist, während für einen nicht unbedeutenden Teil des als Nebenprodukt produzierten Glaubersalzes die österreichische und russische Glasindustrie und bei weiterer Verarbeitung des Glaubersalzes auf Soda das ganze jetzt durch Eisenbahnen erschlossene östliche Hinterland, Moldau, Walachei und Rußland einen günstigen Markt bieten.

Das Haupthindernis für die Entwicklung der Kaluszer Werke scheint in der schwierigen Beschaffung tüchtiger und intelligenter Arbeitskräfte zu liegen, da die eingeborene Bevölkerung von sehr geringer Leistungsfähigkeit ist und für Bergbau wie Fabrikbetrieb

[1]) Neuerdings sind von Dr. G. Borsche in Leopoldshall Versuche über diese, bei Herabsetzung des Kainitpreises auch für Staßfurt wichtige Frage angestellt worden, welche die Aufgabe befriedigend zu lösen scheinen.

erst vollständig angelernt und erzogen werden muß. Außerdem sind die jetzigen Grubenbaue für eine größere — der Staßfurter ebenbürtige — Förderung nicht mit ausreichenden Schächten, Ventilations- und Förderanlagen versehen und bieten auch infolge des früheren für die Kochsalzgewinnung geführten Laugwerkbetriebes mannigfache Schwierigkeiten, die erst mit dem Niederbringen eines neuen Schachtes und der Aufschließung neuer unverritzter Teile des Lagers völlig gehoben werden können. Immerhin sind die jetzigen Anlagen bei entsprechender Leitung des Bergbaues für eine tägliche Gewinnung von 4000 Ztr. Rohsalz schon ausreichend, welches Quantum auch in den vorhandenen mit besten in Staßfurt erprobten Apparaten reichlich ausgerüsteten Fabrikanlagen bequem verarbeitet werden kann. — Für Industrie, Handel und Landwirtschaft in Österreich und namentlich für deren Entwicklung in Galizien selbst sowie für die benachbarten russischen Gebietsteile, als Hauptsitze der russischen Rübenzuckerindustrie, sind die Kaluszer Werke von größter Bedeutung und ist denselben deshalb um so mehr Glück und Gedeihen zu wünschen.

Die Verwertung der Thomasschlacke.

Bei seinem großen Interesse für die Frage der künstlichen Düngung hat Frank auch an der Propagierung der Thomasschlacke bereits kurz nach ihrer Entdeckung regen Anteil genommen. Auch hier ist ihm übrigens ein größerer Erfolg nicht beschieden gewesen. Immerhin erscheint seine Veröffentlichung über ein Verfahren zur Bindung und Aufschließung von Phosphaten aus dem Jahre 1884 chemisch interessant genug, um auch hier von neuem veröffentlicht zu werden.

I. Ueber ein Verfahren zur Reinigung und Aufschliessung von Schwefel- und Phosphorhaltigen Schlacken und sonstigen Phosphaten.

Von Dr. A. Frank, Charlottenburg.

Nr. 8 der „Chemischen Industrie", Jahrgang 1884.

Auf der im Mai d. J. zu Wiesbaden abgehaltenen Generalversammlung des „Vereins Deutscher Düngerfabrikanten" hat, nach den vorliegenden Berichten, Herr Dr. Lüddeke-Nienburg, das von mir ausgearbeitete und patentierte Verfahren zur Verarbeitung der Thomasschlacke usw. deshalb als praktisch unausführbar bezeichnet, weil die Einführung der glühenden Schlacken in eine Flüssigkeit zu Explosionen führen müsse. Zur Widerlegung dieser Ansicht lasse ich hier zunächst den Wortlaut der auch in dem bez. Referat p. 226 d. Bl. nur in ihrer ersten Hälfte mitgeteilten Patentbeschreibung folgen, um daran einige Bemerkungen über die für mich bei Aufstellung meines Arbeitsplanes maßgebenden Gesichtspunkte zu knüpfen.

Das Patent lautet:

„Das vorliegende Verfahren zur Reinigung und Aufschließung von Schlacken aller Art, insbesondere aber von Hochofen- und basischen Bessemer-Schlacken, sowie von anderen natürlich vorkommenden oder künstlich dargestellten Phosphaten beruht im wesentlichen auf Anwendung von Chlormagnesium.

Nach diesem Verfahren läßt man beispielsweise die feuerflüssige Schlacke in eine nach Bedarf konzentrierte Lösung von Chlormagnesium, gewöhnlich von zirka 1,06 spez. Gew., laufen und zerrührt dieselbe zu Schlackenmehl. Dabei zersetzen sich die in der Schlacke enthaltenen Sulfide und Sulfüre unter Bildung von Schwefelwasserstoff; desgleichen setzt sich der in basischer Schlacke enthaltene ungebundene Kalk mit Chlormagnesium zu Magnesia und Chlorkalzium um und bewirkt so indirekt eine Konzentration und leichtere Löslichkeit von in der Schlacke enthaltenen Phosphaten, da für je 28 Teile Kalziumoxyd 20 Teile Magnesiumoxyd äquivalent eintreten, welches letztere zum Teil noch durch Schlämmen und Absetzen entfernt werden kann. Außerdem wird durch nachheriges Erhitzen des Schlackenmehles mit dem noch anhaftenden oder auch mit noch zuzusetzendem Chlormagnesium in oxydierender Flamme eine teilweise höhere Oxydation der in der Schlacke enthaltenen, ihrer direkten Anwendung als Düngemittel nachteiligen Oxydule von Eisen usw. bewirkt.

Anstatt die feuerflüssige Schlacke direkt in Chlormagnesiumlösung einlaufen zu lassen, könnte man natürlich auch die bereits erstarrte und fein zerteilte Schlacke mit Chlormagnesiumlösung in der Hitze und unter Anwendung von höherem Dampfdrucke behandeln, um die in der Schlacke enthaltenen Schwefelverbindungen zu zerlegen und den ungebundenen Kalk durch Umwandlung in Chlorkalzium in Lösung zu bringen.

Dieselbe Methode läßt sich auch zur Reinigung und Konzentration von natürlich vorkommenden oder künstlich dargestellten Phosphaten verwenden, namentlich solchen, welche nicht an Phosphorsäure gebundenen, durch Glühen zu kaustizierenden Kalk enthalten, z. B. phosphathaltiger Mergel. Der Behandlung mit Chlormagnesium hat demnach bei derartigen Phosphaten ein Glühen derselben behufs Austreibung der Kohlensäure vorauszugehen.

Die so behandelten Schlacken bezw. Phosphate können direkt als Düngemittel verwendet werden oder nach einem bekannten Verfahren behufs Gewinnung bezw. Konzentration der Phosphate weiter aufgeschlossen werden.

Ich ziehe jedoch das folgende Verfahren zur Extraktion und Nutzbarmachung dieser Phosphate vor.

Das phosphathaltige Material wird mit Chlormagnesiumlösung unter Zusatz von Chlorammonium und Salzsäure derart behandelt, daß auf ein Äquivalent dreibasisch phosphorsauren Kalk ungefähr ein Äquivalent Salzsäure, sowie zwei Äquivalente Chlorammonium kommen. Die Salzsäure löst den phosphorsauren Kalk und gibt ihn wieder an das vorhandene Chlormagnesium und Ammoniaksalz zur Doppelzersetzung derart ab, daß sich Chlorkalzium und phosphorsaure Ammoniakmagnesia in der Lösung bilden. Letztere wird nach Beendigung der Umsetzung durch Abstumpfung der freien Säure mit kohlensaurem Kalk oder Magnesia und schließlich Zusatz von Ätzalkalien oder ätzalkalischen Erden ausgefällt.

An Stelle des Chlormagnesiums und Chlorammons kann man auch schwefelsaure Magnesia und schwefelsaures Ammoniak neben freier Salzsäure in den vorher angegebenen Verhältnissen derart benutzen, daß auf ein Äquivalent dreibasisch phosphorsauren Kalk zwei Äquivalente schwefelsaure Magnesia und ein Äquivalent schwefelsaures Ammoniak nebst etwas mehr als ein Äquivalent Salzsäure verwendet werden. Die betreffenden schwefelsauren Salze setzt man entweder direkt zu oder auch in der Weise, daß man sie teilweise als Chlorverbindungen den betreffenden Basen unter gleichzeitigem Zusatz einer diesem Teile äquivalenten Menge freier Schwefelsäure beifügt, um so die für Aufschließung und Lösung des dreibasisch phosphorsauren Kalkes erforderliche Menge freier Salzsäure in der Lösung selbst zu bilden. Der Prozeß verläuft nun in der Weise, daß sich schließlich einerseits phosphorsaure Ammoniakmagnesia bildet, die durch die freie Salzsäure in Lösung gehalten wird, und andererseits die drei Äquivalente Kalk des dreibasisch phosphorsauren Kalkes, mit Schwefelsäure verbunden, als schwer löslicher schwefelsaurer Kalk aus der konzentrierten Lösung zum größten Teil ausfallen.

Eventuell kann die Ausfällung des schwefelsauren Kalkes durch Zusatz einer Lösung von schwefelsaurer Magnesia noch befördert werden, doch ist dies nicht absolut notwendig, und bleibt auch im ersten Falle eine ziemlich reine phosphorsaure Ammoniakmagnesia in der Lösung, die nach Beendigung der Umsetzung von der freien Salzsäure durch Erhitzen befreit werden kann oder nach der vorhin beschriebenen Weise durch Abstumpfen der freien Säure mit kohlensaurem Kalk oder kohlensaurer Magnesia und schließlichem Zusatz von Ätzalkalien oder ätzalkalischen Erden ausgefällt wird.

Es ist zwar selbstverständlich, mag hier aber zur Vermeidung von Weiterungen noch besonders erwähnt werden, daß die freie Magnesia, welche durch die Extraktion des Kalkes mittelst Chlormagnesiums in die Masse eingeht, durch entsprechenden Zusatz von Salzsäure oder Schwefelsäure gleich für den weiteren Prozeß der Bildung von phosphorsaurer Ammoniakmagnesia nutzbar gemacht werden kann.

Dieses Verfahren der Gewinnung von Phosphaten eignet sich auch für solche Schlacke, aus der die Schwefelverbindungen und der ungebundene Kalk noch gar nicht oder nach einem anderen Verfahren, als in dem ersten Teil der Beschreibung angeführt, entfernt wurden, und muß dann nur der Zusatz von Chlormagnesium bezw. schwefelsaurer Magnesia und Salzsäure entsprechend bemessen werden, ebenso kann an Stelle des Zusatzes von Chlorammonium bezw. schwefelsaurem Ammoniak direkt Ammoniakgas in die genügend saure Lösung geleitet werden.

Patent-Ansprüche:

1. Die Anwendung von Chlormagnesium zur Zerlegung der in Schlacken oder anderen Phosphaten enthaltenen Schwefelverbindungen, sowie zur Extraktion des ungebundenen oder durch Glühen kaustizierten Kalkes und bezw. zur teilweisen höheren Oxydation der Oxydule von Eisen, Mangan usw.
2. Die Extraktion und Nutzbarmachung der in phosphathaltigen Materialien enthaltenen Phosphate durch Umwandlung derselben in phosphorsaure Ammoniakmagnesia mittelst Chlormagnesiums bezw. schwefelsaurer Magnesia und Ammoniak."

Wie aus meiner Patentschrift hervorgeht, ist das Einleiten der feuerflüssigen Schlacke in die Lösung von Chlormagnesium für die Durchführung des Prozesses durchaus nicht Bedingung, vielmehr genügt nach der Alinea 3 angegebenen Modifikation auch das Kochen der abgekühlten, fein zerteilten Schlacke mit Chlormagnesiumlösung zur Extraktion des freien Kalks, wie zur Zerlegung des Kalziumsulfides. Selbstverständlich wird die bei so großen Massen immerhin kostspielige feine Zerteilung erspart, wenn die feuerflüssige Schlacke durch Einführung in die zu ihrer Extraktion dienende Chlormagnesiumlauge direkt zu Schlackenmehl zerrührt wird, ein Verfahren, welches bei Hochofenschlacken unter Anwendung von reinem Wasser ja auf vielen Hüttenwerken seit lange üblich und bei Beobachtung einfachster Vorsichtsmaßregeln auch ganz ungefährlich ist. Als wesentlichste dieser Kautelen muß das langsame Einfließen eines dünnen Strahls der Schlacke in einen bedeutenden, die Masse rasch abkühlenden Überschuß von Flüssigkeit bezeichnet werden. Diese Methode bietet auch bei der Konverterschlacke keine Schwierigkeiten und liegt schon deshalb sehr nahe, weil man selbstredend die Schlacke nicht direkt beim Kippen des Konverters in die Lauge fließen lassen wird und ebensowenig ein Stürzen der im Schlackenwagen enthaltenen, gesamten Schlackencharge einer Birne auf einmal vorgenommen werden kann. Wird dagegen die abgefahrene Schlacke in einem passend konstruierten Flammofen flüssig erhalten und durch Stichloch oder Rinne in dünnem leicht regulierbarem Strahle in die kräftig bewegte Salzlösung geführt, rasch abgekühlt und fein gerührt, so sind Explosionen nicht mehr zu befürchten als bei Hochofenschlacken, die ja auch häufig große Mengen verblasener Eisenpartikel einschließen. Eine derartige Anordnung des Prozesses ist gleich bei den ersten Unterhaltungen, welche ich mit Ingenieuren von Bessemerwerken über die Sache hatte, ins Auge gefaßt, und hoffe ich demnächst in der Lage zu sein, den Beweis für Durchführbarkeit desselben ebenso aus dem Großbetriebe zu erbringen, wie er sich schon aus dem ungleich schwierigeren Experiment im Laboratorium ergeben hat. — Immerhin bleibt diese Form der Zerteilung nur eine Nebenfrage, man kann auch bei bereits erstarrter, noch etwa rotwarmer Schlacke durch Abschrecken in Chlormagnesiumlösung den Prozeß einleiten und gleichzeitig die Zerkleinerung wesentlich erleichtern, oder endlich die Schlacke, nachdem sie gänzlich erkaltet ist, fein pochen oder mahlen und dann extrahieren; in all diesen Fällen kann nicht nur eine Auslösung des Ätzkalkes sondern auch ein Abschlämmen der im Wechsel mit dem Kalk ausgeschiedenen Magnesia erzielt werden. — Fallen hiernach die von Herrn Dr. Lüddecke gegen mein Verfahren geltend gemachten Bedenken fort, so dürften einige Bemerkungen über den weiteren Verlauf des Prozesses wohl von Interesse sein. Die bisher vorgeschlagenen resp. eingeführten Methoden zur Extraktion der Konverterschlacken sind von der Beschaffung billiger Salzsäure abhängig, während aller Voraussicht nach der Preis dieser Säure, welcher schon jetzt bedeutend erhöht werden mußte, um die Konkurrenz mit der Ammoniaksodafabrikation bestehen zu können, in den nächsten Jahren noch weiter steigen wird. In Berücksichtigung dieser Verhältnisse, die ja auch in der Wiesbadener Versammlung gewürdigt sind, habe ich meine Bemühungen darauf gerichtet den Verbrauch von Salzsäure bei meinem Verfahren einzuschränken und in dem Chlormagnesium Ersatz dafür zu schaffen. Chlormagnesium ist nicht nur als Abfallprodukt der Staßfurter Industrie in unlimitierten Mengen und zu billigsten Preisen vorhanden, es läßt sich auch aus den Chlorkalziumlaugen der Ammoniaksodafabriken nach bekanntem Verfahren mittelst Kohlensäure und Ätzmagnesia — resp. gebranntem Dolomit — leicht und billig herstellen, und auf gleichem Wege bietet die bei meinem Prozeß der Schlackenextraktion abfallende Chlorkalziumlauge den Stoff für beständige Regeneration, durch welche die Zuführung neuen Hilfsmaterials auf ein praktisch zu erprobendes Minimum herabgebracht wird. Jedenfalls erspart mein Verfahren also die großen Mengen von Salzsäure, welche für Lösung des in den Schlacken und manchen andern Phosphaten enthaltenen freien oder kohlensauren Kalkes notwendig sind und bedingt für letzteren nur eine vorherige Kaustizierung durch Brennen.

Für die weitere Verarbeitung der Schlacken ist es vorteilhaft, Eisen und Mangan möglichst in schwerlösliche, geglühte Oxyde zu verwandeln und bietet hierzu das Chlormagnesium ein besonders geeignetes und in andern metallurgischen Operationen vielfach erprobtes Material für chlorierendes Rösten.

Bei der hierauf folgenden eigentlichen Extraktion und Umwandlung der Phosphorsäure in phosphorsaure Ammoniakmagnesia habe ich den Verbrauch der Salzsäure ebenfalls auf ein Minimum beschränkt resp. durch Chlormagnesium und Schwefelsäure ersetzt. Durch Zuhilfenahme von schwefelsaurer Magnesia, die in Form von Kieserit aus Staßfurt bezogen werden kann, stellt sich aber auch die zur Füllung des Kalkes erforderte Schwefelsäure billiger, als sie an vielen Orten Deutschlands produziert werden kann. Wird die salzsaure Lösung, welche neben phosphorsaurer Ammoniakmagnesia stets schwefelsauren Kalk enthält, eingedampft, so fällt letzterer bei entsprechender Konzentration, und ebenso kann hierbei ein Teil der freien Salzsäure wieder gewonnen werden.

Soviel über mein Verfahren selbst; ob und wie weit es gelingen wird die phosphorsaure Ammoniakmagnesia, welche der Theorie nach eins der rationellsten Düngemittel repräsentiert, in die große landwirtschaftliche Praxis zu entsprechenden Preisen einzuführen, ist eine Frage, die sich heute noch nicht ausreichend beantworten läßt, sollte dies aber wider Erwarten auch nicht gelingen, so bietet der erste Teil meiner Methode doch für alle bisher auf Verarbeitung der Thomasschlacke gerichteten Verfahren ein brauchbares Hilfsmittel, das um so sicherer Anwendung finden wird, als die Verwertung des in diesem Nebenprodukt der Stahlbereitung enthaltenen Schatzes an Phosphorsäure eine technische und nationalökonomische Aufgabe von höchster Bedeutung ist, denn 300 Kilo Roheisen mit $2^{1}/_{2}$ % Phosphorgehalt können das Quantum Phosphorsäure liefern, welches zum Ersatz der durch die Körnerernte von 1 Hektar Weizen oder Roggen dem Boden entzogenen nötig ist.

Kalziumkarbid und Azetylen, Kalkstickstoff, Wasserstoff.

Mit der Herstellung des zuerst in Amerika in großen Mengen hergestellten Kalziumkarbids hat sich Frank seit dem Jahre 1894 bis zu seinem Tode viel beschäftigt. Wenn man bedenkt, daß das erste Patent des Amerikaners Willson über die Herstellung von Kalziumkarbid im großen aus dem Jahre 1893 stammt, so wird man die Weitsichtigkeit Frank's, der in seinem Vortrage im Verein zur Beförderung des Gewerbefleißes im Februar 1895 bereits deutlich auf die Herstellung von Azetylen, Alkohol und Stickstoffverbindungen hingewiesen hat, besonders hoch veranschlagen. Von Interesse erscheint auch die rege Tätigkeit Franks für die Karbid- und Azetylenindustrie selbst, wie vor allem aus seinem Vortrag im November 1901 hervorgeht. Den größten Erfolg erzielte Frank jedoch ebenfalls im Anschluß an das Kalziumkarbid mit dem Kalkstickstoff. Aus seinen zahlreichen Veröffentlichungen hierüber wäre vor allem der Vortrag auf dem 6. internationalen Kongreß für angewandte Chemie in Rom 1906 hervorzuheben.

Großes Aufsehen erregte auch seinerzeit das Verfahren zur Gewinnung von Wasserstoff aus Wassergas, das im Anschluß an die Arbeiten über die Stickstoffbindung ausgearbeitet wurde.

1. Ueber Gewinnung von Azetylen und dessen Benutzung zur Herstellung von Leuchtgas, Alkohol etc.

Vortrag, gehalten im Verein zur Beförderung des Gewerbfleißes am 4. Februar 1895 von Dr. Frank, Charlottenburg.

Meine Herren!

Ich hatte im vorigen Jahre die Ehre, Ihnen über eine auf elektrischem Wege hergestellte Verbindung von Kohlenstoff und Silizium, das Karborund, zu berichten. So interessant dieser neue

Stoff auch für die Technik war, so blieb doch seine Anwendung immerhin in engen Grenzen und hatte für die Großindustrie keine weitgreifende Bedeutung.

Mein heutiger Bericht gilt nun einer jetzt ebenfalls auf elektrischem Wege gewonnenen Verbindung, dem Kohlenstoffkalzium oder Kalzium-Karbid und dem aus diesem neuen Rohstoff erzeugten Produkte, dem Azetylen (C_2H_2), einem Körper, welcher der weitesten, fast unabsehbaren Verwendung in Wissenschaft und Technik fähig ist, eine Benutzung, die bisher nur aus dem Grunde unterbleiben mußte, weil die Herstellung von Azetylen ebenso schwierig als kostspielig war. Kalzium-Karbid und Azetylen sind dem wissenschaftlichen Chemiker alte Bekannte, da bereits 1836 Wöhler durch Erhitzen von Kohle mit einer Legierung von metallischem Kalzium und Zink Kalzium-Karbid hergestellt hat. Noch öfter begegnet uns das Azetylen, welches sich in kleinen, aber unangenehm bemerkbaren Partien bei mangelhafter Verbrennung von Leuchtgas, z. B. beim Zurückschlagen der Flamme eines Bunsenbrenners bildet. Daß es auch beim Zusammenbringen von Kohlenstoffkalium, Kohlenstoffnatrium und Kohlenstoffkalzium mit Wasser entsteht, war, wie erwähnt, bereits durch Wöhler und durch Davy festgestellt. An eine technische Verwendung des aus solchen Quellen gewonnenen Materiales war aber nicht zu denken, da sich die Herstellungskosten namentlich auch wegen der dabei nötigen sehr hohen Temperatur zu teuer stellten.

So blieben diese Beobachtungen in der wissenschaftlichen Raritätenkammer des Chemikers, bis man vor einigen Jahren die enorme Wärmeleistung des elektrischen Bogens verwenden lernte und zunächst für die Darstellung von Aluminium benutzte. Etwa 1892 hatten Maquenne und Travers, ersterer Baryum-Karbid aus kohlensaurem Baryt, Magnesiummetall und Kohle, letzterer Kalzium-Karbid aus Chlorkalzium, Natrium und Kohle hergestellt und daraus Azetylen gewonnen. Das brachte Moissan in Paris und Thomas L. Willson, den Techniker einer Aluminiumfabrik in Spray, North Carolina, auf den Gedanken, die direkte Reduktion und Kohlung des Kalziummetalles aus Ätzkalk (Kalziumoxyd), mittels der Hitze des Bogens im elektrischen Ofen zu versuchen. Beide hatten Erfolg. Während aber Moissan die Sache zumeist wissenschaftlich durcharbeitete, griff sie Willson gleich nach den ersten gelungenen Experimenten vom technischen Standpunkt und im großen Maßstab an und nahm darauf bereits im Jahre 1893 ein Patent, zu dessen Ausnutzung er unter dem

Namen der Electric Gas Company eine besondere Gesellschaft gründete, der er auch die ihm zu Gebote stehenden bedeutenden Wasserkräfte für ihre weiteren Versuche zur Verfügung stellte.

Wenn man nun bei uns die hierüber wie über den neuen Körper eintreffenden Nachrichten anfangs auch mit einem gewissen Mißtrauen aufnahm, so mußte doch jeder Zweifel schwinden, als direkte Zahlenangaben vorlagen und in den letzten Wochen auch hier in Berlin die Bereitung und Verwendung des aus Kalzium-Karbid hergestellten Azetylengases durch ausgedehnte Beleuchtungsversuche demonstriert wurden. Die Gastechniker mußten sofort erkennen, daß, falls die sonstigen finanziellen Daten stimmten, hier eine Erfindung von nahezu unabsehbarer Bedeutung und Ausdehnungsfähigkeit vorlag, und da deren Folgen sich auch über das rein wissenschaftliche Gebiet hinaus Geltung schaffen werden, so glaube ich auch Ihre Aufmerksamkeit für diese Sache in Anspruch nehmen zu dürfen.

Sie wollen mir nun zunächst behufs besserer Verständigung gestatten, ein paar einfache Formeln und Zahlen zu benutzen. Ein Atom = 56 Gewichtsteilen Ätzkalk: CaO und 3 Äquivalent = 36 Gewichtsteilen Kohlenstoff: C liefern beim Glühen ein Äquivalent Kalzium-Karbid: CaC_2 und 1 Äquivalent = 28 Gewichtsteilen Kohlenoxyd: CO, welches letztere gasförmig entweicht. Übergießt man die erhaltene Schmelze von Kalzium-Karbid mit Wasser, so findet eine Doppelzersetzung statt, indem aus 64 Teilen Kalzium-Karbid: CaC_2 und 18 Teilen Wasser: H_2O entstehen 56 Teile Ätzkalk: CaO und 26 Teile Azetylen: C_2H_2. Nach den von Willson und auch von Dr. Wyatt gemachten Angaben entspricht nun das praktische Ergebnis der elektrischen Schmelzung diesem theoretisch berechneten in überraschender Weise, da Willson behauptet, daß er aus 1200 Pfund Kohlenstaub und 2000 Pfund gebranntem, gepulverten Kalk 2000 Pfund Kalzium-Karbid erschmolzen habe. Der elektrische Ofen, in dem Willson Reduktion und Schmelzung vornimmt, hat ungefähr die Konstruktion des für Aluminiumdarstellung benutzten und ist innen mit Kohle gefüttert. Für Erzeugung der zum Schmelzen von 2000 Pfd. Kalzium-Karbid nötigen Hitze durch den elektrischen Bogen sind nach Willson 180 elektrische HP während 12 Stunden erforderlich. Willson rechnet nun für diese Kraft 6 \$, für 1200 Pfd. Kohle 2 \$ 50, für 2000 Pfund Kalk 4 \$ und für Arbeitslohn 2 \$ 50, so daß sich nach ihm die Gesamtkosten einer short ton = 2000 Pfund = 907 Kilo Kalzium-Karbid auf 15 \$ gleich rund

64 Mark kalkulieren. Für einen solchen Preis würde sich aber das Kalzium-Karbid auch in unseren Kohlenrevieren in Oberschlesien oder Westfalen herstellen lassen, da die Erzeugung von 180 HP während 12 Stunden auch mit billiger Kohle für den angegebenen Preis von 6 $ = 25,50 Mark sehr gut möglich ist.

Die Ausgaben für 1000 Kilo würden sich danach in Oberschlesien stellen

für 600 Kilo Kohlenstaub	Mark	12.—
1000 Kilo gebrannten gepulverten Kalk	„	18.—
200 elektrische HP für 12 Stunden à 1 Kilo Kohle per Stunde und Pferdekraft = $2\frac{1}{2}$ tons Kohlen nebst Maschinen- und Ofenkosten	„	28.—
Arbeitslohn	„	12.—
macht in Sa.	Mark	70.

Nach den weiteren amerikanischen Berichten soll nun die short ton = 2000 englisch: 10590 Kubikfuß engl. = 297,3 cbm Azetylengas liefern. Aus 100 Teilen reinem Kalzium-Karbid müssen rechnungsmäßig 40,6 Gewichtsteile Azetylengas resultieren; da ein Kubikmeter dieses Gases 1,165 Kilo wiegt, so müßte das theoretische Ausbringen aus 2000 Pfund engl. = 907 Kilo 316 cbm Gas ergeben; da nun Wyatt nur 297 cbm angibt, so darf man diesen Zahlen wohl Vertrauen schenken.

Das aus dem Kalzium-Karbid gewonnene reine Azetylengas brennt wegen seines hohen 92,3 betragenden Kohlenstoffgehaltes in den gewöhnlichen Gasbrennern mit rußender Flamme; dieselbe Erscheinung sehen Sie hier bei dem Experiment mit einer kleinen Gasmenge, welche ich durch Übergießen einer Probe von Kalzium-Karbid mit Wasser erzeuge. Um dieses Rußen zu vermeiden, hat Willson das Azetylengas durch Vermischen mit Luft oder mit schwach leuchtenden Kohlengasen verdünnt und hat so aus 10500 Kubikfuß Azetylengas 100000 Kubikfuß = gleich rund 2800 cbm eines schwächeren Leuchtgases hergestellt, welches aber immerhin noch eine Lichtstärke von 22—25 Kerzen gegenüber der von unserem Steinkohlenleuchtgas gelieferten Lichtstärke von 16 Kerzen bei gleichem Normalbrenner ergibt. Das Verdünnen von Azetylengas mit Luft ist jedoch nicht unbedenklich, da hierbei sehr explosive Gemische entstehen; besser ist schon eine Mischung mit lichtschwachem gewöhnlichen Leuchtgase. Doch hat Professor Lewes in Greenwich neuerdings nachgewiesen, daß man Azetylengas auf besonders konstruierten Brennern, welche den für schweres Ölgas benutzten ähnlich sind, auch ungemischt rußfrei verbrennen kann. Nach den von Lewes gemachten photometrischen Bestimmungen ist die Leuchtkraft eines 5 Kubikfuß engl. Normalbrenners für

Methan	CH_4	:	5,2	Kerzen,
Äthan	C_2H_6	:	35,7	„
Propan	C_3H_8	:	50,7	„
Äthylen	C_2H_4	:	70,0	„
Butylen	C_4H_8	:	123,0	„
Azetylen	C_2H_2	:	240,0	„

Die Leuchtkraft unseres gewöhnlichen Gases, welches hauptsächlich aus Methan (leichtem Kohlenwasserstoff) und Äthylen (schwerem Kohlenwasserstoff) besteht, ist auf den englischen Normalbrennern = 16 Kerzen. Das Azetylengas hat mithin die 15fache Lichtstärke des gewöhnlichen Leuchtgases. Bleibt man aber nur bei dem Vergleich, wonach aus 1 ton Kalzium-Karbid ebensoviel Licht gewonnen wird als durch das Verbrennen von 2800 cbm gewöhnlichen Steinkohlengases, so sind für die Herstellung dieser Menge 10 tons Kohle erforderlich, während man von Kalzium-Karbid nur 1 ton zu verfrachten hat.

Daß diese Annahmen richtig sind, läßt sich auch auf anderem Wege erweisen. Der leuchtende Bestandteil unseres jetzigen Gases ist hauptsächlich das Äthylen oder schwerer Kohlenwasserstoff, von dem aber im Berliner Gase nur 4,2 % neben 29,4 % leichtem Kohlenwasserstoff CH_4 (Methan) sich finden. Das gewöhnliche Londoner Gas enthält an schwerem Kohlenwasserstoff 4,41, an leichtem 39,96, dagegen enthält das mehr als doppelt so lichtstarke Gas aus Cannelkohle, welche ja auch bei uns zeitweise als Zuschlagskohle zur Erhöhung der Lichtstärke benutzt wird, 14 % schweren Kohlenwasserstoff und 37,3 % leichten. Das Gas aus Lesmahago-Cannel hat sogar 16,31 % schweres Gas und in dem aus Bogheadkohle, d. h. eigentlich Ölschiefer, hergestellten Gase steigt der Gehalt an schwerem Kohlenwasserstoff bis 24,50.

In Deutschland hat man neuerdings einen anderen Weg eingeschlagen, um die Leuchtkraft des Steinkohlengases zu erhöhen, indem man auf Grund von Professor Bunte's Arbeiten und Versuchen das jetzt sehr billige Benzol in dem fertigen Gase verdampfen läßt und letzteres so karburiert, d. h. reicher an leuchtenden Kohlenstoffverbindungen macht. Das Benzol ist ein flüssiger Kohlenwasserstoff, welcher die Formel C_6H_6 hat und der auch gewonnen werden kann, indem man Azetylengas durch erhitzte Röhren führt und dadurch verdichtet. $3\,C_2H_2$ Gas vereinigen sich dann zu flüssigem Benzol C_6H_6. Bunte's bereits in der großen Praxis mit Erfolg angewandte Versuche haben nun gezeigt, daß 4—5 Gramm Benzol, welche in 1 cbm Gas verdampft sind, die Lichtstärke des letzteren um eine Normalkerze erhöhen. Da nun 100 Liter Azetylengas 116,5 Gramm wiegen und die prozentische Zusammensetzung von Azetylen und Benzol die gleiche ist, so ist es begreiflich, daß auch ein Gemisch von 100 Litern Azetylen mit 900 Litern nicht leuchtenden Gasen ein Licht liefert, welches dem von 1 cbm Leuchtgas von 22 bis 25 Kerzen gleichkommt (116,5 Gramm durch 4,5 Gramm = zirka 25). Es sprechen mithin auch diese Erfahrungen für die Zuverlässigkeit der von Willson & Wyatt gemachten Angaben. Treffen diese aber zu, so sehen wir, daß gerade durch Beihilfe der Elektrizität ein Auf- und Umschwung der Gastechnik herbeigeführt wird, welcher letztere in dem Kampf mit dem elektrischen Licht wesentlich fördert. Es mag hier noch darauf hingewiesen werden, daß Azetylengas für gleiche Lichtstärken viel weniger Wärme und weniger Kohlensäure produziert als Steinkohlengas und in dieser Beziehung den Vorteilen der elektrischen Beleuchtung näher kommt.

Gestatten Sie mir nun, für die so durch unsere Betrachtungen gewonnenen Werte noch einmal ein praktisches Exempel an unseren Berliner Gasverhältnissen zu machen. Wir brauchen in Berlin zur Erzeugung von 2800 cbm Gas von 16 Kerzen Lichtstärke 10 tons Kohle, deren Preis sich zusammensetzt aus den Grubenkosten mit zirka 82 Mark und den Frachtkosten mit 118 Mark, also in Summa 200 Mark. Diese 10 tons Kohlen liefern neben 2800 cbm Gas an verkäuflichen Produkten: Kokes, Teer, Ammoniakwasser, Retortengraphit, Reinigungsmassen usw. usw. eine Einnahme von 110 Mark. Es bleiben also an Kosten für Kohle zur Erzeugung von 2800 cbm Gas 90 Mark; hierzu kommen die Kosten für Retorten, Reinigung, Löhne per 10 tons Kohle 40 Mark und für Reparatur von Retorten und Öfen per tons Kohle 5 Mark oder in Summa 90 + 40 + 5 = 135 Mark. 1 ton Kalzium-Karbid, welches in Form von Azetylengas nicht nur dieselbe, sondern sogar eine noch höhere Lichtmenge liefert als 10 tons Kohle, kostet nach unserer früheren Rechnung in Oberschlesien 70 Mark, dazu Fracht für 1 ton nach Berlin 11,8 Mark = 81,8 Mark. Bei der Zersetzung des Kalzium-Karbids werden gewonnen 850 Kilo Kalk, welcher für Bauzwecke vorzüglich geeignet mindestens einen Wert von 13 Mark hat.

so daß nach Abzug dieses Betrages 81,8—13 nur 68,8 Mark als Materialkosten des Karbidgases übrig bleiben. Rechnet man hierzu für die verhältnismäßig geringe Arbeit, welche die Gewinnung des Azetylengases verursacht, noch 11 bis 12 Mark, so ergibt dies eine Gesamtsumme von 80 Mark gegenüber dem jetzt bei Steinkohlengas für eine geringere Lichtmenge aufzuwendenden Betrage von 135 Mark. Bei der Kalkulation sind die betreffenden Ersparnisse an Anlagekosten und Zinsen nicht mit berücksichtigt. Bei einer Gasanstalt, welche mit Kalzium-Karbid allein arbeiten könnte, würde die kostspielige Einrichtung der Retortenhäuser, Reiniger usw. usw. überhaupt nicht nötig sein, dieselbe würde vielmehr nur aus einem entsprechend modifizierten Kalklöschapparat für die Gasentwicklung und Kalkgewinnung und aus einem Gasometer bestehen, der aber, da das reine Azetylengas die 10 bis 15fache Leuchtkraft des jetzigen Gases hat, auch entsprechend kleiner in seinen Dimensionen sein könnte; in gleicher Weise würden für das Azetylengas auch Rohrleitungen von entsprechend geringerem Lumen ausreichen.

Bei der allgemeinen Verbreitung der Steinkohlengasbeleuchtung in allen größeren Städten ist nun zwar nicht anzunehmen, daß man diese zu Gunsten des neuen Azetylengases völlig aufgeben und damit große Kapitalien zinslos machen wird; dagegen zweifle ich nicht, daß man die jetzt immer dringender geforderte Erhöhung der Lichtstärke des Gases mit Hilfe von aus Kalzium-Karbid hergestelltem Azetylengas gern bewirken wird, da dies die einfachste und zuverlässigste Form der Lichtvermehrung bietet.

Welche Erfolge das Azetylengas im Kampf gegen das Auerlicht und gegen das elektrische Licht erringen wird, läßt sich heute noch nicht klar beurteilen, doch scheinen mir die Chancen nicht ungünstig zu stehen. Es sind gerade diese Fragen so sehr von den lokalen Preisverhältnissen abhängig, daß man dafür kaum eine Formel, geschweige denn eine generelle Regel konstruieren kann. Ein nationalökonomisch sehr wichtiges Moment möchte ich jedoch noch hervorheben, nämlich die bedeutende Ersparnis, welche das Azetylengas in bezug auf Quantität und Qualität der Kohlen in Aussicht stellt. Sind jetzt für 2800 cbm Gas etwa 10 000 Kilo Kohlen bester teuerster Qualität zu fördern, so sind dagegen für 1 ton Kalzium-Karbid nach vorher aufgestellter Rechnung an Reduktionskohle 600 Kilo, an Betriebskohlen für die Maschinen 2500 Kilo und an Kohle zum Brennen von 1000 Kilo Kalk 300 Kilo nötig, also nur etwa der dritte Teil, und da wir wissen, daß unsere Kohlenvorräte, wenn auch zum Glück noch groß, doch keineswegs unerschöpflich sind, so liegt auch in dieser Ersparnis ein Vorzug, um so mehr, als für Herstellung des Kalzium-Karbids zum größeren Teil auch geringere Kohlen Verwendung finden können. Einzelne Formen der Gasbeleuchtung werden durch die Benutzung des Kalzium-Karbids überhaupt erst neu entstehen. Bei der Leichtigkeit, mit welcher sich dieses Material in Formen gießen, transportieren und zersetzen läßt, ist es mit Sicherheit zu erwarten, daß wir sehr bald portative Gaslampen haben werden, die nur aus einer kleinen verschließbaren Gasentwicklungsflasche bestehen, in welche man Wasser und Kalzium-Karbid in den nötigen Verhältnissen einführt und dann das in seiner Entwicklung entsprechend regulierte Gas an einem aufgeschraubten Brenner direkt zur Beleuchtung verwendet. Für Eisenbahnbeleuchtung, Leuchtbojen usw. wird die Verwendung von Azetylengas sich wahrscheinlich ebenso rasch einbürgern, und endlich dürfte die hohe Verbrennungswärme des Azetylengases dasselbe auch zu einem beachtenswerten Material für die Gasmaschinen machen.

Daß es auch, abgesehen von den Zweifeln über die Richtigkeit der uns mitgeteilten Kalkulationen, nicht an Bedenken gegen das Azetylengas mangelt, ist wohl selbstverständlich; ich nehme von diesen als hier interessierend nur das heraus, welches sich auf die Giftigkeit des Azetylengases stützt. Es ist Tatsache, daß das Azetylengas giftig wirkt, indem es sich mit dem Hämoglobin des Blutes verbindet, doch ist es sicherlich minder gefährlich, als das auch wegen seiner Geruchlosigkeit so heimtückische Kohlenoxydgas, um so mehr, als Azetylen einen selbst in kleinen Mengen äußerst auffälligen und unangenehmen Geruch hat. Im übrigen kann aber darauf hingewiesen werden, daß die Menge von Kohlenoxyd in unserem gewöhnlichen Leuchtgase auch eine sehr bedeutende ist. So enthält das Berliner Gas 8,4 % und das Londoner 3,13 bis 6,97 % Kohlenoxyd, und da man für Azetylengas für gleiche Lichtmengen nur $^1/_{10}$ des Volumens wie von Leuchtgas bedarf, so ist schon hiernach eine Gefährdung ausgeschlossen. Übrigens kommen auch bei dem stark kohlenoxydhaltigen Wassergase, welches in den Vereinigten Staaten vielfach benutzt wird, Vergiftungen nur äußerst selten vor.

So tiefgreifende und bedeutende Umwälzungen die Einführung von Kalzium-Karbid und Azetylen aber auch in der Beleuchtungstechnik herbeiführen werden, so erscheinen diese doch noch gering gegenüber den reichen Aussichten und Arbeitsgebieten, die sich dem Chemiker aus der neu erschlossenen Gewinnung von Azetylengas eröffnen.

Ich habe schon darauf hingewiesen, daß man das Benzol, welches jetzt als Nebenprodukt der Steinkohlengasdestillation gewonnen wird, ebenso durch Kondensation resp. Polymerisierung des Azetylens darstellen kann. Ich will es auch nur kurz streifen, daß Kalzium-Kohlenstoff sich wahrscheinlich auch mit Vorteil zu Legierungen, also auch zum Kohlen anderer Metalle verwenden läßt, so daß man mit Hilfe von Kalzium-Karbid unter Umständen die Stahlerzeugung in ganz neue Bahnen führen kann. Wir haben in letzter Zeit ja gelernt, was kleine Zusätze von Aluminium oder Magnesium für die Metallbereitung bedeuten und welche merkwürdigen ungeahnten Erfolge dadurch erzielt sind. Aber auch diese beiden Verwendungsformen des Azetylens sind wiederum nicht die wesentlichsten. Ich habe schon auf die große Verbindungsfähigkeit dieses Körpers in organische Formen hingewiesen und möchte davon noch einige Anwendungen vorführen. Läßt man Azetylen C_2H_2 in eine alkalische Lösung von übermangansaurem Kali treten, so wird aus C_2H_2 durch Oxydation Oxalsäure $C_2O_4H_2$, die wir bisher nur als ein Produkt aus Pflanzenstoffen gewinnen. Leitet man Azetylen durch eine Chromsäurelösung, so erhält man Essigsäure $C_2H_4O_2$; geht man aber weiter und addiert dem Azetylen C_2H_2 nach bekannten Methoden 2 Äquivalent naszierenden Wasserstoff, so erhält man daraus Äthylen C_2H_4, und wird dieses in Schwefelsäure geleitet, so ergibt dies Äthylschwefelsäure $C_2H_4 + H_2SO_4 = C_2H_5HSO_4$. und dieses mit Wasser destilliert zerfällt in Alkohol C_2H_6O und Schwefelsäure H_2SO_4. Destilliert man die Äthylschwefelsäure anstatt mit Wasser mit Alkohol, so erhält man Schwefeläther (Äthyläther) und Schwefelsäure. Alle diese Reaktionen sind nicht etwa neu, sondern längst wissenschaftlich begründet und erprobt. Berthelot's Vorschlag, auf obige Weise aus Äthylengas Alkohol synthetisch herzustellen, scheiterte bisher nur daran, daß Äthylengas zu teuer war. Jetzt, wo man dasselbe aus Azetylen und dieses wieder aus Kalk und Kohle gewinnen kann, bekommt die Sache doch einen praktischen Hintergrund, und von diesem aus habe ich einmal berechnet, wie die Erzeugung aus Kalzium-Karbid sich zu der heimischen Spiritusproduktion aus Kartoffeln stellen könnte. Eine gute Ernte liefert pro Hektar 16000 Kilo Kartoffeln mit 18 % Stärkegehalt = 2880 Kilo Stärke, 1 Kilo Stärke liefert theoretisch 0,5679 Kilo absoluten Alkohol, das praktische Ausbringen er-

4*

reicht aber höchstens 85,1 % des berechneten, also 0,4832 Kilo = 60,5 Literprozent, mithin ergeben 2880 Kilo Stärke in 16 000 Kilo Kartoffeln 1391,6 Kilo Spiritus = 175 500 Literprozent. 1 ton 1000 Kilo Kalzium-Karbid liefert 406 Kilo Azetylen, welche ergeben 718,1 Kilo absoluten Alkohol, mithin liefern 2 tons Kalzium-Karbid theoretisch 1436,2 Kilo absoluten Alkohol, also mehr als eine vorzügliche Kartoffelernte von 16 000 Kilo 18 prozentiger Kartoffel pro Hektar. Eine mittlere Kartoffelernte, welche 12 000 Kilo mit 12 % Stärke = 1440 Kilo Stärke hereinbringt, liefert nicht mehr als 695,8 Kilo Spiritus, d. h. als 1 ton Kalzium-Karbid.

Wenn diese Konkurrenz für unsere jetzige Kartoffelspriterzeugung, bei der ja auch noch zahlreiche andere wirtschaftliche Momente wie Bodenreinigung und Futterproduktion mit in Betracht kommen, vielleicht auch nicht so bald praktisch wird, glaubte ich dies Beispiel doch wählen zu sollen, um Ihnen die Bedeutung der Sache zahlenmäßig näher zu bringen. Wie die einwertigen Alkohole wird man aber später auch die zwei- und mehrwertigen aus dem Azetylen nach teilweise bereits bekannten Methoden aufbauen und so Zucker, Stärke und andere Stoffe aus den Urstoffen synthetisch erzeugen. Bringt man ferner Azetylengas C_2H_2 mit Stickstoff 2 N zusammen und läßt elektrische Funken durch das Gemisch schlagen, so bildet sich glatt Blausäure $C_2H_2 + 2 N = 2 HCN$ und damit ist der Ausgangspunkt für die Herstellung nicht allein der Zyanverbindungen (Zyankalium usw.), sondern auch für die der Amide und eventuell der Eiweißverbindungen gegeben.

Sie sehen, meine Herren, wie die Hoffnungen, welche Werner von Siemens in seiner Rede auf der Naturforscherversammlung in Berlin aussprach, daß es noch einmal gelingen müsse, auch die zur Erhaltung des menschlichen Organismus nötigen Nährstoffe auf chemischem Wege unabhängig vom Vegetationsprozeß zu gewinnen, ihrer Erfüllung näher rückt. Glücklich zu preisen ist die jüngere Generation, welche das erleben und ausführen wird, aber froh wollen auch wir sein, daß uns der Ausblick auf diese Zukunft eröffnet ist.

II. Die Normen des Deutschen Azetylen-Vereins für den Karbid-Verkehr und die Azetylen-Apparate.

Vortrag, gehalten im Verein zur Beförderung des Gewerbfleißes am 4. November 1901 von Dr. Frank, Charlottenburg.

M. H.! Die derzeitigen großen Erwartungen für eine rasche Entwicklung der Azetylen-Industrie haben sich zwar nicht ganz erfüllt, aber an Stelle des überstürzten Vorgehens von damals (ein Vorgehen, das die Industrie mehr geschädigt als gefördert hat, weil eine große Anzahl sehr wenig berufener Persönlichkeiten sich in sie hineindrängten) ist jetzt ein ruhigeres Tempo getreten, und an die Stelle des lauten Marktes trat die prüfende und sorgfältige Arbeit des wissenschaftlichen Chemikers und Ingenieurs. Das große Publikum, welches jetzt weniger von der Azetylen-Industrie hört, hegt deshalb den Glauben, daß dieselbe im Rückgang, wo nicht gar im Absterben begriffen sei, während gerade die letzten Jahre große und bedeutende Fortschritte gebracht haben. Ich möchte Ihnen hier über einiges, das nach dieser Richtung geschehen ist, kurz berichten.

Was zunächst die Karbidfabrikation, also die Herstellung des Rohmaterials für das Azetylen betrifft, so hat sich die große elektrotechnische Industrie derselben an vielen Stellen mit vielem Eifer zugewandt, weil sie darin die Möglichkeit fand, große Kräfte, für welche sich infolge örtlicher Entfernung von den Industriezentren zunächst keine andere Verwendung bot, günstig zu verwerten, letzteres um so mehr, als die Rohmaterialien für Karbid, Kalk und Kohle nahezu überall billig zu erlangen sind, und ferner der Bedarf an menschlicher Arbeitskraft bei der Karbidfabrikation im Verhältnis zu dem Aufwand an mechanischer Energie ein minimaler ist. Im Norden Europas, speziell in Schweden und Norwegen, sowie in Finnland, wurden zahlreiche, bis dahin völlig brachliegende Wasserkräfte für elektrische Anlagen ausgebaut, das Gleiche geschah in der Schweiz, wo man bis in die obersten, bisher nur von Touristen besuchten Täler hinaufstieg. Frankreich, Italien, Spanien und selbst Bosnien verwendeten ebenfalls große Kapitalien auf die Entwicklung der Karbid-Industrie.

Es hält schwer, im jetzigen Augenblick bei dem Darniederliegen einer großen Zahl dieser zum Teil überstürzt und mangelhaft angelegten Fabriken eine ungefähre Feststellung der effektiv ausgebauten Kräfte zu erlangen, im ganzen dürfte man aber nicht fehlgehen, wenn man dieselben auf 170—200 000 PS schätzt; davon sind aber, wenn es hoch kommt, im Augenblick nur etwa 20 % beschäftigt. Ich glaube nach den mir vorliegenden Zahlen wenigstens nicht, daß im Augenblick mehr als 40 000 PS für Karbid arbeiten, und da pro PS und Jahr bei normalem Betriebe ungefähr eine Tonne Karbid geleistet wird, so repräsentiert das also eine derzeitige Produktion von 40 000 tons p. a. Außerhalb Europas sind in den Vereinigten Staaten und Kanada sehr bedeutende Anlagen und auch in Süd-Amerika sind bereits einzelne Fabriken errichtet, doch findet auch dort keine volle Ausnutzung der disponiblen Kräfte statt. Daß übrigens die Zahl von 200 000 PS bei sonst günstigen Verhältnissen für die Karbid-Fabrikation keine übergroße ist, dafür möchte ich Ihnen noch als Beweis anführen, daß die ganze Lichtmenge, welche durch 200 000 PS in Form von Azetylen erzeugt wird, nur der Lichtproduktion von 300 000 tons Petroleum entspricht, und da Deutschland von letzterem allein 900 000 tons p. a. importiert, so werden Sie daraus selbst erkennen, daß es sich bei den vorhandenen Karbidanlagen nicht um übergroße, lebensunfähige Unternehmungen handelt.

In Deutschland haben wir nun in bezug auf Verbrauch und Verwendung des Karbides bis heute noch ziemlich die führende Stellung behauptet, und kommt der Verdienst hierfür an erster Stelle der preußischen Eisenbahnverwaltung und der Firma J u l i u s P i n t s c h in Berlin zu, welche namentlich infolge der von Herrn Eisenbahn-Direktor Geheimrat B o r k gegebenen Anregungen die Beleuchtung der preußischen Eisenbahnwagen mit einem aus 25 % Azetylen und 75 % Ölgas bestehenden Mischgase zur Einführung brachte, und die deutschen Eisenbahnzüge durch die auf das dreifache des früheren Lichteffektes gesteigerte Beleuchtung auch in dieser Beziehung zu den behaglichsten machte, die wir in Europa haben. Da jetzt auch die süddeutschen Eisenbahnverwaltungen dieses lichtstärkere Mischgas einführen, so dürfte der Karbidbedarf für diesen Zweck allein in Zukunft jährlich 10—12 000 tons erreichen; augenblicklich beträgt der Konsum unserer Bahnen etwa 5000 tons, während der Gesamtbedarf Deutschlands auf 15 000 tons zu schätzen ist.

Auch in bezug auf die für Beleuchtung ganzer Städte und Ortschaften gemachten Anlagen, welche nach Art der bestehenden Gasanstalten von einer einzigen Zentrale den Konsumenten das Azetylengas zuführen, nimmt Deutschland den ersten Rang ein; von den etwa 100 Azetylenzentralen, die bisher erbaut sind, kommen einige 40 auf Deutschland. Die meisten dieser Anlagen liefern sowohl technisch, wie finanziell befriedigende Resultate. Dagegen gibt es ein anderes, ungleich ausgedehnteres Gebiet der Azetylenbeleuchtung, das gewissermaßen das Angst- und Schmerzenskind der Industrie bildet. Es sind dies die Anlagen für einzelne Beleuchtungsobjekte, herab von den isoliert liegenden Fabriken und Hotels bis zu den kleinsten Landhäusern und Wirtschaften, und gerade auf diesem Gebiet, (das darf nicht geleugnet werden), ist sehr viel gesündigt worden und wird auch jetzt noch gesündigt. Ich habe schon vorher erwähnt, daß, als bei Einführung des Karbides die wirklich überraschende Einfachheit der Herstellung des Azetylengases, sowie die Schönheit und blendende Wirkung des daraus gewonnenen Lichtes bekannt wurde, eine große Anzahl von Persönlichkeiten, welche mit geringer Sachkenntnis aber desto lebhafterer Phantasie sich der neuen Industrie zuwandten, dieselbe dadurch in Schaden und Verruf brachten. Es gingen hierdurch nicht nur große Kapitalien verloren, sondern, was noch schlimmer ist, auch das Interesse und Vertrauen, welches beim großen Publikum im Anfang für diese Industrie bestand, wurde stark beeinträchtigt. Man konnte lange Zeit kaum eine Zeitung aufschlagen, ohne von einer Azetylen-Explosion oder von Warnungen vor diesem neuen Leuchtstoff zu lesen, der an vielen Stellen, unter denen sich leider auch amtliche befanden, ungefähr auf die gleiche Gefahrenstufe mit Sprengstoffen, wie Dynamit oder dergl., gebracht wurde. Daß ein derartiger Zustand der Entwicklung der jungen Industrie sehr abträglich sein mußte, lag auf der Hand, und es traten deshalb, nachdem die erste Aufregung vorüber war, eine Anzahl von Industriellen und Technikern zur Gründung eines Vereins zusammen, der unter dem Namen des „Deutschen Azetylen-Vereins" jetzt seit drei Jahren besteht und den Zweck verfolgt, auf diesem ziemlich verwilderten und verwahrlosten Gebiete durch wissenschaftliche und praktische Forschungen Sicherheit und Ordnung zu schaffen. Ein Erfolg dieses Bestrebens trat auch bald zu Tage. Zunächst gelang es, Aufklärung über Ursachen und Ausdehnung der von den Zeitungen berichteten Azetylenexplosionen zu schaffen und dadurch festzustellen, daß ein großer Teil dieser Berichte stark übertrieben war oder auf mangelhafter Information beruhte und daß man selbst solche Unfälle, welche mit Azetylenbeleuchtung gar nichts zu tun hatten, derselben einfach zur Last legte, während die ungleich zahlreicheren Unfälle, welche durch Petroleum, Steinkohlengas und elektrische

Anlagen verursacht wurden, bei dem Publikum und der Presse als etwas nahezu Selbstverständliches galten. Andererseits konnte freilich nicht verkannt werden, daß auch sehr viele Fälle vorkamen, in welchen durch den Leichtsinn des Publikums bei Ankauf und Bedienung der Apparate und, was noch schlimmer war, durch Mangel an Sachkenntnis sogenannter Azetylentechniker und Fabrikanten die größten Gefahren herbeigeführt wurden.

Nach dieser Richtung hin energisch und rücksichtslos einzuschreiten, erschien als nächste und wichtigste Aufgabe des Vereins, und es ist uns dank der überwiegenden Anzahl tüchtiger und solider Industriellen gelungen, auch in dieser Beziehung hier schon gründlich Wandel zu schaffen. Da unser Verein auf dem Prinzip der Selbsthilfe basierte, so haben wir es möglichst vermieden, uns auf die Intervention der Behörden zu stützen und hauptsächlich durch freie Vereinbarungen gewirkt. Der erste dahinzielende Schritt, den wir taten, war, uns mit den Feuerversicherungs-Gesellschaften in Verbindung zu setzen. Nach der ersten mißglückten Einführung des Azetylens, hatten die Assekuranz-Gesellschaften jede Azetylenanlage ungefähr als im Risiko gleichwert mit einer Pulverfabrik angesehen, und demgemäß entweder die Versicherung ganz abgewiesen oder dafür eine enorme Prämie berechnet. Diesem Zustand wurde durch Vereinbarung bestimmter Normen für Aufstellung der Apparate und deren Bedingungen, welche zwischen dem Azetylen-Verein und den Versicherungs-Gesellschaften festgesetzt wurden (Anlage 1) ein Ende gemacht, so daß jetzt Azetylen-Anlagen von dem Verein der Deutschen Privat-Feuerversicherungs-Gesellschaften zu denselben Prämien versichert werden, wie andere ordnungsmäßig ausgeführte Beleuchtungseinrichtungen. Ein zweiter Übelstand, der nicht weniger dazu beitrug, das Azetylen wirtschaftlich zu diskretieren, war die Ungleichheit und Unsicherheit bei Lieferung des als Rohstoff benutzten Karbides.

Wie ich es Ihnen gelegentlich einer früheren Mitteilung hier demonstrierte, wird das Azetylengas einfach durch Übergießen von Karbid mit Wasser hergestellt. Tatsächlich kamen aber Karbide in den Handel, welche teils infolge mangelhafter Fabrikationsmethoden, teils auch infolge anderer Mißstände noch nicht die Hälfte der richtigen Azetylenausbeute lieferten. Auch zur Hebung dieses Mißstandes wurden von dem Deutschen Azetylen-Verein Normen sowohl für die Untersuchung des Karbides, wie für die Handelsusanzen bei der Lieferung aufgestellt (Anlage 2), und diese sind so durchgedrungen, daß sie nicht allein für Deutschland gelten, sondern jetzt in der ganzen Welt die Grundlage des Karbidgeschäftes bilden. Es wird nach diesen Bestimmungen ein Karbid mit einer Ausbeute von 280 Liter Azetylen per Kilo als normale Ware festgestellt; bis herab zu einer Ausbeute von 265 Liter per Kilo wird Karbid noch für lieferbar erklärt, natürlich mit der entsprechenden Vergütung, während Ware mit einer geringeren Ausbeute nicht mehr als lieferbar gilt. Es steht natürlich jedem Verkäufer frei, auch minderwertige Ware auf den Markt zu bringen, aber es muß dem Käufer vor dem Abschluß mitgeteilt werden, daß diese Ware nicht den Normen entspricht, und daß er auf eigene Gefahr einen minderwertigen Artikel kauft.

Mit Einführung dieser Normen sind die vielen, bis dahin über Lieferung, Probenahme und Untersuchung von Karbiden bestehenden Streitigkeiten, welche die reelle Fabrikation und den Handel stark schädigten, aus der Welt geschafft. Eine weitere Schwierigkeit bestand nun bezüglich des Transportes von Karbid. Ebenso wie auf dem Lande die Feuerversicherungs-Gesellschaften die Azetylen-Apparate nicht in den Wohnhäusern haben mochten, wollten Eisenbahnen und Schiffe das gefährliche Gut nicht transportieren, und für diese Weigerung lag sogar ein gewisser Grund vor, weil das Karbid, wenn es mit Wasser zusammenkommt, ein brennbares Gas entwickelt. Daraus hatte man aber die irrige Folgerung gezogen, daß das Karbid an sich auch ein brennbarer Körper wäre; das ist aber durchaus nicht zutreffend, denn da das Karbid bei seiner Herstellung im elektrischen Ofen auf eine Temperatur von 2000—2500° gebracht wird, ohne Zersetzung zu erleiden, so ist es leicht ersichtlich, daß dieser Körper nicht als ein brennbarer gelten kann. Eine Gefahr besteht eben nur beim Zusammenkommen von Karbid mit Wasser; dieser ist durch die vereinbarten Normen über Verpackung, Verstauung und Lagerung des Karbides jetzt auch nach Möglichkeit begegnet, so daß jetzt auch die Versicherungs-Gesellschaften für See- und Landtransport dem Karbidhandel keine Schwierigkeiten mehr bereiten. Ausgeschlossen vom Karbidtransport sind nur die größeren transatlantischen Post- und Personendampfer, welche aus naheliegenden Gründen überhaupt keine unter irgend welchen Umständen feuergefährlichen Stoffe, also auch nicht Benzin, Petroleum, Äther, Spiritus usw. mitnehmen; dagegen ist es jetzt möglich, von den nordeuropäischen, wie von den amerikanischen Fabriken das Karbid sowohl in Frachtdampfern, wie in Segelschiffen ohne

Schwierigkeiten zu beziehen. Schließlich ergab sich noch die Notwendigkeit, bei den Behörden selbst einheitliche Bestimmungen über die Lagerung des Karbides, sowohl in größeren Quantitäten, wie in einzelnen, für den augenblicklichen Gebrauch bestimmten Partien zu erwirken, da bis dahin nicht nur in einzelnen deutschen Staaten, sondern auch in den verschiedenen Provinzen und selbst Stadtbezirken hierüber die mannigfachsten Vorschriften herrschten, die, ganz abgesehen davon, daß sie untereinander stark abwichen, auch noch häufig in der Praxis ganz unausführbare Forderungen aufstellten. In Preußen ist diese Angelegenheit jetzt durch eine Verordnung, die von dem preußischen Handelsministerium erlassen ist, geregelt, und ebenso hat dies die bayerische Regierung in einer im vorigen Sommer erlassenen Verordnung getan. Wenn letztere auch in einigen Punkten von dem preußischen Reglement abweicht, so ist es doch wohl zu erhoffen, daß wir nicht in zu ferner Zeit auch dafür in ganz Deutschland einheitliche Bestimmungen erhalten werden, und ich möchte es nicht unterlassen, hier dankbar anzuerkennen, daß die Behörden, nachdem sie zunächst natürlich der übertriebenen Angst, die das Publikum vor Karbid-Explosionen hatte, entsprechend Rechnung tragen mußten, doch nach genauer Prüfung der Sache das Gewicht der gegenteiligen Gründe rasch erkannten, so daß die jetzt bei uns getroffenen Bestimmungen sowohl der Sicherheit des Publikums, wie auch den billigen Forderungen der Industrie und des Handels genügen.

Nachdem alle diese äußeren Hemmungen beseitigt waren, blieb für den Azetylen-Verein noch der schwierigste Punkt übrig, nämlich die Reform in der Industrie selbst. Wie ich im Vorstehenden schon wiederholt andeutete, hatten sich anfangs eine Menge wilder Unternehmungen der Azetylensache zugewandt, durch die zahlreiche Fabriken entstanden waren, denen so ziemlich alles fehlte, was für Durchführung ordnungsmäßiger und sicherer Anlagen an wissenschaftlicher und praktischer Erfahrung notwendig ist. Nicht nur jeder Blechschmied hielt sich für befähigt, einen Azetylen-Apparat zusammenzubauen, sondern die Erfinder-Genies aus allen Ständen, Geistliche, Offiziere, Landwirte, Handwerker, auch zahlreiche Frauen traten mit bezüglichen Erfindungen hervor, und ich glaube, wenn man eine Zusammenstellung der vielen Hunderte von Patentnehmern für Azetylen-Apparate in den letzten Jahren machen würde (ich habe ungefähr 800 davon zusammengetragen, aber es sind noch weit mehr), so würde man eine so bunte Mischung von Persönlichkeiten erhalten, daß daraus weit eher das Material für einen humoristischen Roman, als für eine technische Abhandlung zu entnehmen wäre. Mit solchen disparaten Elementen fertig zu werden und sie an bestimmte Regeln zu binden oder abzustoßen, das war die Hauptschwierigkeit, mit der wir zunächst im Verein zu kämpfen hatten. Nachdem wir trotz recht trüber Erfahrungen dabei mit aller Energie vorgegangen waren, ist uns auch dies im Laufe der Zeit gelungen. In der letzten Hauptversammlung des Azetylen-Vereins in Eisenach sind dann eine Reihe von Normen festgestellt worden, die sowohl für die Erbauung und Einrichtung der Anlagen, wie für das Material, welches zu den einzelnen Apparaten verwendet wird, ganz genaue Bestimmungen enthalten und deren einheitliche Durchführung für das Deutsche Reich im Wege amtlicher Verordnung wir jetzt bei den Behörden des Reiches und deren Einzelstaaten beantragt haben. Sie finden den betreffenden Entwurf in Anlage 3, eine Detailerörterung derselben würde hier zu weit führen, und will ich mit Bezug darauf nur erwähnen, daß wir uns bei seiner Ausarbeitung möglichst an die Bestimmungen des Vereins der Deutschen Gas- und Wasserfachmänner gehalten haben, und wenn wir auch bei der im Verhältnis zu den Steinkohlengasanlagen sehr geringen Dimensionierung der für Azetylen bestimmten Apparate und Leitungen nicht überall die gleichen Formeln festhalten konnten, so haben wir Abweichungen dann stets immer nach der Seite der größeren Sicherheit gemacht. Gegenüber den kolossalen Gasometern und Leitungsrohren, die wir in unseren Großstädten für Steinkohlengas in Anwendung bringen, sind die Azetylen-Apparate verschwindend klein, und existieren dafür bisher beispielsweise kaum Leitungsrohre mit einem Durchmesser von mehr als 10 cm. Da aber der Druck, unter welchem das Azetylen verbrannt wird, ein bedeutend höherer ist als der für Steinkohlengas benutzte, so ist es notwendig, die Azetylenleitung besonders dicht zu verlegen, und hat man deshalb von der Verwendung gußeiserner Rohre fast überall abgesehen und starke durch Muffen verbundene schmiedeeiserne Leitungen gewählt.

Des weiteren möchte ich noch auf eine Frage von allgemeinem Interesse hinweisen, welche auch innerhalb der Industrie vielfach Grund zu Streitigkeiten, und deren bisher mangelhafte Würdigung den meisten Anlaß zu Unfällen gegeben hat. Sie betrifft die frostfreie Aufstellung von Azetylenapparaten. Während in den großen Steinkohlengasanstalten überall in Deutschland, wie im Norden, Vorkehrungen getroffen sind, um die Gasometer im Winter vor Einfrieren zu schützen, haben viele Fabrikanten von Azetylenapparaten geglaubt, wegen der verhältnismäßig geringen Dimension der letzteren von einer solchen Vorsichtsmaßregel für den Winter absehen zu können. Die Folge hiervon sind dann häufig Betriebsstörungen durch Einfrieren der Apparate gerade in den Monaten gewesen, in denen die Beleuchtung am meisten benötigt wird. Aber nicht genug damit, gingen in solchem Falle unerfahrene Leute daran, den Apparat und Gasometer ungefähr so aufzutauen, wie sie es bei einer Wasserleitung gewohnt waren, indem sie mit Kohlenbecken oder glühenden Eisen daran herumarbeiteten. Trat dann durch plötzliches Herabsinken der im Eise hängenden Gasometerglocke oder durch rasche Öffnung eines anderen unter Druck stehenden Apparatenteils eine starke Ausströmung von Azetylen ein, die als weitere Folge beim Zusammentreten mit Luft und der im Raume befindlichen Flamme eine Explosion herbeiführen mußte, so schrie das Publikum aber nicht über die eigene Unvernunft, sondern über die Gefährlichkeit des Azetylengases. Man hat, um die Kosten dieser von uns wie von den Feuerversicherungs-Gesellschaften konsequent verlangten frostfreien Aufstellung der Azetylenapparate zu vermeiden, zu einem Hilfsmittel gegriffen, das auf einer wissenschaftlich recht interessanten Tatsache beruht, nämlich darauf, daß es eine ganze Reihe von Salzlösungen gibt, die erst bei sehr niedriger Temperatur gefrieren. Sie wissen, daß schon eine konzentrierte Kochsalzlösung erst bei 8° unter Null gefriert, für die Lösungen anderer Salze, wie z. B. für Chlorkalzium, liegt der Erstarrungspunkt noch weit niedriger, und hat man solche Salzlösungen anstatt des Wassers zur Füllung der Gasometer empfohlen. Aber man hat auch hierbei die Rechnung ohne den Wirt gemacht, indem man die beliebte Sparsamkeit des Publikums übersah. Die Konsumenten glauben reichlich genug zu tun, wenn sie, anstatt eine konzentrierte Salzlösung, für welche Frostsicherheit bis zu einem bestimmten Punkte garantiert wurde, zu verwenden, diese immerhin durch Ankauf und Transport teure Lösung durch Vermischen mit Wasser auf das 4-, 6- oder 10fache verdünnten. Der unter diesen Umständen sicher eintretende Erfolg war dann, daß durch die angeblich frostfreie Gasometerfüllung erst recht Unglücksfälle eintraten. Ist ein solcher Mangel an Sachkunde aber schon beim Publikum beklagenswert, so muß es als ein geradezu unverantwortlicher, wo nicht unlauterer Wettbewerb bezeichnet werden, daß noch jetzt einzelne in der Azetylenbranche tätige Firmen ihre Apparate als durchaus frostsicher und einer Aufstellung in frostfreien Räumen nicht bedürftig dem sachunkundigen Publikum anpreisen. Auch nach dieser Richtung wird hoffentlich durch einheitliche Bestimmungen für das ganze Deutsche Reich bald Wandel geschaffen werden. In letzterer Beziehung ist freilich durch die bereits oben erwähnte für das Königreich Bayern erlassene Separatverordnung eine gewisse Schwierigkeit geschaffen, da nach den jetzt dort geltenden Bestimmungen die Benutzung der verbreiteten und namentlich für kleine Beleuchtungsanlagen sehr praktischen selbsttätigen Apparate mit sukzessiver Verwendung des darin aufgespeicherten Karbidvorrates nahezu unmöglich gemacht wird. Bliebe diese Verordnung, gegen welche der Deutsche Azetylen-Verein bereits Einspruch erhoben hat, in Kraft, so werden unsere Fabrikanten gezwungen, für Bayern andere Konstruktionen anzuwenden als für Norddeutschland, und das gleiche würde umgekehrt für die bayerischen Fabrikanten gelten. Wir hegen indes die Hoffnung, daß es gelingen wird, auch nach dieser Richtung hin die so auf industriellem Gebiet oberflächlich gestörte deutsche Einheit wieder herzustellen.

Wenn ich nun im Eingang meines Vortrages der Entwicklung der Azetylen-Industrie trotz aller hier berichteten Hemmnisse ein günstiges Prognostikon gestellt habe, so bin ich in der Lage, Ihnen auch dafür den Beweis zu erbringen. Bereits früher ist hier erwähnt, daß unter allen künstlichen Beleuchtungsmitteln das Farbenspektrum des Azetylens dem des Sonnenlichtes am meisten gleichkommt und daß sich die Ähnlichkeit sogar auf die sogenannten dunklen oder chemischen Strahlen erstreckt. Dies hat nicht nur zur Folge, daß bei Azetylenbeleuchtung die Farben wie im Tageslicht erscheinen, sondern daß auch photographische Aufnahmen und Kopien im Azetylenlicht dieselbe Tönung, wie die bei Tageslicht gemachten, haben und sich namentlich sehr vorteilhaft von den bei Blitzlicht gemachten, die stets eine gewisse Härte des Tones erkennen lassen, unterscheiden. Professor Eder und Valenta in Wien haben die Vorzüge des Azetylenlichtes für diesen Zweck auch derart experimentell festgestellt, daß die Azetylenbeleuchtung jetzt bereits in vielen photographischen Ateliers verwendet wird.

Auch bei den Leuchttürmen wird die erwähnte physikalische Eigenschaft des Azetylenlichtes, welche dasselbe zum Durchdringen von Nebel und dicker Luft besonders geeignet macht, bereits mit Vorteil ausgenutzt.

Noch wichtiger für die Verbreitung der Azetylenbeleuchtung und für deren wirtschaftliche Verwertung sind aber die Versuche geworden, welche die Anwendung von Azetylengas in Verbindung mit Auer'schen Glühkörpern betreffen; geht hierbei freilich der dem Azetylen eigentümliche Vorzug der Farbenfülle verloren, so wird dieser Verlust an Qualität durch die wesentlich höhere Lichtausbeute reichlich kompensiert. Bei der Glühlichtbeleuchtung kommen bekanntlich nicht die vom Leuchtgas direkt ausgegebenen Strahlen zur Erscheinung, da das Gas durch die reichlich zugeführte Luft nur die mattblaue Farbe der Bunsenbrenner zeigt, wohl aber erzeugt das so verbrannte Gas eine sehr starke Hitze, welche die aufgesetzten Glühkörper hoch erhitzt und zur reichlichen Abgabe von Lichtstrahlen veranlaßt, derart, daß während bei gewöhnlichen Gasflammen 10 Liter Gas nötig sind, um eine Stundenkerze zu erhalten, bei Anwendung von Glühstrümpfen der gleiche Effekt bereits durch Verbrennung von 2 Liter erzielt wird. Nun leistet aber gewöhnliches Steinkohlengas beim Verbrennen von 1 cbm nur etwa 5300 Kalorien, Azetylen gewährt dagegen einen etwa 2½mal höheren kalorischen Effekt, nämlich nahe 13900 Kalorien per Kubikmeter, und da seine Verbrennung infolge des höheren spezifischen Gewichts und der endothermischen Eigenschaft dieses Gases auch noch schneller und intensiver erfolgt, als die des von verschiedenen Verbindungen zusammengesetzten Steinkohlengases, so ist auch die durch Azetylen erzeugte Gluthitze und damit die Leuchtwirkung der Glühkörper nicht nur relativ, sondern auch absolut höher. Während man bei Anwendung der einfachen Azetylenflamme für die Normalkerze den 15. Teil des dafür nötigen Steinkohlengases, also 0,66 Liter, gebraucht, kann man in dem Azetylen-Glühlichtbrenner bereits mit 0,20 bis 0,23 Liter, also dem dritten Teil, eine Kerzenstärke erhalten, braucht also nur etwa 1/8 der für gleichen Effekt nötigen Menge von Steinkohlengas. Setzt man diesen Effekt in Wertzahlen um, so zeigt sich, daß das Azetylengas auch bei Glühlichtbeleuchtung selbst bei einem gegen Steinkohlengas achtfach höheren Preis konkurrenzfähig ist, mit anderen Worten, daß, wenn der Kubikmeter Steinkohlengas, wie dies in kleineren Ortschaften meist der Fall ist, mit 20 Pfg. berechnet wird, Azetylengas zum Preise von 1,60 Mark per Kubikmeter ebenso vorteilhaft ist.

Neuerdings ist nun aber für die Glühlichtbeleuchtung noch

ein anderes Heizgas, das sogenannte Luft- oder Ärogengas in Konkurrenz getreten. Dieses für Beleuchtung kleinerer Anlagen ganz brauchbare Gas wird dadurch gewonnen, daß man mit Hilfe eines Gebläses gewöhnliche atmosphärische Luft durch ein verschlossenes Gefäß treibt, in welchem sich auf porösen Einlagen fein verteiltes Benzin oder ein sonstiges leicht flüchtiges Destillationsprodukt des Petroleums befindet. Die durchstreichende Luft beladet sich mit dem Benzindampf und gibt dann ein brennbares Gas, welches je nach Flüchtigkeit der angewandten Kohlenwasserstoffe und nach der gerade herrschenden Temperatur einen Heizeffekt von 3000—9000 Kalorien per Kubikmeter liefert und, wie schon bemerkt, unter gewissen Umständen — namentlich bei nicht zu langen Leitungen für Glühlichtbeleuchtung ganz brauchbar ist.

Um nun auch dieser Konkurrenz zu begegnen, hat man den eigentümlichen Weg gewählt, die Azetylenbeleuchtung mit der Luftgasverwendung derart zu kombinieren, daß man nicht atmosphärische Luft, sondern Azetylengas durch das Benzin drückt und dadurch den schon vorhandenen Heizeffekt des Azetylens noch um ein Bedeutendes steigert. Nach neuerdings von Dr. Caro publizierten Versuchen erhält man auf diese Weise ein Gemisch von Azetylengas und Benzindampf, welcher per Kubikmeter einen Heizeffekt bis zu 19000 Kalorien, also nahe dem vierfachen des Steinkohlengases gibt. Daneben zeigt dieses Gemisch von Azetylen und Benzindampf aber noch die sehr wertvolle Eigenschaft einer gegenüber dem reinen Azetylen verminderten Explosivität, denn während letzteres in den Grenzen von 5—73 % mit Luft gemengt explosiv ist, läßt sich die Azetylen-Benzinmischung mit Luft nur in den Grenzen von 6—16 oder 18 % durch Licht, oder Funken zur Explosion bringen, und außerdem hält das Azetylengas das Benzin gewissermaßen in Lösung, während in bloßer Luft verteilter Benzindampf durch Abkühlung und Reibung an den Rohrwänden und Leitungen leicht verdichtet und flüssig abgeschieden wird.

Es ist hiernach wohl zu erwarten, daß sowohl durch die hier kurz dargelegten, wie durch andere noch in der Schwebe befindlichen Arbeiten für billige Erzeugung von Licht demnächst noch weitere Fortschritte gemacht werden, die namentlich der Kleinindustrie und auch den zahlreichen kleinen Ortschaften zugute kommen, denen die wirtschaftlichen Verhältnisse nicht gestatten, die teuren Steinkohlengasanlagen oder elektrischen Anlagen zu errichten, durch deren Betrieb wir in den großen Städten so viele Vorteile und Annehmlichkeiten genießen.

Gelingt es der Azetylenindustrie, den in seiner Gesamtsumme ganz enormen Lichtbedarf dieser Kleinkonsumenten in sicherer und befriedigender Weise zu genügen, so würde damit auch für die jetzt darniederliegende Fabrikation des Karbides und für den Apparatebau ein weiteres Feld lohnender Tätigkeit erschlossen, und dazu sollen die von uns im Deutschen Azetylen-Verein geschaffenen Normen die Wege bahnen und sichern.

Anlage 1.

Vorsichtsbedingungen für die Aufstellung von Azetylenapparaten.

(Nach Vereinbarungen mit dem Verbande Deutscher Privat-Feuerversicherungs-Gesellschaften.)

Außer von der Beobachtung der polizeilichen Vorschriften ist die Gültigkeit der Versicherung noch von folgenden Bedingungen abhängig:

1. Daß der Gasbehälter mit einer Vorrichtung versehen ist, welche das Abströmen des sich nachentwickelnden Gases — besonders nach Einstellen des Betriebes — bewirkt, sobald der Gasbehälter nicht mehr aufnahmefähig ist. Die Azetylenanlagen müssen mit Reinigungsvorrichtungen versehen sein, welche Phosphorwasserstoff und Ammoniak so weit beseitigen, wie nötig ist, um die Gefahren der Selbstentzündung oder die Bildung von explosiven Verbindungen auszuschließen.

2. Daß der Gasentwickler und der Gasbehälter keinesfalls in Scheunen oder Stallgebäuden aufgestellt werden darf, es sei denn, daß der betreffende Raum von dem angrenzenden Raume durch eine öffnungslose Wand von unverbrennlichem Material abgetrennt ist. Die in Nr. 1 vorgesehenen Lüftungsrohre müssen ins Freie führen.

3. Daß der Apparatenraum zur Lagerung brennbarer Gegenstände nicht benutzt, ständig gelüftet, stets verschlossen gehalten wird, daß Unbefugten der Zutritt zu demselben nicht gestattet und daß in demselben nicht geraucht wird.

4. Daß die Herstellung, Aufbewahrung und Verwendung von komprimiertem oder flüssigem Azetylen nicht gestattet ist. Unter komprimiertem Azetylen soll jedoch nur solches ver-

standen werden, welches auf mehr als eine Atmosphäre Überdruck komprimiert ist.

5. Die Azetylenanlagen müssen durch Aufstellung in frostfreien Räumen beziehungsweise durch eine Heizanlage oder andere zweckentsprechende Vorrichtungen vor dem Einfrieren geschützt sein. Die Heizung darf nur durch Warmwasser- oder Dampfheizung geschehen. Die Feuerstätte für die Beheizung darf sich nur außerhalb und ohne Verbindung mit denjenigen Räumen, in welchen Entwickler mit Zubehör oder Gasbehälter aufgestellt sind, befinden. In der einen nicht mit der Tür versehenen Wand des Apparatehauses muß ein dicht schließendes, nicht zu öffnendes Feuer angebracht sein, vor welchem eine Außenbeleuchtung anzubringen ist. Diese Außenbeleuchtung kann für gewöhnlich mit Azetylen geschehen, doch muß daneben eine mit Petroleum oder Öl versehene Lampe oder eine Kerze in Laterne für den Notfall stets betriebsbereit zur Verfügung stehen. Innenbeleuchtung ist unter allen Umständen verboten.

6. Bei Anlagen bis zu 500 Flammen dürfen außer der für den Gebrauch geöffneten Karbidbüchse im Apparatenraum nicht mehr als 100 kg Karbid in verschlossenen Gefäßen gelagert werden.

Es darf ein Verpackungsgefäß immer erst dann geöffnet werden, wenn das vorher benutzte bis auf etwa ein Drittel aufgebraucht ist. Geöffnete Gefäße sind mit einem übergreifenden, wasserdichten Deckel von Eisenblech verdeckt zu halten. Bei Anlagen über 500 Flammen darf nur der Bedarf eines Tages im Apparatenraum aufbewahrt werden; im übrigen werden solche Anlagen hinsichtlich der Aufbewahrung von Kalziumkarbid wie die Karbidläger behandelt.

7. Für Karbidläger sollen folgende Bestimmungen gelten: Die Läger müssen helle, trockene, gut gelüftete Räume sein, die sich in sichernder Trennung oder Entfernung vom Apparatenraum und bewohnten Gebäuden befinden. In diesen Räumen dürfen leicht entzündliche Gegenstände nicht gelagert werden.

8. Die vereinbarten Vorsichtsbedingungen finden auf Azetylengasapparate unter 1 kg Füllung und auf transportable Apparate keine Anwendung. Für solche Apparate wird jedoch noch folgendes bedungen:

Als Gummischlauch, welcher zur Verbindung mit den eigentlichen Brennern dient, darf nur der eigentliche Spiralschlauch, der außen oder innen durch eine Drahtspirale verstärkt ist, benutzt werden. Dieser Spiralschlauch muß sowohl mit dem Ausgangsschlauchhahn resp. dem an einer vorhandenen festen Leitung befindlichen Schlauchhahn, als auch an dem Eingang zum Brenner entweder durch Seidenschnur oder ungewundenen weichen Kupferdraht oder, noch besser, durch eine ringförmige Schlauchklemme oder Schelle mit den Hähnen fest verbunden sein, um bei etwaiger Bewegung des Brennerstativs das Abfallen des Schlauches an der einen oder anderen Verbindungsstelle zu verhüten.

Anlage 2.

Bestimmungen des Deutschen Azetylen-Vereins über den Karbidhandel.

Preis.

Der Preis wird bestimmt per 100 kg Karbid und gilt, falls nichts Weiteres angegeben ist, inkl. Emballage in Gefäßen von zirka 100 kg Inhalt. Die Verpackung hat in luft- und wasserdicht verschlossenen Gefäßen aus Eisenblech zu geschehen, von solcher Stärke, wie es die Vorschriften der Transportgesellschaften bedingen.

Preise für andere Packungen müssen besonders angegeben werden.

Qualität.

Als Handelskarbid gilt eine Ware, welche im Durchschnitt jeder Lieferung pro 1 kg mindestens 290 l Rohazetylen bei 15° C. und 760 mm Druck ergibt. Als Analysenlatitude gelten 2%. Ein Karbid, welches pro Kilogramm weniger als 290 l ergibt, bis zu 265 l Rohazetylen herunter (mit der oben festgestellten Analysenlatitude von 2%), muß von dem Käufer abgenommen werden. Jedoch ist derselbe berechtigt, einen prozentualen Abzug vom Preise zu machen, sowie die bis zum Erfüllungsort erwachsenen Mehrkosten an Fracht in Abzug zu bringen. Karbid, welches unter 265 l Rohazetylen ergibt, braucht nicht abgenommen zu werden. Das Karbid darf nicht in Stücken über Faustgröße geliefert werden. Andererseits darf es nicht über 5% Staub enthalten. Unter Staub versteht man alles, was durch ein Sieb von 1 qmm lichter Maschenweite hindurchfällt.

Nachweis der Qualität.

Für den Nachweis der Qualität soll ein Muster aus mindestens 10% jeder Partie maßgebend sein. Die Art der Probenahme und die Analyse bestimmt sich nach folgenden Vorschriften:

1. Die Probe ist von Vertretern beider Parteien oder durch vom Deutschen Azetylen-Verein ein für allemal zu bezeichnende Sachverständige zu ziehen.

2. Aus jedem Gefäß entnehme man an zwei Stellen (aus der Mitte und von oben oder unten) je eine Probe Karbid von zusammen ungefähr 500 g Gewicht mit einer Schaufel (nicht mit der Hand) und schütte diese Probe sofort in eine oder mehrere gut verschließbare Büchsen, welche sorgfältig zu verlöten sind, oder in ein Glasgefäß mit gut eingeschliffenem Stöpsel. Der Verschluß ist durch Siegel zu sichern. Jede andere Verpackungsart für Karbidproben, wie Pappschachteln, Kisten und dergleichen, ist unzulässig.

3. Die Analyse ist nach den vom Deutschen Azetylen-Verein vorgeschriebenen Methoden auszuführen. Liegen verschiedene nicht übereinstimmende Analysenergebnisse vor, so ist die Analyse des Deutschen Azetylen-Vereins einzuholen und endgültig bindend.

4. Die Kosten der Schiedsanalyse hat der unterliegende Teil zu tragen.

Anlage 3.

Normen des Deutschen Azetylen-Vereins für stationäre Azetylenapparate.

1. Sämtliche zur Entwicklung, Reinigung und Aufspeicherung des Azetylens dienenden Apparate dürfen nur aus Eisenblech oder Gußeisen angefertigt sein.

2. Für die Größe der Entwickler gilt als Norm die Anzahl der damit bei regelrechtem Betriebe zu speisenden Flammen von je 10 l Konsum in der Stunde.

3. Bei Herstellung aus reinem oder verzinktem oder verbleitem Eisenblech hat die Wandstärke der Entwickler, Wäscher, Reiniger und Trockener mindestens zu betragen:

bis zu	5	Flammen	$0{,}65$	mm
bei	5—30	„	$1{,}00$	„
„	30—100	„	$1{,}25$	„
„	100—250	„	$1{,}50$	„
über	250	„	$2{,}00$	„

aber unter allen Umständen so viel, daß eine Formveränderung ausgeschlossen erscheint, sofern nicht durch die Konstruktion eine Sicherung in anderer Weise geboten ist. Reiniger, Wäscher und Trockener müssen für alle Fälle eine Wandstärke von mindestens 1 mm haben.

4. Böden, Deckel und Mannlöcher müssen, so weit sie nicht aus Gußeisen hergestellt sind, mindestens die $1^1/_2$fache Stärke der oben angegebenen Minimalstärke haben. Natürlich muß auch hier in konstruktiver Hinsicht die Formsicherheit gewahrt werden.

5. Für Gußeisen gelten die Normalien der Deutschen Gas- und Wasserfachmänner.

6. Entwickler, Reinigungsapparate und Gasbehälter müssen entweder genietet oder doppelt gefalzt und gelötet sein.

7. Apparate, welche keinen kreisrunden Querschnitt haben, sind konstruktiv so zu sichern, daß eine Formveränderung ausgeschlossen ist.

8. Alle Rohrverbindungen oder Wassertöpfe sind aus Guß- oder Schmiedeeisen herzustellen. Bei Verschraubungen, Hähnen und Ventilen ist die Verwendung von Messing oder Bronze gestattet.

9. Die besonders aufgestellten Gasbehälter müssen **mindestens** folgende Stärken haben:

a) äußerer Behälter:

bis	$0{,}_3$	cbm Inhalt	$1{,}_{00}$ mm
„	$0{,}_3$—1	„ „	$1{,}_{50}$ „
„	1—5	„ „	$2{,}_{00}$ „
über	5	„ „	$2{,}_{50}$ „

b) innere Glocke:

bis	$0{,}_3$	cbm Inhalt	$0{,}_{75}$ mm
„	$0{,}_3$—5	„ „	$1{,}_{00}$ „
über	5	„ „	$1{,}_{50}$ „

Die Deckel und Böden müssen je 0,5 mm stärker sein.

10. Bei solchen Gasbehältern, welche einen Teil des Entwicklers bilden, gelten die für letztere aufgestellten Vorschriften.

11. Bei Apparaten mit mehr als fünf Flammen, bei welchen die jeweilig eingeführte Karbidmenge nicht auf einmal zur Vergasung gebracht wird, müssen Wasserzuführung und Karbidfüllung von außen ohne Unterbrechung des Betriebes zugänglich sein.

Der nutzbare Gasbehälterraum muß so groß sein, daß er für jede vorgesehene Normalflamme zu 10 l Stundenverbrauch 7,5 l beträgt.

Die Vorrichtung, welche das Abströmen desjenigen Gases ermöglichen soll, welches der Gasbehälter nicht mehr aufnehmen kann, muß so weit dimensioniert sein, daß sie dem Gaszuführungsrohre an Querschnitt mindestens gleichkommt.

12. Es müssen unter allen Umständen Vorkehrungen getroffen werden, die ein Einfrieren der Apparate unmöglich machen.

13. Die mit dem Verbande der Deutschen Privat-Feuerversicherungs-Gesellschaften vereinbarten Sicherheitsvorschriften, sowie die landespolizeilichen Vorschriften sind außerdem inne zu halten.

14. Die Abmessung der Nebenapparate (Wäscher, Reiniger, Wassertöpfe), sowie die Rohrleitungen und Hähne sollen im richtigen Verhältnis zu der angenommenen Leitung der Apparate stehen.

15. Die Materialien der Reiniger und Wäscher müssen widerstandsfähig gegen die anzuwendende Reinigungsmasse sein.

16. An jedem Entwicklungsapparat muß ein Schild befestigt sein, welches den Namen der Apparate-Bauanstalt, das Jahr der Aufstellung und die Maximalzahl der Normalflammen zu 10 l enthält. Ebenso muß der Gasbehälter ein Schild tragen, welches den Namen der Apparate-Bauanstalt, das Jahr der Aufstellung und den nutzbaren Inhalt des Gasbehälters angibt.

17. Der Lieferant des Apparates ist verpflichtet, dem Käufer genaue Betriebsvorschriften nebst Zeichnung und Beschreibung des Apparates zu übergeben. Beschreibung und Zeichnung sind im Apparatenraum aufzuhängen.

III. Ueber die direkte Verwertung des Stickstoffes der Atmosphäre für Gewinnung von Düngemitteln und anderen chemischen Produkten.

Von Professor Dr. Adolf Frank, Charlottenburg.

Vortrag auf dem VI. Internationalen Kongress für angewandte Chemie zu Rom 1906.

Die durch Liebig geschaffene Anwendung präziser wissenschaftlicher Forschungen auf den Betrieb der Landwirtschaft datiert erst seit der Mitte des vorigen Jahrhunderts, so daß, ebenso wie mir, noch manchem der letzt Lebenden das Glück zuteil geworden ist, die Entwicklung dieses für die Volkswohlfahrt wichtigsten Zweiges der Naturwissenschaft mit zu durchleben. Bevor Liebig's Lehren aber als Gemeingut auch zu voller Nutzung gelangt sind, hatten sie nicht nur mannigfachen Widerspruch der Anhänger der alten Theorien zu überwinden, sondern in sich selbst auch noch einen Läuterungsprozeß durchzumachen. Mit dem Schlachtruf: „hie Mineralstöffler, hie Stickstöffler" wurden heftige Kämpfe geführt, für welche jedoch, da sie zunächst nur akademischer Natur waren, die Landwirtschaft glücklicherweise die Kriegskosten nicht zu zahlen brauchte, denn die neben dem Stallmist derzeit fast allein zur Anwendung kommenden Hilfsdünger, Knochenmehl und Guano, enthielten sowohl Mineralsubstanzen wie Stickstoff, so daß der damit erzielte Effekt von beiden Parteien für ihre Anschauungen geltend gemacht werden konnte. Eine Ausgleichung der extremen Ansichten trat erst anfangs der 60er Jahre dadurch ein, daß die beginnende Erschöpfung der Guanolager bei gleichzeitiger Zunahme des Bedarfes die Landwirte zwang, auch den rein mineralischen Düngemitteln ihre Aufmerksamkeit zuzuwenden. Zunächst wurden die großen, bereits erschlossenen, aber bis dahin wegen ihres geringen Stickstoffgehaltes wenig beachteten Lager von ausgewaschenem und verwittertem Guano, wie Baker, Mezillones — Malden — Guano herangezogen und behufs Erhöhung ihrer Wirksamkeit durch Aufschließen mit Säuren in leicht lösliches Superphosphat verwandelt, und in gleicher Weise schaffte man mit dem bis dahin wenig geschätzten Knochenkohlenabfall der Zuckerfabriken einen Ersatz für das nur in beschränkter Menge erhältliche Knochenmehl. Eine dringend benötigte Hilfe für die durch forcierten Rübenbau deutlich auftretende Verarmung der Äcker an Kalisalzen brachte die Erschließung der Staßfurter Kalilager, deren Nutzbarmachung für die Landwirtschaft mir anfangs der 60er Jahre gelang.

Für die Vertreter der reinen Mineral-Theorie war damit alles geboten, was sie neben der Einwirkung der Atmosphäre für Ernährung und Gedeihen der Pflanzen nötig hielten. Aber nun zeigte es sich doch sehr bald, daß auch die von den Gegnern ebenso einseitig überschätzte Stickstoffzufuhr nicht ganz zu entbehren war und auf Grund dieser Erkenntnis kamen beide Parteien zu einem ehrenvollen und für die Landwirtschaft förderlichen Friedensschluß. An die Technik trat aber nun die Aufgabe heran, stickstoffreiche Verbindungen, welche als Zusatz zu den Superphosphaten, wie auch als Beigabe zu anderen mineralischen Düngern brauchbar waren, zu schaffen, und da animalische Stoffe, wie Fleischmehl, Blut, Fischguano, den Bedarf nicht decken konnten, so wandte man von den einfachen chemischen Verbindungen zunächst das Ammoniak in Form von schwefelsaurem Ammoniak an, mit dessen Darstellung aus den Nebenprodukten der Steinkohlengasfabriken gerade Ende der 50er Jahre in England in großem Maßstabe begonnen war. 1860 betrug die englische Produktion von schwefelsaurem Ammoniak 9700 tons. Im Jahre 1900 war die inzwischen auch von anderen Industrieländern, und namentlich von Deutschland aufgenommene Gewinnung von Ammoniaksalzen bei der Steinkohlen-Vergasung und -Verkokung auf rund 500 000 tons zum Werte von 100 Millionen Mark gestiegen, und kann man die durchschnittliche jährliche Erhöhung der Weltproduktion etwa mit 25 000 tons annehmen. Da jedoch der Bedarf der Landwirtschaft rascher stieg als die nur aus Nebenprodukten anderer Industrien mögliche Gewinnung von Ammoniaksalzen, so suchte man weitere Aushilfe in den mächtigen Ablagerungen von Natronsalpeter, welche etwa um das Jahr 1830 an der West-Küste von Südamerika auf der chilenischen Hochebene erschlossen waren. Die gesamte Ausfuhr von Chilesalpeter, zunächst für Zwecke der chemischen Industrie, betrug im Jahre 1830 nur 935 tons. 1840 kamen 11 300 tons nach Europa und 1860 stieg die meist für chemische Zwecke dienende Ausfuhr auf 68 000 tons. Von dieser Zeit trat nun auch die Landwirtschaft als Konsumentin von Chilesalpeter auf. Das Quantum von 182 000 tons, welches im Jahre 1870 zur Ausfuhr gelangte, stieg bis zum Jahre 1890 auf 1 025 000 tons und hat jetzt 1 500 000 tons im Werte von etwa 300 Millionen Mark erreicht. Etwa 20 % des Chilesalpeters werden von der Industrie für Herstellung chemischer Produkte, Explosivstoffe usw. verbraucht, während 80 %, also rund 1 200 000 tons in der Bodenkultur Verwendung finden.

Die Einfuhr nach europäischen Ländern beträgt etwa 1 150 000 tons, und davon nimmt Deutschland allein zirka 43 % = 500 000 im Werte von 100 Millionen Mark = 125 Millionen Lires auf, wovon rund 200 000 tons für den Zuckerrübenbau, die gleiche Menge bei anderen Kulturen, Getreide und Hackfrüchte und der Rest in der Industrie Verwendung finden. Nächst Deutschland ist Frankreich mit etwa 19 % der Gesamteinfuhr der größte Konsument, dann folgen England und Belgien mit rund 10 %.

An dem Rest, welcher sich auf die anderen Länder verteilt, partizipiert Italien mit 3—4 %. Unter den außereuropäischen Ländern, welche insgesamt etwa 350 000 tons Chilesalpeter importieren, stehen in erster Reihe die Vereinigten Staaten, deren Konsum 1900 nur 205 000 tons betrug und 1904 bereits auf 315 000 tons gestiegen war. In ähnlichem Verhältnis gestaltet sich der Konsum Deutschlands an dem nächst bedeutsamen stickstoffhaltigen Düngemittel dem schwefelsauren Ammoniak. Aus der Weltproduktion von rund 500 000 tons nimmt die deutsche Landwirtschaft etwa 200 000 tons = 40 % in Anspruch. Wenn Deutschland bei Verwendung dieser und anderer künstlicher Düngemittel wie Phosphate und Kalisalze an erster Stelle steht, so ergibt sich als Grund hierfür nicht nur die Intelligenz seiner Landwirte, sondern auch die besonders ungünstigen klimatischen Verhältnisse, unter denen in einem großen Teil des Landes der Ackerbau betrieben werden muß. Die Erfolge lohnen aber auch die gemachten Aufwendungen, denn während noch 1886 der Durchschnittsertrag pro Hektar für Roggen 10,9 Hektoliter betrug, stieg er 1903 auf 16,5 Hektoliter; für Weizen trat in gleichem Zeitabstand eine Steigerung von 14,7 auf 19,7 Hektoliter und für Kartoffeln von 86,6 auf 132,5 Hektoliter pro Hektar ein. So bedeutend der Verbrauch stickstoffhaltiger Düngemittel nun in der europäischen Landwirtschaft bereits ist, so wissen wir doch jetzt sehr wohl, und Autoritäten wie Crookes und Andre haben seit lange darauf hingewiesen, daß der durch die Zunahme der Bevölkerung gesteigerte Bedarf an Nahrungsmitteln eine weitere Erhöhung des Ertrages der Äcker und damit die verstärkte Zufuhr von Düngemitteln dringend erheischt. Aber gerade für Stickstoffdünger ist die bisher mögliche Produktion eine begrenzte. Die Gründe hierfür sind beim schwefelsauren Ammoniak schon angeführt, und bei dem Chilesalpeter ist ebenso, wie vormals für den Guano, schon jetzt der Zeitpunkt abzusehen, wo die bauwürdigen Lager erschöpft sein werden, und die Hoffnung der Erschließung neuer, gleich ausgiebiger Fundpunkte von Nitraten hat sich bisher noch nirgends erfüllt. Wohl bietet unsere Atmosphäre, das unerschöpfliche Reservoir von Stickstoff, für Ernährung der Pflanzen noch immer die wichtigste und meistens sogar die einzige Quelle. Aber für die Hauptaufgabe der Bodenkultur, d. h. für die von äußeren Einflüssen möglichst unabhängige Erzeugung größter Massen von Nähr- und Nutzpflanzen auf beschränktem Raum, konnten wir bisher mit dem Luftstickstoff nur sehr wenig anfangen, obwohl eine sehr einfache Rechnung zeigt, daß in der Luftsäule, welche 1 ha des Erdbodens bedeckt, eine Menge von 79000 tons Stickstoff, d. h. genau ebensoviel wie in den jetzt von Deutschland eingeführten 500000 tons Chilesalpeter enthalten ist. Die großen Hoffnungen, welche sich seinerzeit an die durch Hellriegel und Winogradzky's Forschungen über die unter Mitwirkung von Bakterien erfolgende Bindung des atmosphärischen Stickstoffes knüpften, haben sich in der landwirtschaftlichen Praxis bisher nicht erfüllt. Ich brauche aber wohl nicht zu sagen, daß schon lange vorher die Chemie es stets als eine ihrer wichtigsten Aufgaben betrachtet hat, aus dem uns in unbeschränkter Menge zur Verfügung stehenden Vorrat der Atmosphäre die für Zwecke der Industrie und der Landwirtschaft unentbehrlichen Stickstoffverbindungen direkt herzustellen. Von den bezügl. zahlreichen Arbeiten können hier nur die wichtigsten aufgeführt werden. Bereits 1785 hatte Priestley gefunden, daß sich der Luftstickstoff unter dem Einfluß des elektrischen Funkens mit Sauerstoff zu Salpetersäure vereinigt, und ebenso war ein Salpetersäure-Gehalt der Atmosphäre nach Gewittern festgestellt. Die infolge Einwirkung des elektrischen Funkens auf ein Gemisch von Azetylengas und Stickstoff stattfindende Bildung von Zyanwasserstoffsäure wurde 1869 durch Berthelot nachgewiesen. F o w n e s und Y o u n g sowie B u n s e n und P l a y f a i r konstatierten dann die Bildung von Cyan und Ammoniak beim Überleiten von Stickstoff über eine hocherhitzte Mischung von Kohle und Alkalien und M a r g u e r i t e und S o u r d e v a l sowie später Ludwig M o n d und S o l v a y machten ausgedehnte Versuche zur technischen Verwertung dieser Reaktion, indem sie Stickstoff über Gemische von Ätzbaryt und Kohle führten, aber die Unmöglichkeit Apparate zu konstruieren, welche den hierbei erforderlichen hohen Temperaturen genügenden Widerstand boten, brachte die Sache zum Scheitern. Erst die großen Errungenschaften der letzten Jahrzehnte auf dem Gebiete der Elektrizität haben auch die Lösung dieses Problems herbeigeführt. Werner Siemens war es, welcher durch die Erfindung der Dynamomaschine das Mittel gab, elektrische Ströme zu erzeugen, welche in ihrer Wirkung den elektrischen Entladungen der Atmosphäre nahe kamen, wie er auch in Gemeinschaft mit William Siemens den elektrischen Ofen konstruierte und damit die Möglichkeit bot, Hitzegrade und Schmelzwirkungen zu erzielen, die bis dahin unerreichbar waren. Das so geschaffene neue Hilfsmittel wurde von der Wissenschaft und

Technik rasch aufgenommen. Von der vielseitigen, unser ganzes Leben umgestaltenden Benutzung der Elektrizität, welche durch die Dynamomaschine herbeigeführt wurde, soll im Rahmen meines Vortrages nur die so lang erstrebte Bindung des atmosphärischen Stickstoffes erörtert werden. Es lag nahe, daß man in dieser Richtung zunächst die längst beobachtete Reaktion aufnehmend, den Versuch machte, die in der Luft enthaltenden Elemente Sauerstoff und Stickstoff durch in allen Formen variierende elektrische Entladung direkt zu Salpetersäure zu vereinigen, aber die Erwartung, welche an das Gelingen der am Niagara von der Atmospheric Products C° und an anderen Orten angestellten Versuche geknüpft wurden, blieben zunächst unerfüllt. Erst das in allerletzter Zeit durch Birkeland und Eyde im Anschlusse an frühere Arbeiten von Siemens & Halske gefundene Verfahren der elektrischen Salpetersäuregewinnung scheint hierfür einen praktischen Weg erschlossen zu haben, dessen Wirtschaftlichkeit jedoch auch erst noch erprobt werden muß. Wie so oft in der Industrie hat sich aber ein anscheinend längerer und mühsamerer Weg als gangbar und rascher zum Ziel führend, erwiesen. Vor etwa 12 Jahren wurde die Welt durch die von Moissan und von Willson gemachte Erfindung der Massenherstellung von Kalziumkarbid im elektrischen Ofen in Erstaunen gesetzt. Das so erzeugte Produkt fand zunächst Verwendung zur Herstellung von Azetylengas. Eingehende Studien, welche ich gleich nach dem Bekanntwerden des Kalziumkarbides und des ihm gleichartigen Bariumkarbides über diese Körper aufnahm, ließen mich aber erkennen, daß dieselben Eigenschaften hatten, welche sie noch für andere Zwecke als zur Gewinnung von Azetylen geeignet machten. Unter Hinblick auf die früheren Versuche von Marguerite und Sourdeval und namentlich auf die von Ludwig Mond gelangte ich zu der Erwägung, ob bei denselben der Bindung des Stickstoffes und der Entstehung von Zyan und anderen Stickstoffverbindungen nicht vielleicht auch eine vorherige Bildung von Karbiden zugrunde liegen könne. Im Verein mit einem jüngeren Mitarbeiter Dr. N. Caro ging ich daran, diese Versuche unter Anwendung der für die Technik neu gefundenen Karbide wieder aufzunehmen, und erzielten wir dabei sowohl mit Kalziumkarbid, noch mehr aber mit Bariumkarbid so günstige Erfolge, daß wir bereits im Jahre 1895 Patente für die Bindung von Luftstickstoff durch Karbide der Alkalien und Erden anmelden konnten. So rasch und befriedigend jedoch dieser erste Erfolg gewonnen war, so mühsam gestaltete sich der weitere Ausbau der Sache. Behufs der erforderlichen Durchführung der Arbeit in großem technischen Maßstabe traten wir mit der Firma Siemens & Halske in Verbindung, welche auch bereits seit langer Zeit dem Problem der Stickstoffgewinnung ihre Aufmerksamkeit zugewendet hatte und unsere Sache durch ihre großen technischen Hilfsmittel, wie durch ihre wissenschaftlichen Mitarbeiter, unter denen ich namentlich den Chefchemiker Dr. Erlwein sowie den Chemiker Voigt dankend nenne, bestens förderte. Unter Beteiligung dritter wurde für die, große Mittel erfordernde weitere Durchführung der Arbeiten dann eine Gesellschaft errichtet, welche die Firma „Cyanid" führte und auf die auch alle bis dahin wie die später genommenen Patente übergingen.

In der Mitte der neunziger Jahre war durch den neu eingeführten Mac Arthur Forrest-Prozeß, der Goldextraktion mittels Zyanidlösung Nachfrage und Preis für Zyankalium sehr gestiegen, und wandten wir deshalb unsere Aufmerksamkeit zunächst der Darstellung von Zyanverbindungen zu, für welche damals das Bariumkarbid als vorteilhaftestes Ausgangsmaterial erschien. Der große Preissturz des Zyankalium, welcher infolge des Transvaalkrieges und der Hemmung des Goldbergbaues in Südafrika eintrat, bot dann aber Veranlassung, unsere Forschung auf Verbilligung und weitere Ausnutzung der Fabrikationsprozesse zu richten und, nahmen wir trotz unserer früheren weniger günstigen Ergebnisse bei Verwendung von Kalziumkarbid die Versuche mit diesem im großen Maßstabe wieder auf, da es in bezug auf Kostenpreise wie auf Atomgewicht mannigfache Vorzüge bot. Als Ergebnis dieser unter Mitwirkung des Herrn Pfleger gemachten Versuche, zeigte es sich nunmehr, daß bei entsprechend hohen Temperaturen auch durch Kalziumkarbid der Stickstoff in befriedigender Weise fixiert werden konnte, daß aber hierbei die Bildung von Zyanid CaC_2N_2 gegenüber der, unter Ausscheidung von 1 Atom Kohlenstoff erfolgenden Bildung von Kalziumzyanamid $CaCN_2$ zurücktrat. Das so neben Kalziumzyanid entstehende Cyanamid nimmt aber beim Schmelzen mit Alkalisalzen das vorher ausgeschiedene zweite Atom Kohlenstoff wieder auf, so daß es mit Erfolg für Herstellung reiner Zyanverbindungen verwendet werden kann. Noch wichtiger war es aber, daß sich infolge der Anwendbarkeit des billigen Kalziumkarbids für Bindung des Stickstoffes nunmehr auch die Möglichkeit bot, mit Hilfe unseres Verfahrens nicht nur Amide wie Zyanamid und

Dizyandiamid, sondern auch solche Stickstoffverbindungen herzustellen, in welchen der Stickstoff kommerziell niedriger bewertet wird, wie in Form von Zyan, also namentlich Ammoniak und Ammoniakverbindungen! Versuche zeigten uns nämlich, daß beim Erhitzen des rohen Kalziumzyanamids mit Wasser unter hohem Druck, der gesamte Stickstoff des Kalziumzyanamids glatt in Ammoniak umgesetzt wurde.

$$CaCN_2 + 3H_2O = CaCO_3 + 2NH_3$$

Damit war nun der lang gesuchte Weg zur Massendarstellung von Ammoniak und Ammoniaksalzen aus atmosphärischem Stickstoff erschlossen. Die Inbetrachtnahme dieser einfachen Reaktion führte dann aber meinen Sohn und Mitarbeiter Dr. Albert Frank zu der Schlußfolgerung, daß vielleicht auch das rohe Kalziumzyanamid unter geeigneten Umständen als ein für die Pflanzenernährung direkt brauchbares Düngemittel verwendbar sein könne. Da sich diese Anregung zunächst nur auf theoretische Annahmen stützte, konnte der Beweis für ihren praktischen Wert nur durch Vegetationsversuche festgestellt werden. Diese in den Jahren 1901 und 1902 von Geh. Rat Wagner-Darmstadt und Prof. Gerlach-Posen in großer Anzahl und unter mannigfachsten Variationen sowohl in Vegetationsgefäßen wie auf dem Acker ausgeführten Versuche lieferten nun das erfreuliche Resultat, daß rohes Kalziumzyanamid mit einem Gehalt von 20 % Stickstoff dem schwefelsauren Ammoniak mit gleichem Stickstoffgehalt als gleichwertig zu erachten sei und ersteres mithin bei entsprechender Anwendung als ein für die Pflanzenkultur brauchbares Stickstoffdüngemittel gelten könne. Diese ersten grundlegenden Versuche sind dann in den letzten Jahren in zahlreichen landwirtschaftlichen Versuchs- und Lehranstalten mit gleich günstigen Resultaten wiederholt und kontrolliert, so daß uns nunmehr die technisch und wirtschaftlich ebenso wichtige Aufgabe zufiel, die Fabrikation des von uns als Kalkstickstoff bezeichneten Produkts so auszubilden, daß es als gleichmäßige und marktfähige Ware auch im Preise mit schwefelsaurem Ammoniak und Chilesalpeter konkurrieren konnte.

Die nötigen Rohmaterialien, Kalk, Kohle und der atmosphärische Stickstoff sind zwar überall leicht zugänglich, aber die Gewinnung des reinen Stickstoffs in so großen Massen erforderte neue Studien. Das zuerst von uns angewandte Verfahren der Trennung von Sauerstoff und Stickstoff mittels Überleiten über besonders präparierte Kupfergranalien bot bezgl. des Großbetriebes manche Unzuträglichkeit, und wandten wir uns deshalb der von Linde durchgeführten Trennungsmethode beider Gase durch Verflüssigung der Luft und fraktionierte Destillation zu, mit welcher wir nach Beseitigung einiger Schwierigkeiten sowohl bezgl. der Massenproduktion als der Kosten zu befriedigenden Ergebnissen gelangt sind. Über eine Verwendung des hierbei als Nebenprodukt gewonnenen Sauerstoffes werde ich noch berichten. Neben der Beschaffung der chemischen Grundstoffe kommt aber für den Prozeß als zweiter und nahezu wichtigster Faktor der starke Bedarf an elektrischer Energie in Frage. Da in Deutschland große Wasserkräfte für Gewinnung elektrischer Kraft nur in beschränktem Maße und zu hohen Preisen erhältlich sind, so war es für unsere Sache ein besonders glücklicher Umstand, daß Professor Angelo Menozzi in Mailand, der nicht nur ein hervorragender Agrikulturchemiker, sondern auch ein weitsichtiger Volkswirt ist, die Bedeutung, welche dieser neue elektrochemische Prozeß gerade für Italien gewinnen mußte, rasch erkannte und durch sein Urteil auch bedeutende Ingenieure und Industrielle dafür interessierte. Unter Mitwirkung berufener Persönlichkeiten der Industrie hat sich infolgedessen in Rom die Società Generale per la Cianamide gebildet, welche sämtliche Patente und Verfahren zur Herstellung des Kalziumzyanamids und dessen Derivate erwarb. Diese Gesellschaft hat dann ihre Patente für Italien und Österreich-Ungarn an die Società Italiana per la Fabbricazione di Prodotti Azotati abgetreten, welch letztere bereits eine große Fabrik in Piano d'Orte in Betrieb gesetzt hat, und nachdem sich dort das Verfahren in allen Punkten bewährte, beschloß, eine weitere bedeutende Vergrößerung dieses Betriebes, unter Ausnutzung der der Stammfirma: Società Italiana di Elettrochimica angehörenden, großen Wasserkräfte der Pescara, vorzunehmen, sowie auch eine große Fabrik in Fiume anzulegen. Die Società Generale per la Cianamide hat ihrerseits die Anlage einer Anzahl Fabriken an anderen mit billiger Wasserkraft versehenen Plätzen in Frankreich, Spanien, in der Schweiz und in Norwegen vorbereitet resp. gesichert. Auch wir in Deutschland werden hoffentlich bald dazu gelangen durch Erschließung der in unseren ausgedehnten Torflagern bisher ungenutzt ruhenden Energiequellen einen billigen Ersatz für die uns fehlenden Wasserkräfte zu schaffen, ebenso wird bei manchen unserer großen Elektrizitätswerke, welche für ihre volle Kraftleistung jetzt nur 20—25 % der Tagesstunden in Anspruch genommen sind, die Aufnahme der Karbidfabrikation für die dazwischen liegende Ruhezeit sich später als gewinnbringend erweisen, denn abgesehen von seinen chemischen Eigenschaften ist Kalziumkarbid auch einer der besten Kraftakkumulatoren. Was speziell die Bindung von Stickstoff durch Karbid betrifft, so können nach theoretischer Berechnung mit einer elektrischen Jahrespferdekraft die für Bindung von 772 Kilogramm Stickstoff = entsprechend rund 5000 Kilo Chilesalpeter nötigen Mengen von Kalziumkarbid erzeugt werden. Das praktische Resultat bleibt freilich mit der bisher in maxima erzielten Bindung von 300 bis 330 Kilo Stickstoff noch weit zurück; immerhin repräsentiert aber auch diese Ausbeute schon das Stickstoffäquivalent von 2 tons = 2000 Kilogramm Chilesalpeter oder von 1600 Kilo schwefelsaurem Ammoniak. Wie schon vorher erwähnt, liefert das Kalziumzynamid bei seiner Zersetzung mit hochgespanntem Wasserdampf seinen Stickstoffgehalt in Form von Ammoniak und diese Ausbeute beträgt auch im Großbetrieb 96—97 %, ist also nahezu vollkommen. Das in solcher Weise gewonnene Ammoniak läßt sich nun, wie wir und vor uns schon Ostwald und andere festgestellt haben, mit Sauerstoff, den wir ja bei der Verflüssigung resp. fraktionierten Destillation des Stickstoffes als Nebenprodukt erhalten, vorteilhaft zu Salpetersäure verbrennen und scheint es mir nach den Versuchen, welche Dr. Caro und ich in dieser Richtung bisher anstellten, daß dieser Prozeß sowohl in bezug auf Kraftverbrauch wie auf Ausbeute günstigere Resultate liefern kann als diejenigen sind, welche nach den bisher vorliegenden Publikationen bei der direkten Oxydation des Luftstickstoffes durch das Birkeland und Eydesche Verfahren erzielt wurden. „Auf alle Fälle ist die Gewinnung von Salpetersäure für die chemische Industrie, so namentlich für die Herstellung der Explosivstoffe und der Farbstoffe eine ebenso wichtige Aufgabe wie die Beschaffung der Stickstoffdüngemittel für die Landwirtschaft und in beiden Gebieten ist der Bedarf ein so großer, daß jeder erfinderischen Tätigkeit genügender Spielraum bleibt." Auch in der Landwirtschaft wird man die Nitrate in ihrer spezifischen Wirkung als Kopfdünger für bereits im Wachstum befindliche Pflanzen nicht entbehren wollen.

Betreffs der Wirkung des Kalziumzyanamids als Düngemittel läßt sich als Resümee der zahlreichen seit dem Jahre 1901 darüber gemachten Versuche feststellen, daß nach Mischung des Präparates mit der Ackererde unter Einwirkung der Bodenfeuchtigkeit und der Kohlensäure zunächst ein Zerfall der Verbindung in kohlensauren Kalk und Zyanamid stattfindet, wahrscheinlich geht dann das Zyanamid durch Aufnahme von Wasser zunächst in Harnstoff über. Als Endprodukte der Zersetzung sind überall Ammoniak und durch dessen Nitrifikation Salpetersäurebildung nachgewiesen. Dr. Loehnis in Leipzig und Dr. Perotti in Rom haben auch durch direkte Versuche ermittelt, daß bei diesem Umwandlungsprozeß des Kalkstickstoffes eine Reihe von Bakterien mit tätig sind, welche sich in fast allen humösen Böden finden, und erklärt sich hieraus die auch von anderer Seite konstatierte Beobachtung, daß Kalkstickstoff auf sterilen Sandböden wie auf saurem Moorboden, in denen diese Bakterien nicht vorkommen, nur geringe oder doch langsame Wirkung zeigt. Perotti und andere haben deshalb empfohlen, den Kalkstickstoff vor dem Aufbringen und Unterpflügen mit etwas gutem Humusboden zu kompostieren. Die in einzelnen Publikationen über Kalkstickstoff ausgesprochene Besorgnis, daß aus dem freiwerdenden Zyanamid erst Dizyandiamid und daraus durch Wasseraufnahme das sehr ätzend wirkende Dizyandiamidin entstehen könne ist, wie wir durch sorgfältige Versuche festgestellt haben, grundlos, da der Übergang resp. die Polymerisation des Zyanamids zu Dizyandiamid erst bei Temperaturen von 45—50 % Celsius stattfindet, die aber im Ackerboden nicht vorkommen.

Das verschiedene Verhalten von Zyanamid und Dizyandiamid gegen Reagentien und Lösungsmittel ermöglicht hierbei eine sehr genaue Kontrolle. Ebenso grundlos sind die Befürchtungen, daß geringe Mengen von Azetylen, und dessen Kondensationsprodukte, welche sich aus im Kalkstickstoff manchmal noch verbleibenden kleinen Resten von Karbid entwickeln, dem Pflanzenwachstum schädlich seien. Ganz abgesehen davon, daß Azetylen für den tierischen und pflanzlichen Organismus nicht giftig ist, haben direkte Versuche bei den empfindlichsten Garten- und Gemüsepflanzen diese Unschädlichkeit sicher erwiesen. Wie bei allen anderen künstlichen Düngemitteln muß erst durch die Praxis die günstigste Art der Benutzung ermittelt werden. Als ich vor nunmehr nahe 50 Jahren die Anwendung der Staßfurter Kalisalze in die Landwirtschaft einführte, wurden auch die Chlorverbindungen des Kalis für bedenklich, sogar direkt für schädlich bezeichnet und heute werden von diesen selben Salzen in Form von Kainit und konzentriertem Chlorkalium jährlich 28 Millionen Meterzentner für die Landwirtschaft der ganzen Welt geliefert. Auch für den jetzt als unfehlbar und gerade für die Kultur der Zuckerrüben als unentbehrlich betrachteten Chilesalpeter gab es eine Zeit, wo seine Anwendung in den Kontrakten der Rübenlieferanten direkt untersagt war. Ich könnte in dieser Beziehung noch weitere Beweisstücke und ebenso Belege für die schon jetzt durch zahlreiche Versuche festgestellte günstige Wirkung des Kalziumzyanamides vorführen, verweise dafür aber auf die Verhandlungen in der Sektion für Agrikulturchemie und möchte den hier vereinigten Kollegen, welche anderen Zweigen der technischen Chemie angehören, nur noch mit wenigen Worten über die sonstige Anwendung berichten, welche aus dem Prozeß der Stickstoffbindung durch Karbide bisher hervorgegangen sind. Betreffs der schon erwähnten Darstellung von Ammoniak will ich noch anführen, daß dasselbe vollkommen rein und frei von Empyreuma ist, so daß damit sowohl die Gewinnung von reinem komprimierten Ammoniakgas wie von Ammoniakflüssigkeit und den diversen Ammoniaksalzen direkt erfolgen kann. Als weitere interessante und bereits im Großbetriebe dargestellte Produkte nenne ich noch Zyanamid und daraus gewonnen Harnstoff, ferner Dizyandiamid und seine verschiedenen Salze wie auch die des Dizyandiamidins und des Guanidins. Unter den mannigfachen und noch großer Ausdehnung fähiger Verwendungen dieser Verbindungen bei Herstellung organischer Präparate erwähne ich das von Caro gefundene und in Italien bereits patentierte Verfahren zur Darstellung von künstlichem Indigo durch Einwirkung von Dialkalizyanamid auf Phenylglyzin und dessen Derivate. Neuerdings hat auch die Benutzung des Dizyandiamids und seiner Salze als kühlender, d. h. die Verbrennungstemperatur herabmindernder Zusatz bei Explosivstoffen und Schießpulver Beachtung gefunden. Infolge des hohen 66,6 % betragenden Gehaltes des Dizyandiamids an inertem Stickstoff, gibt es bei der Verbrennung im Geschütz starke Drucke, während es abweichend von den mehr Kohlenstoff und Wasserstoff enthaltenden anderen Bestandteilen der Explosivstoffe bei seiner Zerlegung nur geringe Wärme erzeugt. Es ist dies namentlich bei Geschützpulver, wie z. B. Kordit und Filit, die durch ihre hohe Verbrennungstemperatur die Züge des Rohres rasch zerstören, von großer Bedeutung. Bei manchen Pulvermischungen zeigt sich die kühlende Wirkung des Dizyandiamids durch das Verschwinden des Mündungsfeuers, so daß also beim Schuß mit dem Pulverrauch auch der Pulverblitz beseitigt ist. Vom Geschütz zum Stahl ist nur ein kleiner Schritt. Die seit lange bei Schlossern und Schmieden übliche

Anwendung des gelben Blutlaugensalzes zum Härten und Verstählen von Eisen brachte uns und gleichzeitig auch den Chemiker der bekannten Waffen- und Maschinenfabrik von Ludwig Loewe u. Co. in Berlin, auf den Gedanken, die Brauchbarkeit des rohen Kalziumzyanamids, welches ja ebenfalls eine Verbindung von Kohlenstoff und Stickstoff enthält, für den gleichen Zweck zu versuchen. Mehrfache Proben die daraufhin gemacht wurden, lieferten sowohl für Werkzeugstähle und Gesteinbohrer wie für Maschinenteile und Panzerplatten so vorzügliche Resultate, daß dieses neue von uns unter dem Namen „Ferrodur" in den Verkehr gebrachte Härtemittel sowohl für die Feinmechanik wie für die große Maschinenindustrie bereits eine ausgedehnte Verwendung gefunden hat. Über den Erfolg anderer noch nicht abgeschlossener Arbeiten, hoffe ich später berichten zu können. Sie sehen aber, daß wir die in meiner ersten Mitteilung auf dem Berliner Internationalen Kongreß von 1903 ausgesprochene Absicht den nach langem Widerstande gefesseltem atmosphärischen Stickstoff für den Dienst der Technik weiter nutzbar zu machen, mit Ausdauer verfolgt haben.

Ich könnte hier schließen, möchte mir aber von Ihnen noch das Recht erbitten, den Dank, welchen ich dem Vaterlande von Volta und Galvani dafür schulde, daß es mir die erste Stätte zur praktischen Durchführung der Forschungen bot, welche mich und meine Mitarbeiter länger als ein Jahrzehnt beschäftigt haben, hier noch durch einige kurze wirtschaftliche Betrachtungen Worte zu verleihen. Wer wie ich seit einer langen Reihe von Jahren Italien besucht, wird noch mehr als der Neuankommende mit Staunen und Freude die großen Fortschritte erkennen, welche dieses herrliche Land seit seiner politischen Einigung in wissenschaftlicher und wirtschaftlicher Beziehung gemacht hat. Wohl bleibt nach letzter Richtung, namentlich in Mittel- und Süditalien noch vieles zu tun, um die reichen Schätze, welche Boden und Klima bieten, zu heben und damit auch für die wertvollen Menschenkräfte, die jetzt dem Lande durch Auswanderung entzogen werden, in der Heimat selbst lohnende Arbeitsstätten zu schaffen, aber Regierung und Volk sind, wie das gerade jetzt zur Beratung stehende Gesetz über die innere Kolonisation zeigt, hierfür eifrigst bemüht, und bei allen ist die Überzeugung gemeinsam, daß die Pflege der Naturwissenschaften und ihrer Verwendung für das Leben hierfür das beste Förderungsmittel bietet.

Das gilt vor allem bei der Landwirtschaft, deren Betrieb ja

schon seit der Römerzeit durch schwierige Besitzverhältnisse gehemmt ist. Überall im Lande sind jetzt tüchtige Agrikulturchemiker in Versuchsstationen wie als Wanderlehrer tätig, um Kenntnis und Benutzung der durch Wissenschaft und Technik gebotenen Fortschritte der Bodenkultur auszubreiten. Mit welchem Erfolg das geschieht, zeigt nicht nur die Zunahme des Exports landwirtschaftlicher und gärtnerischer Produkte, welcher bereits im Jahre 1900 den Wert von 500 Millionen Lire erreichte, in welcher Summe Wein mit 35 Millionen Franks, Südfrüchte, Orangen, Zitronen und Mandeln mit 70 Millionen und anderer Früchte und Gartenerzeugnisse, namentlich frische Gemüse mit 40 Millionen Franks mitzählen, sondern für uns beinahe noch deutlicher in der rasch steigenden Benutzung künstlicher Düngemittel. Die Superphosphatfabrikation Italiens, welche 1894 nur 85 700 tons im Werte von 3,6 Millionen Lire betrug, ist 1904 auf 459 000 tons im Werte von 30,6 Millionen Lire und im letzten Jahre 1905 auf 650 000 tons im Werte von 40 Millionen gestiegen, und in entsprechendem Verhältnis hat sich die Schwefelsäurefabrikation von 71 500 tons in 1894 auf 271 800 tons in 1904 erhöht. Der Umstand, daß in Italien, namentlich im Süden, die Viehhaltung und damit die Produktion von animalischem Dünger für eine gegebene Bodenfläche eine wesentlich geringere ist als in vielen anderen Kulturländern, läßt die Anwendung von chemischen Düngemittel besonders notwendig erscheinen. Die unter solchen Verhältnissen auffallend geringe Benutzung stickstoffhaltiger Düngemittel, welche sich bisher für Salpeter im Durchschnitt der letzten Jahre auf etwa 40 000 tons, für schwefelsaures Ammoniak auf etwa 6000 tons beschränkte, erklärt sich wohl einfach daraus, daß diese Stoffe sämtlich vom Ausland gegen bar bezogen werden müssen und man daneben noch immer gezwungen ist, für die nach Zahl und Konsumfähigkeit rasch steigende Bevölkerung, auch große Massen Getreide zu importieren und auch dafür dem Auslande entsprechende Rimessen zu machen. Die Möglichkeit, den eigenen Bedarf an Stickstoffdüngemitteln, unter gleichzeitiger Ausnutzung bisher brach liegender Naturkräfte nicht nur im eigenen Lande zu produzieren, sondern auf diese Weise noch große Werte für den Export zu schaffen, wird der Landwirtschaft wie der Handelsbilanz Italiens in gleicher Weise Vorteil bringen. Sind doch die allein bei der neuen Fabrikanlage von Piano d'Orta vorhandenen 25 000 Pferdekräfte ausreichend, um für einen großen Teil des bisherigen Imports Italiens an Ammoniak und Salpeter Ersatz zu schaffen, und die bisher in den nicht industriellen Gebieten Italiens noch ganz ungenutzt liegenden großen Wasserkräfte repräsentieren nach amtlicher Schätzung eine mittlere Jahresleistung von etwa 2--3 Millionen Pferden, deren Benutzung zumeist der chemischen und besonders der elektrochemischen Großindustrie zufallen wird, für welche Italien durch die Intelligenz seiner Chemiker und Ingenieure, wie durch die Vorzüge seiner geographischen Lage für Versorgung der Mittelmeerländer und des Orients das Zukunftsland ist. Mögen diese Aussichten und die Wünsche, die wir als Gäste des schönen Landes, welches uns alle so freundlich aufgenommen hat, hegen, baldige Erfüllung finden.

Es lebe Rom, es lebe Italien!

IV. Die Erzeugung von Wasserstoff aus Wassergas.

Von Professor Dr. A. Frank.

Aus dem Journal für Gasbeleuchtung und Wasserversorgung Nr. 23 vom 10. Juni 1911.

Es ist namentlich bei der Einführung großer lenkbarer Ballons, wie sie die letzten Jahre gebracht haben, die billige und schnelle Beschaffung großer Mengen von reinstem Wasserstoff zu einer wichtigen Frage geworden. Die alten chemischen Methoden der Wasserstoffgewinnung aus Metallen und Säuren gaben nur einen sehr teuren und ziemlich unreinen Wasserstoff, und auch die neuerdings zur chemischen Zerlegung des Wassers empfohlenen Verfahren mittels Silizium oder Aluminium, von welchen letzteres von den Russen beim Kriege in der Mandschurei benutzt wurde, arbeiten teuer und langsam. Die elektrochemische Methode der Wasserzerlegung, auf die man große Hoffnungen setzte, erfordert einen sehr bedeutenden Aufwand an Kraft, selbst zur Füllung der kleinen Ballons bis zu 2000 cbm, wie sie früher auch vom Militär benutzt wurden, denn für die Darstellung von 1 cbm Wasserstoff durch elektrolytische Wasserzersetzung sind 6 KW-Std. erforderlich. Für die Produktion von 2000 cbm innerhalb 24 Stunden ist also eine Dynamomaschine von 500 KW-Leistung nötig. Nun verwies man freilich auf die billige Gewinnung von Wasserstoff als Nebenprodukt bei der elektrolytischen Herstellung von Ätzalkalien und Chlor, aber die Fabriken, die solche Produkte liefern, liegen meist nicht in der Nähe unserer Grenzen oder in Festungen. Im Laufe eines Krieges kann aber doch eine Festung belagert werden, und die Aufgabe besteht darin, den abgeschlossenen Platz bezüglich seiner Verteidigungsmittel unabhängig von der äußeren Zufuhr zu machen. Außerdem geschieht der Transport des Wasserstoffes von der chemischen Fabrik nach dem Verbrauchsorte in auf 250 Atm. geprüften und mit 150 Atm. beanspruchten schweren Stahlflaschen, und eine solche Flasche, die 50 bis 60 kg wiegt, enthält höchstens 1 kg = zirka 10 cbm Wasserstoff. Daraus ist zu entnehmen, daß der Hin- und Rücktransport der Flaschen und auch die Erhaltung ihrer Armatur und Ventile große Schwierigkeiten und Mehrkosten verursacht. Auch nach dieser Richtung lag also die Aufgabe vor, die Wasserstoffherstellung unabhängig von äußeren Bezugsquellen zu machen und sie auf ein Rohmaterial zu basieren, das überall zur Hand ist.

Diese Betrachtung legt es nahe, das Wassergas, welches jetzt auch in Gasfabriken eine große Rolle spielt, für diesen Zweck heranzuziehen; der Weg, oder vielleicht der Umweg, den wir dafür einschlugen, war der folgende: Ich habe bereits im Jahre 1899 gemeinsam mit Herrn Dr. Caro Versuche zur Herstellung von reinem Kohlenstoff aus Karbid gemacht, und wir hatten uns sogar einmal in einer etwas phantastischen Aufwallung zur Idee der Gewinnung von Diamanten verstiegen, sind aber bisher nur zu den mehr bürgerlichen Formen des Kohlenstoffes, Graphit und Ruß, gelangt. Der dem Verfahren zugrunde liegende chemische Prozeß geht aus folgendem Beispiel hervor: Kalziumkarbid mit Kohlenoxyd erhitzt liefert nach der Formel

$$CaC_2 + CO = CaO + 3C$$

durch Zerlegung des Kohlenoxyds unter Oxydation des Kalziummetalls 1 Äquivalent Kalziumoxyd (Ätzkalk) und 3 Äquivalent reinsten Kohlenstoff. Als billigste und bequemste Quelle von Kohlenoxyd verwendeten wir das durch Einwirkung von Wasserdampf auf glühende Kohle gebildete sog. Wassergas, welches theoretisch aus 50 % Kohlenoxyd und 50 % Wasserstoff besteht, bei seiner technischen Darstellung aber neben 50 % Wasserstoff nur etwa 40 % Kohlenoxyd neben 5 % Kohlensäure, 4,5 % Stickstoff und 0,5 % Sauerstoff enthält. Alle diese verunreinigenden Nebenbestandteile werden aber, wie wir später konstatierten, auch vom Kalziumkarbid fixiert, und das beim Prozeß entweichende Gas erwies sich als nahezu reiner Wasserstoff. Auf dieser auch für uns überraschenden Beobachtung basierten wir dann das Verfahren zur Gewinnung von reinem Wasserstoff aus Wassergas, für welches ich im Jahre 1905 die Patente entnahm.

Da die gemeinsame Herstellung von Graphit und Wasserstoff aus kommerziellen Gründen nicht überall angezeigt erschien und die völlige Beseitigung der oben erwähnten anderen Bestandteile des Wassergases ohne weitere Ausnutzung der Rückstände durch den nötigen Aufwand für Karbid zu kostspielig wurde, so entfernten wir zunächst den größten Teil von Kohlenoxyd durch Kupferchlorür, sowie die Kohlensäure durch Ätzkalk oder Ätzalkalien und erzielten schon hierdurch ein rohes Wasserstoffgas von zirka 89 bis 90 % Wasserstoffgehalt, welches dann durch Passieren über Kalziumkarbid usw. in Kombination mit anderen Reagentien zu einem nahezu reinen Wasserstoffgas von 99 bis 99,3 % Gehalt raffiniert wurde.

Da aber auch hierbei die notwendige chemische Vorreinigung noch mühsam und kompliziert war, so wurde von meinem Mitarbeiter, Dr. Albert R. Frank (nicht von mir), der Vorschlag gemacht, die Beseitigung des größten Teiles aller fremden Gase, also inklusive Sauerstoff und Stickstoff, durch Kompression und Abkühlung resp. Verflüssigung derselben zu bewirken. Um diese Experimente durchzuführen, vereinigten wir uns mit der ersten Autorität auf dem Gebiete der Gasverflüssigung, Herrn Professor v. Linde in München, mit dem wir bereits für die Stickstoffgewinnung für unseren Kalkstickstoffprozeß seit Jahren in Verbindung standen, und es wurden dann seit dem Jahre 1906 die Versuche durchgeführt, über deren günstige Beendigung der Herr Vortragende soeben berichtet hat und die heute als vollkommen abgeschlossen gelten können.

Mit diesen Erfolgen und den Gesichtspunkten, welche die Ziele ergaben, die der Herr Vortragende Ihnen bereits vorgeführt hat, betrachten wir aber die Sache noch nicht als abgeschlossen. Wir haben noch einige weitere Pläne in Aussicht genommen, und diese möchte ich hier noch kurz erörtern, weil sie auf andere Industriegebiete übergreifen, in welchen sie noch einer großen Entwicklung fähig erscheinen.

Ehe ich dazu übergehe, darf ich vielleicht noch mit ein paar Worten die Anforderungen der Luftschiffer an die Qualität des Wasserstoffes streifen. Ich tue das um so lieber, weil die hier einschlägigen Zahlenwerte häufig vorkommen, ohne jedoch selbst in Kreisen der Techniker volles Verständnis zu finden. 1 cbm Luft wiegt bei 0° C und 760 mm Barometerstand 1,292 kg, 1 cbm Wasserstoff wiegt unter gleichen Verhältnissen 0,090 kg. Wenn ich also letztere 90 g von 1292 g abziehe, so erhalte ich

1202 g (1,202 kg), d. h. ein mit 1 cbm absolut reinem Wasserstoff gefüllter Raum ist um 1202 g leichter als bei gleichem Inhalt an atmosphärischer Luft und hat also einen Auftrieb von 1,202 kg, oder mit anderen Worten: für je 1 cbm Wasserstoff kann ein Luftballon 1,2 kg Gewicht hoch nehmen. Ein Ballon von 1000 cbm kann also bei oben fixiertem Luftdruck resp. Temperatur 1200 kg tragen; natürlich ist dabei das Gewicht des Ballons nebst Zubehör mitzurechnen, und die Nutzkraft ist eine entsprechend geringere. Daraus geht die Notwendigkeit hervor, für Militärzwecke große Ballons zu schaffen, um diese für mehrere Personen, wie für die nötige Ausrüstung mit Maschinen und event. Waffen tragfähig zu machen. Mit Rücksicht darauf ging namentlich unsere deutsche Militärverwaltung in ihren Anforderungen für die Reinheit des Ballongases ziemlich hoch; gegenüber der berechneten Zahl von 1202 g pro cbm verlangt sie eine Tragkraft von 1180 g, was also ziemlich dicht an der theoretischen Möglichkeit liegt; es ist uns aber gelungen, auch dieser hohen Anforderung vollkommen zu genügen, und ich möchte nicht unterlassen, hierbei auch der Tätigkeit unseres Mitarbeiters, des Chemikers Herrn Dr. Schück, auf diesem schwierigsten Gebiete der Technik und Analyse der Gase Anerkennung zu zollen.

Gestatten Sie mir, in etwas auf die praktischen und wirtschaftlichen Momente einzugehen, welche sich bei dieser Massenherstellung des Wasserstoffes und der als Nebenprodukte des Betriebes gewinnbaren Gase ergeben. Die meisten unserer großen Gasanstalten haben schon jetzt die Erzeugung von Wassergas neben der des Steinkohlengases in ihren Betrieb aufgenommen. Es liegt auf der Hand, daß in einer solchen Gasanstalt die gute Hälfte der Vorarbeit für die Gewinnung von reinem Wasserstoff schon geboten ist, um so mehr, als auch die maschinelle Kraft und das vorgeschulte Gasarbeiterpersonal sich in den Gasanstalten stets bereit finden. Es bedarf also nur der wenig Raum erfordernden Aufstellung der Lindeschen Kühl- und Verflüssigungsapparate, sowie event. der einfachen Vorrichtungen für die letzte Reinigung, um in zahlreichen, über ganz Deutschland verteilten Städten nicht nur die Fabrikation von Wasserstoff, sondern auch die Gewinnung anderer für die Technik wichtigen Gase zu ermöglichen. Es wird auch keine Schwierigkeit bieten, die für einen größeren plötzlichen Bedarf, also z. B. für Gesamtfüllung eines Ballons nötige Gasmenge aufzuspeichern resp. im Vorrat zu halten, da selbst mittlere Gaswerke zwecks Deckung des zur Winterzeit eintretenden Höchstbedarfes immer mehrere Gasometer haben, von welchen dann einer für Wasserstoffgas zur Verfügung gestellt werden kann. Eine Gefährdung der Gaslieferung an die Konsumenten ist hierbei völlig ausgeschlossen, da im Notfalle der vorhandene Wasserstoff ebenso als Hilfsmittel für Mischungen mit Steinkohlenleuchtgas verwendet werden kann, wie dies jetzt unter Benutzung von nicht leuchtendem Wassergas an vielen Orten geschieht. Es wird über Notwendigkeit der Errichtung von Luftschiffhäfen und Ballonhallen so viel diskutiert, aber ebenso wichtig scheint es mir, daß man auch für rasche Versorgung havarierter Luftschiffe durch eine reichliche Anzahl von über das ganze Land verteilten Wasserstoffabriken Vorkehrungen trifft. Welchen Wert hätte wohl ein Seehafen, der den Schiffen nicht die Möglichkeit böte, ihre Kohlenvorräte zu ergänzen und aufzufüllen. Für den Fall, daß die Armeen in Feindesland stehen, wird freilich immer noch die Schaffung transportabler Apparate für Wasserstoffentwicklung, wie solche sowohl nach unserem Verfahren, wie nach dem ebenfalls von der Berlin-Anhaltischen Maschinenfabrik ausgeführten Petroleumsystem Rincker-Wolter möglich ist, geboten sein.

Den für die Wasserstoffproduktion hergerichteten Gaswerken würde aber auch die Erweiterung ihres Betriebes wesentliche Vorteile bringen, da sich damit die jetzige, immerhin einseitge Gasindustrie bald zu einer Großindustrie der Gase ausdehnen und entwickeln würde. Herr Dr. Linde hat bereits in seinem Vortrage gezeigt, wie durch eine Ergänzung der Lindeschen Apparate bei entsprechender Kraftzugabe neben reinem Wasserstoff gleichzeitig reines Kohlenoxyd sowie reiner Sauerstoff und Stickstoff gewonnen werden können. Da für alle diese Gase jetzt schon ein großer und stetig wachsender Bedarf vorhanden ist, so wird also die Wasserstoffindustrie auch dafür Sorge tragen, den entsprechenden Anforderungen zu genügen, und die Gasfabrik der Zukunft wird aus verschiedenen Reservoiren, Leitungen und Hähnen jedes der genannten Gase ebenso liefern, wie sie jetzt Leuchtgas und Heizgas hergibt. Das Kohlenoxyd findet neben seiner auch in unserer Versuchsstation in Höllriegelsgreuth erprobten vorzüglichen Brauchbarkeit als Kraftgas für Maschinenbetrieb jetzt schon ausgedehnte Verwendung für diverse chemische Prozesse, wie z. B. für Darstellung von Ameisensäure usw. Es mag hier noch darauf hingewiesen werden, daß auch eine teilweise Abscheidung des Kohlenoxyds aus dem für Beleuchtungszwecke dienenden karburierten Wassergase für die Gasanstalten Bedeutung hat, da man jetzt aus hygienischen Gründen die Abgabe von reinem, nur karburiertem Wassergas wegen seines hohen Gehaltes an giftigem Kohlenoxyd beanstandet. Auch in diesem Falle würde das ausgeschiedene Kohlenoxyd als Kraftgas mit seinem vollen Heizwert nutzbar zu machen sein.

Was den Stickstoff betrifft, so ist auf seine ausgedehnte Benutzung für Darstellung von Kalkstickstoff sowie für die neue, durch Professor Haber (Karlsruhe) gefundene direkte Synthese von Ammoniak durch Katalysierung eines unter hohem Druck stehenden Gemisches von Wasserstoff- und Stickstoffgas schon hingewiesen, ebenso auch auf die kleineren, aber immerhin doch wichtigen Verwendungen von Stickstoff für Präparation der Metallfäden in Glühlampen, für Sicherung von Benzinlagern und Leitungen sowie für Füllung der Automobilpneumatiks.

Noch weitergehende Erwartungen als Dr. Linde knüpfe ich aber an die jetzt ermöglichte Ausdehnung der gleichzeitigen Gewinnung von wohlfeilem Sauerstoff neben der des Wasserstoffes. Meiner Ansicht nach stehen wir in bezug auf die Eisenbearbeitung vor einem ganz bedeutenden Wechsel der Technik. Die Leichtigkeit, mit der das Schneiden und Schweißen mit dem kombinierten Wasserstoff und Sauerstoffgebläse erfolgen kann, wird, wie ich glaube, in nicht zu langer Zeit dahin führen, daß an Stelle eines großen Teils des Nietens bei den Blecharbeiten die autogene Lötung durch das Schweißen und Verschmelzen mit der Sauerstofflamme zur Verwendung gelangt. Ich brauche hier nicht darauf hinzuweisen, daß man schon jetzt einen großen Teil der für höchste Drucke und Dichtigkeit beanspruchten Wasser- und Gasrohre durch Schweißarbeit zusammenfügt, und in ähnlicher, bereits von hervorragenden Firmen ausgeführter Art wird die Gasschweißung später auch für Blechbassins und Kessel zu ausgedehnter Benutzung kommen. Man wird ja noch Erfahrungen sammeln müssen, aber diese erweitern sich täglich, um so mehr, als die Franzosen und Italiener, denen ja doch auch ihr Leben lieb ist, beispielsweise auf dem Gebiete der Reparaturen von Schiffskesseln mittels Gasschweißung etwas weniger bedächtig vorangehen als wir. Ist die Sache bei uns auch praktisch und amtlich zur Geltung gelangt, so werden in Zukunft die größeren Eisenwerke und Schiffswerften sich derartige Gesamtanlagen selbst beschaffen, wie dies bereits von einer der größten deutschen Firmen geschehen und von anderen geplant ist, oder man wird bei kleinerem intermittierenden Bedarf Wasserstoff und Sauerstoff von der nächsten Gasanstalt beziehen, event. die Werkstätten behufs Transportersparnis in die Nachbarschaft der Gasanstalt verlegen.

Auch auf einem anderen Gebiete der Technik, dem der Verflüssigung großer Massen schwer schmelzbarer Metalle und anderer Materialien, wird sich die kombinierte Sauerstoff-Wasserstofflamme bald einen Platz erobern. Wie Ihnen bekannt, wird schon seit langer Zeit für Schmelzung des Platins und anderer Edelmetalle das Knallgasgebläse benutzt. Bei erleichterter Beschaffung der beiden Gase wird man aber dazu gelangen, Stahl und andere schwer schmelzbare Metalle oder Legierungen in geeignet konstruierten Öfen auch mittels der sehr heißen Wasserstofflamme zu verflüssigen und zu raffinieren, um so mehr, als durch die reduzierende Wirkung des in nötigem Überschuß zugeführten Wasserstoffes und die Abwesenheit des Kohlenstoffes das Metall zugleich auch gegen Oxydation oder sonstige Veränderungen geschützt wird; letzterer Effekt würde sogar einen Vorzug ergeben gegenüber den jetzt mit großem Eifer studierten und bereits mehrfach eingeführten elektrischen Stahlschmelzöfen. Wie sich beim Vergleich zwischen elektrischem Ofen und Wasserstoff-Sauerstoffofen die Kostenfrage decken wird, läßt sich natürlich nicht allgemein beurteilen, da hier die Preise der Kraft und sonstigen Verhältnisse mit in Betracht kommen, doch scheinen mir mit Rücksicht auf die vorerwähnten chemischen Vorzüge des Wasserstoffprozesses auch für diesen Fall die Chancen für die Gasschmelzung nicht ungünstig zu liegen. Neben den metallurgischen Betrieben wird dann die neue Industrie der Quarzglasverarbeitung, welche schon jetzt das Knallgasgebläse als Wärmequelle benutzt, sich rascher und im größeren Maßstabe entwickeln.

Die Schaffung höchster Temperaturen behufs Steigerung des Glüh- oder Leuchteffektes ist eine andere, jetzt mit Eifer gepflegte Aufgabe. Das alte Drummondsche Kalklicht, welches durch Glühen eines Kalk- oder auch eines Zirkonzylinders in einem Knallgasgebläse erzeugt wird, war, physikalisch betrachtet, der Vorgänger des Auerlichtes. Welche Fortschritte die Glühlichtbeleuchtung durch die seit einigen Jahren erfolgte Verwendung von Preßgas gemacht hat und wie es dadurch möglich war, selbst dem elektrischen Bogenlicht auch wirtschaftlich eine nachhaltige Konkurrenz zu machen, sehen wir ja auf all unseren Hauptstraßen. Nachdem aber der erste Schritt hierfür durch Errichtung gesonderter Leitungen für Preßgas oder Preßluft bereits mit so großem Erfolge getan ist, bedarf es nur noch eines weiteren, um an Stelle der Preßluft reinen oder doch konzentrierten Sauerstoff zu setzen und durch Ausscheidung des als kühlenden Ballast wirkenden und 79 % der Luft betragenden Stickstoffgehaltes die Temperatur und Leuchtkraft der Glühkörper noch ganz ungemein zu steigern. Diese Idee ist ja schon vor mehreren Jahren aufgetaucht und auch in kleinerem Maßstabe versucht, wie auch Professor v. Linde schon damals seine Aufmerksamkeit derselben gewidmet hat. Vorbedingung für Durchführung der Sache im großen ist aber die billige Massenerzeugung von Sauerstoff, welche nur durch Gewinnung desselben im Nebenbetriebe der Gasanstalten selbst zu ermöglichen ist.

Auf die jetzt von mehreren Seiten und, wie es scheint, mit besten Aussichten in Angriff genommene neue Verwendung von Wasserstoff für Herstellung wichtiger organischer Präparate möchte ich hier noch nicht eingehen, da diese Arbeiten erst im Vorbereitungsstadium sind und noch einer Erprobung im technischen Großbetriebe bedürfen.

Die großen Erfolge, welche Herr Professor v. Linde mit seinen bisherigen Arbeiten über Luftverflüssigung erreicht hat, sind Ihnen hier nicht nur in Worten, sondern im klaren Bilde des bereits Geschaffenen vorgeführt, und ebenso ist Ihnen von den auf Gewinnung von Wasserstoff und anderen Gasen von uns gemeinschaftlich erlangten und erstrebten Resultaten berichtet. Wenn wir uns daraufhin die Ziele etwas weit gesteckt haben, so geschieht das mit dem Bewußtsein, daß für volle Erreichung derselben noch viel Zeit und Arbeit erforderlich sein wird, und dafür bitte ich um Ihre Geduld und freundliche Unterstützung!

Chemische Industrie und Landwirtschaft im allgemeinen.

Eine zusammenfassende Darstellung über die engen Beziehungen zwischen der chemischen Industrie und der Landwirtschaft im allgemeinen hat Frank im Jahre 1908 in der Society of Chem. Ind. gegeben, und außerdem hat er zu Beginn des Krieges 1914 in einem Vortrag über „Volksernährung und Landwirtschaft in der Kriegszeit" unter dem Gesichtswinkel der kriegswirtschaftlichen Möglichkeiten die Frage erörtert, ob und wie weit Deutschland in der Lage sei, in einem längeren Krieg standzuhalten. Im Gegensatz zu manchen Veröffentlichungen aus dieser Zeit dürfte dieser Vortrag auch heute noch ein nicht geringes Interesse beanspruchen.

I. Chemische Industrie und Landwirtschaft.

Vortrag gehalten von Prof. Dr. A. Frank, Charlottenburg, bei der Eröffnungssitzung der „Society of chemical Industry" in London am 2. November 1908.

Aus „Deutsche Landw. Presse" 1909.

Zwischen Landwirtschaft und Industrie, den Genossen derselben Volksfamilie und den Trägern gleich wichtiger staatlicher Aufgaben, besteht doch seit langer Zeit ein gewisser Zwiespalt der Interessen, welcher infolge der rascheren Ausdehnungsfähigkeit und größeren Beweglichkeit der Industrie noch tiefer und schädlicher werden müßte, wenn nicht zum Glück Wissenschaft und Technik rechtzeitig als Vermittler eingetreten wären. Ein großer und dankbarer Teil dieser Tätigkeit ist unserer Wissenschaft, der Chemie, zugefallen, und da ich durch eine glückliche Fügung der Verhältnisse seit länger als 50 Jahren gerade auf dem Grenzgebiet von Landwirtschaft und Technik wirken konnte, so will ich, der mich hochehrenden Einladung Ihres Präsidiums gern Folge gebend, über das in diesem Zeitraum Erstrebte und Miterlebte hier einiges berichten.

Um die Verknüpfung chemischer Forschung und landwirtschaftlicher Praxis zu kennzeichnen, genügt es, den Namen Liebigs zu nennen. In seinen, um die Zeit von 1840 veröffentlichten Arbeiten, von denen ich hier nur die „Über den chemischen Prozeß der Ernährung der Vegetabilien und die Naturgesetze des Feldbaues“ und „Die chemischen Briefe“ nennen will, hat er mit vollendeter Klarheit und Sicherheit die Grundlagen geschaffen, auf denen sich die Entwicklung der modernen Landwirtschaft vollzogen hat, und durch welche allein die Möglichkeit geboten war, der auf beschränkten Gebieten rasch zunehmenden Zahl der Menschen Brot und Frieden zu geben und zu erhalten. Von dieser, eine neue Epoche in der Politik, wie im Wirtschaftsleben der Völker begründenden Erkenntnis sagt ein anderer großer Forscher, Hermann Kolbe, mit Recht:

„Es klingt wunderbar und dem Laien beinahe unglaublich, daß, nachdem Jahrtausende hindurch Ackerbau getrieben worden ist und man geglaubt hat, die Landwirtschaft an der Hand tausendjähriger Erfahrungen rationell zu betreiben, ein deutscher Chemiker, der nie Landwirt gewesen, nie den Pflug geführt, nie den Acker bearbeitet hat, von seinem Schreibtisch aus diktiert, wie der Landwirt sein Land behandeln muß, um ihm dauernd die größte Ertragsfähigkeit zu geben, und daß mit Liebigs Lehren von der Kultur des Bodens und den Naturgesetzen des Landbaues erst eine wirklich rationelle Landwirtschaft beginnt.“

Aber Liebig erschloß nicht allein der Landwirtschaft neue Wege und Ziele, er schuf und erzog für dieselbe als Helfer auch die chemische Technik der Darstellung künstlicher Düngemittel, und als die Industrie von dem ihr so zugewiesenen Felde Besitz nahm, fand sie nahezu alles vorbereitet und brauchte nur auszuführen, was der Geist des großen Meisters ersonnen und vorgeschaut hatte. Liebig faßte seine bereits 1840 klar ausgesprochene und seitdem von Wissenschaft und Praxis allgemein anerkannte Lehre in der kurz vor seinem Tode erschienenen 7. Ausgabe seiner „Agrikulturchemie“ in folgender Weise zusammen:

„1. Die Nahrungsmittel aller grünen Gewächse sind anorganische oder mineralische Substanzen.

2. Die Pflanzen leben von Kohlensäure, Ammoniak, Salpetersäure, Wasser, Phosphorsäure, Schwefelsäure, Kieselsäure, Kalk, Bittererde, Kali, Natron, Eisen; manche bedürfen Kochsalz.

3. Zwischen allen Bestandteilen der Erde, des Wassers und der Luft, welche teilnehmen an dem Leben der Pflanze, zwischen allen Teilen des Tieres und der Pflanze besteht ein Zusammenhang, so zwar, daß, wenn in der ganzen Kette von Ursachen, welche den Übergang des anorganischen Stoffes zu einem Träger der organischen Tätigkeit vermitteln, ein einziger Ring fehlt, die Pflanze oder das Tier nicht gedeihen kann.

4. Der Mist, die Exkremente von Menschen und Tieren wirken nicht durch die organischen Elemente auf das Pflanzenleben ein, sondern indirekt durch die Produkte ihres Fäulnis- und Verwesungsprozesses, infolge des Überganges ihres Kohlenstoffes in Kohlensäure und ihres Stickstoffes in Ammoniak oder Salpetersäure. Der organische Dünger, welcher aus Teilen oder Überresten von Pflanzen und Tieren besteht, läßt sich demnach ersetzen durch die anorganischen Verbindungen, in welche er in dem Boden zerfällt."

Nachdem nun Liebig durch vielfache Untersuchungen der Aschenbestandteile der Kulturpflanze gezeigt hatte, welcher Mineralstoffe dieselbe bedürfe, und nachdem anderseits festgestellt war, daß die für einzelnen Pflanzen als besonders geeignet erkannten Ackerböden von diesen Grundstoffen eine ausreichende Menge in für die Aufnahme durch die Pflanzenorgane geeigneter Form boten, ergab sich daraus ohne weiteres die Schlußfolgerung, daß die Unfähigkeit eines Ackers zur Hervorbringung genügender Ernten, resp. das Zurückgehen der Ernteerträge bei sonst normalen klimatischen Verhältnissen in dem Mangel eines oder mehrerer der mineralischen Pflanzennährstoffe begründet sein müsse.

An Hand dieser Betrachtung war dann auch das Verständnis für die Wirkung des Düngers, wie des seit lange in der Landwirtschaft üblichen Fruchtwechsels und der Brache gegeben, durch welche letztere ein Ausruhen des Feldes, d. h. die genügende Aufschließung von unlöslichen Mineralstoffen bewirkt wurde. Erwiesen sich alle diese Hilfsmittel als ungenügend, so war damit der Beweis geliefert, daß dem Boden durch die Ernten mehr mineralische Nährstoffe entzogen wurden, als ihm durch die bisher üblichen Hilfsmittel wieder zugeführt werden konnten, oder mit anderen Worten, daß eine Erschöpfung des Bodens eingetreten war. Wurden dem Acker die gesamten Rückstände der Ernte in Form des daraus gewonnenen Düngers nahezu vollständig wiedergegeben, wie dies bei einfacheren, ihre Produkte selbst konsumierenden landwirtschaftlichen Betrieben der Fall ist, so blieb der Boden unter Beihilfe des natürlichen Verwitterungsprozesses in alter Kraft und Fruchtbarkeit, wurde dagegen ein Teil der Ernte, also z. B. beim Getreide die Früchte, oder auch große Mengen animalischer Produkte zu anderen Gebieten ohne Leistung eines entsprechenden Ersatzes fortgeführt, so mußten mit der Zeit die Bodenerträge zurückgehen. — — Den praktischen Beweis für diese mathematisch unanfechtbare Theorie erbrachte Liebig nicht nur durch den Hinweis auf die Verödung alter Kulturländer, deren Getreideproduktion früher für die Versorgung Roms und anderer Gebiete dauernd exportiert worden war, vielmehr zeigte er, daß auch unsere jetzige Wirtschaftsart, bei welcher wichtige Pflanzennährstoffe dauernd verloren gingen, ähnliche Gefahren für das Gemeinwohl bringen müßte. Da aber die Entwicklung unseres wirtschaftlichen Lebens die Rückkehr zu den primitiven Verhältnissen der Landwirtschaft nicht gestattete, so blieb als einziges rationelles Aushilfsmittel der Ersatz des einem Lande verloren gehenden animalischen und tierischen Düngers durch Heranziehung natürlicher oder künstlicher Hilfsdünger aus anderen Gebieten, welche davon vorläufig oder dauernd einen Überschuß liefern konnten. — — Es ist wohl unnötig zu sagen, daß eine derartige, durch die Transportkosten verteuerte Zufuhr nur für solche Pflanzennährstoffe lohnen kann, welche wirklich dem Boden mangeln und nicht, wie z. B. Kalk, Kieselsäure usw., in nächster Nähe beschafft werden können. Durch die Forschungen Liebigs und seiner Schüler wurde auch in dieser Beziehung Klarheit gewonnen, da sie feststellten, daß zum Ersatz der für Abbau der Pflanze unentbehrlichen Mineralstoffe namentlich zwei, die Phosphorsäure und das Kali, durch die Verwitterung des Bodens meist nicht in genügend rascher Weise frei werden, um den durch die Ernte entstehenden Verlust zu decken. Als drittes für die Landwirtschaft wichtiges Hilfsmittel treten dann zu diesen beiden noch die Stickstoffdünger Ammoniak und Salpetersäure.

Unter dem ersten überwältigenden Eindruck, welchen Liebigs klare Beweisführung über die Bodenerschöpfung und den daraus notwendig folgenden Rückgang unserer landwirtschaftlichen Produktion hervorriefen, gelangten nun übereifrige Jünger der neuen Lehre zu Schlüssen und Vorschlägen, welche eine vollkommene Umwälzung unserer gesamten wirtschaftlichen und sozialen Verhältnisse forderten. Man berechnete den immensen

Wert der mit den Abfallstoffen der städtischen Bewohner der Landwirtschaft ständig entzogenen Pflanzennährmittel und kam so zu dem Schlusse, daß nur der Kultus, welchen die Chinesen bei der Konservierung der Exkremente üben, auch für uns noch Rettung bringen könne. Die Zahl der Projekte, welche zur Nutzbarmachung der städtischen Abfälle und selbst des Sewage durch Umwandlung in Poudrette oder sonstige Düngemittel aufgestellt wurden, ist Legion, und nach vielen Millionen zählen die Summen, welche von wohlmeinenden, aber schlecht rechnenden Leuten für die Durchführung solcher Ideen aufgewendet wurden. Sachkundigere gelangten bei ruhiger Prüfung von Liebigs Thesen jedoch bald zu der Erkenntnis, daß sich für den Ersatz der unseren Feldern entnommenen mineralischen Pflanzennährstoffe auch eine weniger komplizierte Aushilfe in denjenigen mineralischen Vorkommen finden ließe, welche ähnlich wie die mineralischen Brennstoffe an manchen Stellen unserer Erde aus früheren Entwicklungsperioden aufgehäuft und angesammelt sind. Die Richtigkeit dieser Annahme wurde zunächst durch die Auffindung reicher Ablagerungen von Phosphaten, sowie durch die Erschließung der Salpeterlager Chiles bestätigt, denen dann später, aber gerade zur rechten Zeit, die Auffindung mächtiger Kalisalzlager und im letzten Jahrzehnt die technische Nutzbarmachung des unermeßlichen Stickstoffvorrates unserer Atmosphäre folgte.

Über die Gewinnung und Weiterverarbeitung der so gebotenen Rohstoffe, welche an sich einen der bedeutendsten Zweige der chemischen Technik bildet, will ich Ihnen nun im Nachfolgenden mit möglichster Kürze berichten, und ich beginne mit der ältesten und zuerst in England begründeten Industrie der Phosphate.

Der Nutzen, welchen eine Düngung der Felder mit Knochenmehl brachte, war in England schon seit lange bekannt und so hoch geschätzt, daß für den Bedarf der englischen Landwirtschaft auch aus anderen Ländern große Mengen von Knochen importiert wurden, aber es war Liebig, dessen Lehren auch zuerst in England volle Würdigung fanden, vorbehalten, den Nachweis zu führen, daß der Effekt dieses bereits erprobten Düngemittels im wesentlichen auf seinem Gehalt an leicht aufschließbaren, d. h. den Pflanzen leicht zugänglichen Phosphaten beruhe, wie dies auch bezüglich der Wirkung des Guanos, eines anderen Düngemittels animalischer Provenienz, der Fall sei. Um nun die derzeit schon bekannten mineralischen Phosphate, wie die Koprolithen von Norfolk und Suffolk, in eine gleich wirksame Form zu bringen, empfahl Liebig, dieselben durch Behandeln mit Säure in das leichter lösliche Monophosphat überzuführen. Diese Operation, deren Erfolg durch den praktischen Feldversuch rasch bestätigt wurde, bildete die Grundlage der seitdem auch für die Schwefelsäurefabrikation zu so großer Bedeutung gelangten Superphosphatindustrie, die sich, von England ausgehend, bald über alle Kulturländer verbreitete. Da die heimischen Phosphatvorkommen für die rasch steigende Nachfrage nicht ausreichten, so wurden alle anderen Teile der Welt nach Phosphaten durchforscht, um für die heute in Europa und Amerika bestehenden Düngemittelfabriken das Rohmaterial heranzuschaffen. Mit welcher Energie dies geschehen ist, zeigte die Statistik der Weltproduktion von Rohphosphaten. Dieselbe ergibt für das Jahr 1900 rund 2 800 000 tons und für das Jahr 1905 rund 3 800 000 tons. Davon entfallen auf die Produktion der Vereinigten Staaten in 1900: 1 515 000 tons, in 1905: 2 000 000 tons, wovon 620 000 resp. 935 000 tons zum Export gelangten, und auf den Phosphatexport von Algier und Tunis in 1900: 440 000 tons und in 1905: 800 000 tons. Aber neben diesen natürlich vorkommenden Rohphosphaten, für deren Umwandlung zu Superphosphat etwa 3 000 000 tons Kammerschwefelsäure von 50 Gr. Beaumé verbraucht werden, hat sich in den letzten Jahrzehnten für die Landwirtschaft noch an anderer Stelle eine wertvolle Bezugsquelle in der sogenannten Thomasschlacke aufgetan.

Es ist Ihnen bekannt, daß erst durch das von Thomas und Gilchrist 1878 erfundene, als basischer Stahlprozeß bezeichnete Verfahren die Herstellung von brauchbarem Flußstahl in der Bessemerbirne auch aus stark phosphorhaltigem Roheisen ermöglicht wurde. Hierbei geht der in dem Roheisen enthaltene Phosphor, welcher durch den Frischprozeß in Phosphorsäure übergeführt wird, an den dem flüssigen Eisen zugefügten Kalk, welcher damit ein basisches Quadriphosphat bildet. Während nun die Mineralphosphate in der Hauptsache schwer lösliche Triphosphate sind, ist das Quadriphosphat nicht nur in verhältnismäßig schwachen organischen Säuren, wie z. B. Zitronensäure, sondern bei genügend feiner Verteilung auch schon in denjenigen Säuren löslich, welche sich bei den im Ackerboden vorgehenden chemischen Prozessen bilden. Infolge dieser Eigenschaft kann es auch ohne besondere Aufschließung für die Pflanzendüngung direkt und mit gutem Erfolge benutzt werden.

Deutschland, das sehr arm an den für den älteren Bessemerprozeß geeigneten edleren phosphorfreien Eisenerzen ist, dagegen von den früher als geringwertig betrachteten phosphorreicheren Erzen, namentlich den als Minette bezeichneten, enorme Lagerstätten besitzt, nahm das Thomas-Gilchrist-Verfahren mit großem Eifer auf, und unsere Hüttenleute taten auch vieles für seine weitere Vervollkommnung. Als 1879 der basische Prozeß in Deutschland eingeführt wurde, betrug die deutsche Erzförderung: 7 240 000 tons, und die Roheisengewinnung 2 730 000 tons. Im Jahre 1906 war die Erzförderung auf 26 700 000 tons, wovon 21 000 000 tons phosphorhaltige Minetteerze sind, und die Roheisengewinnung auf 12 478 000 tons gestiegen, von welchen letzteren 8 000 000 tons für den Thomasprozeß Verwendung fanden. Die bei Verarbeitung dieses Roheisens als Nebenprodukt gewonnene 1 500 000 tons Schlacken mit einem durchschnittlichen Gehalte von 18—20 % Phosphorsäure wurden als billiger und namentlich in Mischung mit Kalisalzen wirksamer Phosphatdünger von der deutschen Landwirtschaft benutzt, und das Einkommen aus diesem Abfallprodukt bildet eine wertvolle Beihilfe für die deutsche Stahlindustrie. Die Gesamtproduktion der Welt an Thomasphosphat im Jahre 1907 wird auf 2 700 000 tons geschätzt. Der in 400 kg Thomasroheisen als schädliche Verunreinigung enthaltene Phosphor kann das Quantum Phosphorsäure liefern, welches zum Ersatz der durch die Körnerernte von 1 ha Weizen oder Roggen dem Boden entzogenen nötig ist.

Ich komme nun zur Gewinnung des zweiten wichtigen mineralischen Pflanzennährstoffes, des Kalis. Die vorteilhaften Wirkungen einer Düngung mit Holzasche waren den Praktikern schon lange vor Liebig bekannt, aber für diesen Zweck war bei der stetigen Verminderung der Wälder und dem steigenden Kalibedarf der Industrie Material nicht zu erlangen. Versuche, welche namentlich in England von Ward angestellt wurden, um aus kalihaltigen Gesteinen, wie z. B. Feldspat, das Kali zu gewinnen, führten zu keinen kommerziell lohnenden Resultaten. Die für Gewinnung von Jod und Brom in Schottland und Frankreich betriebene Verarbeitung der als Kelp oder Varec bezeichneten Aschen von Meerespflanzen (Seaweed) als Nebenprodukte erhaltenen Mengen von Muriate of potash und Sulphate of potash waren auch nur geringe. Als ergiebige Quelle direkt für Pottasche erwies sich aber die Zuckerrübe, welche dem Boden große Mengen von Kali entnimmt, das sich dann bei der Fabrikation von Rübenzucker in der Melasse ansammelt. Aus diesen zwar noch sehr zuckerhaltigen, aber wegen ihres schlechten salzigen Geschmackes ungenießbaren Melassen wurde nun durch Gärung Alkohol gewonnen und sodann aus der bei der Destillation verbleibenden Schlempe durch Eindampfen und Verkohlen derselben eine sehr hochgradige Pottasche erhalten. Da mit einer guten Rübenernte pro ha = $2^1/_2$ Acre bis zu 250 kg Kali dem Boden entzogen wurden, so ist es begreiflich, daß auf solche Weise bedeutende Mengen Kali gewonnen werden konnten, und in der Tat belief sich das so erzielte Quantum von Pottasche Ende der 50er Jahre allein in dem Zuckerrübenbezirk der Magdeburger Gegend auf 90 000 Ztr. = 4500 tons. Aber dieser scheinbar so leichte Gewinn hatte große Verluste im Gefolge, indem durch Fortführung der für das Wachstum der Rüben nötigen Kalisalze die Fruchtbarkeit der Rübenäcker trotz kräftiger Düngung mit Guano und Superphosphat rasch zurückging, und damit das Bestehen der gesamten Rübenzuckerindustrie in Frage gestellt wurde. Hier war also ein direkter und auch für den praktischen Landwirt greifbarer Beweis für die Richtigkeit von Liebigs Lehren geliefert. Jn diesem kritischen Moment und gerade in der Zeit, als Balard und Merle mit ihren langjährigen Arbeiten über Gewinnung der Kalisalze aus den Mutterlaugen der sea water salt works (mother liquor of the sea water salt works) zum Abschluß gelangt waren, brachte nun die im Jahre 1857 erfolgte Eröffnung der Staßfurter Salzbergwerke und die Erschließung der dortigen Kalisalzlager die so notwendige Hilfe. Es ist Ihnen bekannt, daß man dort bei dem im Jahre 1852 begonnenen und 1857 vollendeten Ausbau eines für Gewinnung von Steinsalz bestimmten Bergwerkes über dem eigentlichen Steinsalzlager mächtige Schichten von unreinen Salzen fand, welche einen hohen Gehalt an Chlorkalium, Chlormagnesium und schwefelsaurer Magnesia zeigten. Diese bunten bitteren Salze, welche als Steinsalz nicht verwertbar waren, wurden zunächst als Abraumsalze (waste salts) bezeichnet und soweit man sie beim Abteufen des Schachtes fördern mußte, als unverwertbarer Abfall auf die Halde gestürzt.

Da ich zu jener Zeit als Chemiker auf der Rübenzuckerfabrik in Staßfurt tätig war und mich als eifriger Schüler Liebigs mit der Beobachtung des auch auf den dortigen Rübenfeldern auftretenden qualitativen und quantitativen Rückganges der Ernten beschäftigte, so nahm ich das weitere Studium dieser Abraumsalze, deren Zusammensetzung schon von Heinrich Rose und

Marchand ermittelt war, auf und fand bald, daß dieselben ein sehr brauchbares Rohmaterial zur Gewinnung von reinen Kalisalzen für industrielle und landwirtschaftliche Zwecke boten. Nach mancherlei Schwierigkeiten und Hemmnissen gelang es mir im Jahre 1861, die erste Fabrikanlage zu etablieren, welche freilich nur für tägliche Verarbeitung von 5 tons Abraumsalzen eingerichtet war und neben Chlorkalium für Herstellung von Salpeter auch Kalidüngemittel lieferte. Während ich aber bis zur praktischen Durchführung meiner Pläne nur wenig Unterstützung gefunden hatte, brachte deren bald bekannt werdender Erfolg mir einen mehr als erwünschten Kredit in Form einer Reihe rasch entstehender Konkurrenzwerke. Ende 1862 waren in Staßfurt bereits 4 Kalifabriken errichtet, von denen namentlich die von Anfang an mit größerem Kapital und reicheren Erfahrungen in der Salpeter- und Pottaschefabrikation ausgerüsteten Fabriken von Vorster & Grüneberg und Leißler-Townsend die neue Industrie wesentlich förderten. 1864 stieg die Zahl der Fabriken auf 18 mit einer Gesamtverarbeitung von 139000 tons, und in diesem Jahre wurde auch der Betrieb des benachbarten Herzoglich Anhaltischen Salzwerkes „Leopoldshall“ eröffnet. 1872 wurden in 33 Fabriken 500000 tons Rohsalze verarbeitet.

Der eigentliche Salzbergbau war zunächst Monopol der Regierungen. Nachdem derselbe jedoch durch das Berggesetz von 1865 frei gegeben war, wandte sich ihm auch das Privatkapital zu, und die hierbei in der ersten Zeit erzielten großen finanziellen Erfolge gaben Anlaß zu immer weiteren Bohrversuchen und Aufschließung neuer Lagerstätten. Während man zuerst angenommen hatte, daß das Vorkommen von Kalisalzen nur auf das verhältnismäßig kleine Gebiet der sogenannten Magdeburg-Halberstädter Mulde beschränkt sei, ist jetzt die Ausdehnung desselben auch in Hannover, Mecklenburg und Thüringen und neuerdings auch weiter nach Süden festgestellt, und wir haben in Deutschland für den Kalibergbau eine Spekulations- und Gründungsperiode erlebt, welche mit den in anderen Ländern beim Goldbergbau aufgetretenen Erscheinungen manche Ähnlichkeit aufweist. Teils infolge dieser unliebsamen Erscheinungen, teils um der unwirtschaftlichen Überproduktion zu steuern, ist in Preußen die Bergbaufreiheit für Kalisalze im vorigen Jahre wieder aufgehoben, und hat die preußische Regierung die noch nicht in Privatbesitz genommenen Salzlager und gleichzeitig auch die noch nicht erschlossenen Steinkohlenfelder für sich reserviert.

Immerhin beträgt die Zahl der von 1872–1907 in Deutschland in Betrieb gekommenen Privatwerke bereits 50 und andere 26 haben noch mit dem Abteufen von Schächten begonnen, während etwa 500 weitere Kaligesellschaften mit mehr oder weniger Erfolg Bohrversuche gemacht haben.

Förderung und Absatz der rohen Kalisalze stieg von 514 000 tons in 1872 auf 5 129 000 tons in 1906; letzteres Quantum hat einen Wert von 4 250 000 £. Die geförderten Salze werden teils zu gereinigten chemischen Produkten, wie Muriate of potash, Sulphate of potash, Carbonate of potash, Magnesiasalzen, Brom usw. usw. in den jetzt meist zu den Bergwerken gehörigen Fabriken umgearbeitet, teils auch im rohen Zustande als Düngersalze abgegeben. Nahezu sämtliche Kalibergwerke sind zu einem Syndikat vereinigt, welches die auf jedes Werk entfallende Förder- und Lieferungsmenge durch bindende Verträge festsetzt, die Preise der einzelnen Produkte fixiert und auch die Propaganda für Einführung und Verbreitung der Kalidüngemittel durch Beförderung wissenschaftlicher Versuche, wie durch in verschiedenen Ländern errichtete Agenturen betreibt.

Von der gesamten Kalisalzgewinnung finden 16 % in der Industrie und 84 % in der Landwirtschaft Benutzung. Den größten Teil hiervon entnimmt natürlich die deutsche Landwirtschaft. Derselbe betrug:

für 1879 . . .	43 000	tons.
„ 1899 . . .	803 000	„
„ 1905 . . .	1 685 000	„

und da die Verwendung der Kalidüngemittel 1862 bei der Kultur der Zuckerrübe begonnen hat, so gebe ich als Maßstab für den Effekt einer rationellen Düngung die betreffenden Produktionszahlen aus den Jahren 1862 und 1907. Es wurden in Deutschland verarbeitet 1862 an Zuckerrüben: 1 580 000 tons und daraus hergestellt 125 000 tons Zucker, mithin verbraucht für 1 tons Zucker: 12,5 tons Rüben. Ausfuhr von Zucker fand damals nicht statt, vielmehr noch ein geringer Jmport von etwa 9000 tons. Jm Betriebsjahr 1907 wurden dagegen verarbeitet: 14 186 000 tons Zuckerrüben und daraus bei einer Ausbeute von 1 ton Zucker aus 6,66 tons Rüben gewonnen: 2 242 000 tons Rohzucker, von welcher Menge 1 103 000 tons zur Ausfuhr gelangten.

Unter den anderen Ländern, welche Kalidüngemittel in großem Maßstabe verwenden, stehen die Vereinigten Staaten an erster Stelle. Auch England und Schottland beziehen große Mengen, während der Verbrauch von Irland noch einer wesentlichen Steigerung fähig ist, da es gerade für seinen Flachsbau und die Kultur seiner weiten Moore von der Kalidüngung den größten Vorteil ziehen würde. Auch auf den Tee- und Kakaoplantagen Ceylons, wie auf den Zuckerrohrfeldern Australiens haben die Kalidüngemittel sich schon einen Platz erobert.

Aus den Angaben, welche ich Ihnen über die Ausdehnung der deutschen Kalilager und über die bereits jetzt so große Zahl der Kalibergwerke gemacht habe, werden Sie entnehmen, daß selbst, wenn an anderen Punkten der Erde nicht so gleiche Ablagerungen gefunden werden sollten, die vorhandenen schon ausreichen, um jedem Bedarf zu genügen. Weniger günstig sind oder waren doch bisher die Verhältnisse betreffs Versorgung der Landwirtschaft mit dem dritten, von dieser gleich dringend benötigten Hilfsmittel, den Stickstoffdüngern. Die zwei dafür zugänglichen größeren Bezugsquellen waren das bei Vergasung bezw. Verkokung der Steinkohle als Nebenprodukt gewonnene schwefelsaure Ammoniak und die auf den Hochebenen Chiles vorhandenen und ausgebeuteten Lager von salpetersaurem Natron (Nitrate of soda). Die Gewinnung des schwefelsauren Ammoniaks aus den Gaswassern wurde Ende der 50er Jahre in England aufgenommen und betrug 1860 etwa 9700 tons. Später wurde auch bei dem Betrieb von Schwelereien, von einzelnen Hochöfen, von Koksöfen und von Generatoren Ammoniak als Nebenprodukt gewonnen, so daß die englische Produktion im Jahre 1906 auf 293 000 tons gestiegen ist. Nächst England lieferte Deutschland, und dieses in erster Reihe aus dem Betriebe der Koksöfen mit 235 000 tons in 1906 die größte Menge schwefelsaures Ammoniak, während alle anderen Industrieländer zusammen nur 190 000 tons produzierten. Obgleich nun die so erfolgreichen Arbeiten von Dr. L u d w i g M o n d , bei welchen gleichzeitige Gewinnung von Kraftgas und von Ammoniak stattfindet, eine stetige Vermehrung der Sulfatproduktion sichern, so darf doch nicht übersehen werden, daß die Ammoniakerzeugung in all diesen Fällen nur in Kombination mit anderen Betrieben möglich ist und daher ungünstige geschäftliche Konjunkturen, wie sie das letzte Jahr brachte, auch eine Verminderung der Ammoniakgewinnung herbeiführen, so daß die Landwirtschaft nicht mit Sicherheit auf eine genügende Versorgung rechnen kann. Da überdies der Bedarf an Stickstoffdüngemitteln rascher stieg als die Erzeugung der Ammoniaksalze, so suchte man Aushilfe dafür in den mächtigen Ablagerungen von Natronsalpeter, welche zwar bereits 1830 an der Westküste Südamerikas auf der chilenischen Hochebene erschlossen waren, bis zum Jahre 1860 jedoch nur für chemische Zwecke Verwendung gefunden hatten. Die Ausfuhr von Chilesalpeter betrug 1860 nur 68 000 tons, stieg bis 1890 auf 1 023 000 tons und bis 1906 auf 1 600 000 tons. Davon gingen nach Europa rund 1 200 000 tons, von welchem Quantum etwa 20 % von der Industrie für Herstellung chemischer Produkte, Explosivstoffe usw. verbraucht wurden, während der gesamte Rest bei der Landwirtschaft Aufnahme und Verwendung fand. Deutschland nimmt sowohl wegen seiner ungünstigen klimatischen Lage, wie für seinen starken Zuckerrübenbau die größte Menge Chilesalpeter auf. Im Jahre 1906 betrug der Import etwa 590 000 tons; dann folgt Frankreich, während der Verbrauch der englischen Landwirtschaft ein geringerer ist. Sehr rasch wächst auch der Salpeterverbrauch der Vereinigten Staaten, welche 1901 erst 177 000 tons, 1906 dagegen schon 364 000 tons importierten. Der Preis des Chilesalpeters, welcher sich in Europa anfangs dieses Jahrhunderts auf 7—8 £ pro Tonne stellte, ist teils infolge erhöhter Gewinnungskosten, teils auch durch Bildung eines Syndikats der Produzenten auf 10 £ pro Tonne erhöht, so daß die europäische Industrie und Landwirtschaft jetzt jährlich etwa 12 000 000 £ dafür aufbringen muß, und da die Notierungen des Chilesalpeters auch diejenigen der anderen Stickstoffdüngemittel mit regulieren, so ist auch für die Preise der Ammoniaksalze eine entsprechende Erhöhung von 10 £ auf 12 £ 10 sh eingetreten. Wurde nun dieser schwere und mit regelmäßig zunehmendem Bedarf stetig wachsende Tribut, den hauptsächlich die Landwirtschaft für ihre Versorgung mit Stickstoffdüngemitteln zu tragen hatte, schon als sehr drückend empfunden, so trat dazu noch die weitere Besorgnis, daß die chilenischen Salpeterlager der Erschöpfung ebenso entgegengehen, wie seiner Zeit die Gewinnungsstätten des Peruguanos. Wenn auch die Gutachten, welche von Sachverständigen über die noch greifbaren Salpetervorräte abgegeben wurden, in weiten Grenzen differieren, so muß doch mit einem Aufhören der Salpeterzufuhr, gleichviel ob dieselbe in 30 oder 50 Jahren eintritt, um so mehr gerechnet werden, als ja schon jetzt die steigenden Preise auf den Verbrauch hemmend und störend wirken. Die Hoffnungen auf Erschließung anderer Salpeterlager sind sehr geringe, da die besonderen klimatischen und geologischen Verhältnisse, deren Zusammenwirken die massenhafte Salpeterbildung in Chile herbeiführte, kaum noch an anderen Punkten gegeben sind.

Angesichts dieser Tatsachen ist es erklärlich, daß eine der höchsten wissenschaftlichen Autoritäten, Sir William Crookes, betreffs der Gefahren, welche der gesamten Menschheit durch einen Mangel der für die Fruchtbarkeit der Felder unentbehrlichen Stickstoffdünger drohen, schon jetzt in gleicher Weise einen Warnruf erschallen läßt, wie dies seiner Zeit Liebig getan hat. Bereits 1897 hat Sir William Crookes rechnungsmäßig festgestellt, daß bei der jetzigen Zunahme der Menschheit deren Bedarf an Nahrungsmitteln, welcher sich namentlich in dem rasch steigenden Weizenkonsum dokumentiert, in 30—40 Jahren nur noch durch entsprechend erhöhte Fruchtbarkeit der Felder genügt werden könne, für welche wiederum vermehrte Stickstoffdüngung erforderlich sei. Aber schon, ehe Sir William Crookes auf die unbedingte Notwendigkeit der Lösung dieser Aufgabe hinwies, hatten zahlreiche Forscher den Weg zu diesem Ziele gesucht.

Seitdem Rutherford 1772 erkannt hatte, daß der größte Teil der Erdatmosphäre aus Stickstoff besteht, hat es nicht an Bemühungen gefehlt, dieses unerschöpfliche Magazin, welches bei einem Gewicht der über 1 ha = $2^1/_2$ Acre ruhenden Luftmenge von 100 000 tons eine Gesamtmenge von rund 4 Trillionen tons Stickstoff repräsentiert, zu erschließen. Schon 1875 hatte Priestley erkannt, daß sich der Luftstickstoff unter dem Einfluß des elektrischen Funkens mit Sauerstoff zu Salpetersäure verbindet, und ebenso war der höhere Salpetersäuregehalt der Atmosphäre nach Gewittern von ihm festgestellt. Die infolge Einwirkung des elektrischen Funkens auf ein Gemisch von Azetylengas und Stickstoff stattfindende Bildung von Zyanwasserstoffsäure wurde 1869 durch Berthelot nachgewiesen.

Fownes und Young, sowie Bunsen und Playfair konstatierten dann die Bildung von Zyan und Ammoniak beim Überleiten von Stickstoff über eine hoch erhitzte Mischung von Kohle und Alkalien, und Marguerite und Sourdeval, sowie später Solvay und namentlich Ludwig Mond machten ausgedehnte Versuche zur technischen Verwertung dieser Reaktion, indem sie Stickstoff über Gemische von Ätzbaryt und Kohle führten, aber die Unmöglichkeit, Apparate zu konstruieren, welche den hierbei erforderlichen hohen Temperaturen genügend Widerstand boten, brachte die Versuche zum Scheitern. Erst die großen Errungenschaften der letzten Jahrzehnte auf dem Gebiet der Elektrizität haben auch die Lösung dieses Problems herbeigeführt; die Erfindung der Dynamomaschine bot das Mittel, elektrische

Ströme zu erzeugen, welche in ihrer Wirkung den elektrischen Entladungen der Atmosphäre nahe kamen, und der von Werner Siemens in Gemeinschaft mit Sir William Siemens konstruierte elektrische Ofen bot dann die Möglichkeit, Hitzgrade und Schmelzwirkungen zu erzielen, die bis dahin unerreichbar waren. Das so gewonnene neue Hilfsmittel wurde von der Wissenschaft und Technik rasch aufgenommen. Von der vielseitigen, unser ganzes Leben umgestaltenden Benutzung der Elektrizität, welche durch die Dynamomaschine herbeigeführt wurde, kann im Rahmen dieses Vortrages nur die Bindung des atmosphärischen Stickstoffes erörtert werden. Es lag nahe, daß man in dieser Richtung, die längst erkannte Reaktion aufnehmend, zunächst den Versuch machte, die in der Luft enthaltenen Elemente Sauerstoff und Stickstoff durch in allen Formen variierende elektrische Entladungen direkt zu Salpetersäure zu vereinigen. Aber die Erwartungen, welche an das Gelingen der am Niagara von der Atmospheric Products Company wie auch an anderen Orten angestellten Versuche geknüpft wurden, erfüllten sich nicht so schnell. Erst das im Anschluß an frühere Arbeiten von Siemens u. Halske vor nunmehr etwa 5 Jahren von Birkeland und Eyde gefundene und seitdem durch die Arbeiten von Schönherr im Verein mit der Badischen Anilin- und Sodafabrik weiter entwickelte Verfahren hat hierfür einen brauchbaren Weg erschlossen. Wie so oft in der Industrie, hatte sich aber ein anscheinend längerer und mühsamerer Weg als gangbar und rascher zum Ziele führend erwiesen.

Im Jahre 1894 wurde die technische Welt durch die von Moissan und von Willson gemachte Erfindung der Massenherstellung von Kalziumkarbid im elektrischen Ofen in Erstaunen gesetzt. Das so erzeugte Produkt fand zunächst Verwendung zur Herstellung von Azetylengas. Eingehende Studien, welche ich gleich nach dem Bekanntwerden von Moissans Arbeiten über das Kalziumkarbid und das ihm gleichartige Bariumkarbid anstellte, ließen mich aber erkennen, daß dieselben Eigenschaften hatten, welche sie noch für andere Zwecke als zur Azetylenbeleuchtung geeignet machten. Unter Hinblick auf die früheren Versuche von Marguerite und Sourdeval und namentlich auf die von Ludwig Mond gelangte ich zu der Erwägung, ob bei diesen letzteren der Bindung des Stickstoffes und der Entstehung von Zyan und anderen Stickstoffverbindungen nicht auch die Bildung von Karbiden vorangehen könne. Im Gegensatz zu Moissan, der eine Aufnahmefähigkeit der Karbide für Stickstoff nicht gefunden hatte, wies ich bereits in einem, anfangs des Jahres 1895 in den Verhandlungen des Vereins für Gewerbefleiß publizierten Vortrage auf die Möglichkeit hin, mit Hilfe der Karbide auch Zyanverbindungen, Amide und eventl. auch kompliziertere Stickstoffverbindungen zu gewinnen. Versuche, welche ich im Verein mit meinem jüngeren Mitarbeiter Dr. N. Caro anfangs 1895 ausführte, ergaben sowohl bei Kalziumkarbid, noch mehr aber bei Bariumkarbid so günstige Resultate, daß wir bereits Ende März 1895 Patente zur Bindung von Luftstickstoff durch Karbide der Alkalien und Erden anmelden konnten. So rasch und befriedigend jedoch dieser erste Erfolg gewonnen war, so mühsam gestaltete sich der weitere Ausbau der Sache. Behufs der erforderlichen Durchführung der Arbeit im großen technischen Maßstabe traten wir mit der weltbekannten Firma Siemens & Halske in Verbindung, welche auch bereits seit längerer Zeit dem Problem der Stickstoffgewinnung ihre Aufmerksamkeit zugewandt hatte und unsere Sache durch ihre großen technischen Hilfsmittel, wie durch ihre wissenschaftliche Mitarbeit wesentlich förderte. Unter Beteiligung Dritter wurde für die große Ausgaben erfordernde Durchführung der Arbeiten dann eine Gesellschaft errichtet, welche die Firma „Cyanid" führte und auf die auch alle bis dahin, wie die später genommenen Patente übergingen.

In der Mitte der 90er Jahre war durch den damals neu eingeführten Mac Arthur Forest-Prozeß der Goldextraktion mittels Zyanidlösung Nachfrage und Preis für Zyankalium sehr gestiegen, und wir hatten deshalb speziell die Darstellung von Zyaniden und Ferrozyaniden als der wertvolleren Stickstoffverbindungen ins Auge gefaßt. Für diesen Zweck zeigte sich das Bariumkarbid besonders geeignet, da bei diesem die Anlagerung des Stickstoffes glatt erfolgte, indem $BaC_2 + 2N$ ergaben: $BaCy_2$ und das so gewonnene Zyanbarium sich nach einfachen Methoden zu Blutlaugensalz und Zyanalkalien umarbeiten ließ. Weniger günstig erschien zunächst aber das Verhalten des Kalziumkarbides gegen Stickstoff, da hierbei trotz anscheinend starker Absorption nur die Bildung einer sehr geringen Menge von Zyan nachgewiesen werden konnte. Genauere Untersuchungen des Reaktionsproduktes lieferten dann aber das interessante Ergebnis, daß bei Aufnahme des Stickstoffes durch Kalziumkarbid zwar nur geringe Mengen Kalziumzyanid, dagegen unter Abscheidung von 1 Atom Kohlenstoff Kalziumzyanamid gebildet wurde.

$$CaC_2 + 2N = CaCN_2 + C.$$

Obgleich nun die Umwandlung des Kalziumzyanamids in Zyanid technisch wohl möglich ist und von uns jetzt auch in großem Maßstabe ausgeführt wird, bot doch das im Verhältnis zum Bariumkarbid niedrige Atomgewicht, infolgedessen 1 Äquivalent = 64 Kalziumkarbid für Bindung von 2 Atomen = 28 Stickstoff genügen, einen Hinweis darauf, daß mit Hilfe der Kalkverbindung auch die im Handel niedriger bewerteten Stickstoffverbindungen, welche für Düngezwecke benutzt werden, wie Ammoniak usw., direkt aus dem atmosphärischen Stickstoff hergestellt werden könnten. Diese Annahme fand eine weitere Bestätigung, als Versuche ergaben, daß sich der gesamte Stickstoff des Kalziumzyanamids, sowie des daraus rein dargestellten Zyanamids durch Erhitzen mit Wasser unter hohem Druck glatt in Ammoniak umsetzen ließ.

$$CaCN_2 + 3\,H_2O = CaCO_3 + 2\,NH_3 \text{ und}$$
$$CN_2H_2 + 3\,H_2O = 2\,(NH_4)\,CO_3.$$

Damit war nun der langgesuchte Weg zur Massendarstellung von Ammoniak und Ammoniaksalzen aus dem atmosphärischen Stickstoff erschlossen.

Die Betrachtung dieser einfachen Reaktion führte dann aber mein Sohn und Mitarbeiter, Dr. Albert Frank, zu der Schlußfolgerung, daß vielleicht auch das rohe Kalziumzyanamid unter geeigneten Umständen als ein für die Pflanzenernährung direkt brauchbares Düngemittel verwendbar sein könne. Da sich diese Annahme zunächst nur auf theoretische Betrachtungen stützte, konnte der Beweis für ihren praktischen Wert nur durch Vegetationsversuche festgestellt werden. Diese in den Jahren 1901 und 1902 zuerst von Prof. Wagner, Darmstadt, und Prof. Gerlach, Posen, in großer Anzahl und unter mannigfachen Variationen sowohl in Vegetationsgefäßen wie auf dem Acker ausgeführten Versuche lieferten nun das erfreuliche Resultat, daß rohes Kalziumzyanamid mit einem Gehalt von 20 % Stickstoff dem schwefelsauren Ammoniak als gleichwertig zu erachten sei, und ersteres mithin bei entsprechender Anwendung als ein für die Pflanzenkultur brauchbares Stickstoffdüngemittel gelten könne.

Nachdem diese ersten grundlegenden Versuche in den folgenden Jahren von zahlreichen landwirtschaftlichen Versuchsstationen wie auch in der landwirtschaftlichen Praxis mit gleich günstigem

Resultat wiederholt waren, fiel uns nunmehr die technisch wie wissenschaftlich ebenso wichtige Aufgabe zu, die Fabrikation des von uns als „Kalkstickstoff" (Nitrolime) bezeichneten Produkts so auszubilden, daß es als gleichmäßige und marktfähige Ware auch im Preise mit schwefelsaurem Ammoniak und Chilesalpeter konkurrieren konnte. Die nötigen Rohmaterialien, Kalk, Kohle und der atmosphärische Stickstoff, sind zwar überall leicht zugänglich, aber die Gewinnung des reinen Stickstoffes in so großen Massen erforderte neues Studium. Das zuerst von uns angewandte Verfahren der Trennung von Sauerstoff und Stickstoff mittels Überleiten über erhitzte Kupferspäne bot wegen des durch die notwendige Reduktion des gebildeten Oxydes bedingten intermittierenden Betriebes mancherlei Hindernisse, und wir wendeten uns deshalb der von Linde durchgeführten Trennungsmethode der beiden Bestandteile unserer Atmosphäre durch deren Verflüssigung und fraktionierte Destillation zu. Auch hierbei fehlte es nicht an Schwierigkeiten, da für Apparate mit der von uns geforderten Leistung bis zu 300 cbm reinem Stickstoff pro Stunde auch erst Erfahrungen gesammelt und natürlich teuer bezahlt werden mußten.

Im Laufe der letzten Jahre haben wir aber beide Gewinnungsmethoden so ausgebildet, daß sie im Großbetriebe je nach den lokalen Verhältnissen gleich anwendbar sind. Der zweite Rohstoff der Fabrikation von Kalziumzyanamid ist das Kalziumkarbid. 100 kg Kalziumkarbid mit dem Standardgehalt von 80 % können nach der Theorie aufnehmen: 35 kg Stickstoff. Praktisch stellt sich die Absorption auf 25 kg, so daß dabei 125 kg eines Produktes mit 20 % Stickstoffgehalt erzielt werden. Um also 1000 kg = 1 ton Stickstoff zu fixieren, sind 4 ton Kalziumkarbid erforderlich, deren Darstellung natürlich die Grundlage der weiteren Fabrikation bildet. Gut arbeitende Karbidwerke haben jetzt per Kilowattjahr eine Ausbeute von 2 ton Karbid; mithin sind für die zur Bindung von 1 ton Stickstoff nötigen 4 ton Karbid erforderlich: 2 Kilowattjahre = $2^2/_3$ Pferdekraftjahre; dazu kommen für sonstige mechanische Arbeiten usw. noch $^1/_3$ Pferdekraftjahr, mithin in Summa 3 Pferdekraftjahre. Es ist danach ohne weiteres klar, daß die Kosten der elektrischen Energie einen wesentlichen Faktor für die Konkurrenzfähigkeit des neuen Produktes mit den älteren Stickstoffdüngemitteln Ammoniak und Salpeter bilden. Um den Kalkstickstoff mit Erfolg in der Landwirtschaft einzuführen, mußte die Einheit (unit) Stickstoff mindestens ebenso wie in den beiden vorgenannten und womöglich noch unter dem jetzigen Marktpreise geliefert werden.

Da nun die für Gewinnung billiger Energie notwendigen großen Wasserkräfte in Deutschland sehr knapp und nur mit großen Kosten zu erlangen sind, so trat die Zyanid-Gesellschaft mit den Leitern der zur Zeit bedeutendsten italienischen Karbidfabrik in Verbindung und gründete mit derselben unter Überlassung aller Patente die „Societ Generale per la Cianamide" in Rom. Die erste, für den Großbetrieb eingerichtete Fabrikanlage kam dann Ende 1905 in Piano d'Orta unter Benutzung der großen Wasserkräfte der Pescara in Betrieb, und ist deren anfänglich auf 4000 tons eingerichtete Produktion jetzt bereits auf 10 000 tons erhöht. Weitere große Anlagen sind dann in Italien bei Terni in Verbindung mit der dort bereits bestehenden Karbidfabrik und bei San Michele in Val d'Aosta errichtet. Auf der anderen Seite des Adriatischen Meeres, in Sebenico in Dalmatien und in Fiume, namentlich aber in Almissa, woselbst eine Wasserkraft von 50 000 Pferden zur Verfügung steht, sind Fabriken teils im Bau, teils schon in Betrieb. Eine Lizenz für Frankreich ist an die Société française des produits azotés" gegeben, welche in Notre Dame de Briançon eine Anlage für zunächst 4000 tons pro Jahr errichtet hat; in der Schweiz hat die „Société suisse des produits azotés" im Rhonetal jetzt ebenfalls mit der Fabrikation begonnen. In den Vereinigten Staaten von Amerika hat die „American Cyanamide Company" an der kanadischen Seite des Niagarafalls ein Werk zunächst für 5—6000 tons errichtet, welches bei vollem Ausbau 40 000 tons produzieren wird. Weiter führe ich dann noch die jetzt im Bau begriffene japanische Anlage auf den Kiushiu-Islands an, die zunächst für 4000 tons Jahresproduktion errichtet wird.

In England, wo unseren Arbeiten von Anfang an ein großes Interesse entgegengebracht wurde, wurde bereits im Jahre 1906 die unter Leitung von Mr. Albert Vickers, Sir Vincent Caillard und Mr. A. E. Barton stehende North Western Cyanamide Company Ltd. gegründet, welche für ihre Fabrikanlage bei Odda am Hardanger Fjord in Norwegen eine Wasserkraft von 50 000 Pferden von dem Birkeland-Eyde-Concern erwarb und dort die Fabrikation von Kalkstickstoff zunächst für 12 500 tons einrichtete, während deren Ausdehnung auf 50 000 tons vorgesehen ist. In Deutschland wurden wegen des schon erwähnten Mangels billiger Wasserkräfte bisher nur zwei kleinere Fabriken mit Leistungen von 2000 und 6000 tons in Betrieb gesetzt, denen aber jetzt eine dritte hinzutritt, welche in Bayern unter Benutzung der Wasserkraft der Alz für eine Jahresleistung von 15 000 tons errichtet wird. Durch Fertigstellung der hier genannten Anlagen wird zunächst eine Produktion ermöglicht, welche dem Stickstoffgehalt von 250 000 tons Chilesalpeter entspricht.

Der Umstand, daß Deutschland, welches der größte Konsument von Stickstoffdüngern ist, wegen des Fehlens billiger Wasserkräfte auch in Zukunft ebenso auf den Import von Stickstoffdüngern angewiesen bleiben würde, wie dies jetzt für den Chilesalpeter der Fall ist, bot nun aber eine dringende Anregung, andere neue und bisher ungenutzte Kraftquellen zu erschließen, und für diese, auch volkswirtschaftlich so wichtige Aufgabe ist jetzt die Lösung dadurch herbeigeführt, daß wir die großen Energiemagazine, welche in den weiten deutschen Moorgebieten vorhanden sind, mit heranziehen. Dem Studium der Moore hatte ich bereits Mitte der 60er Jahre des vorigen Jahrhunderts meine Aufmerksamkeit zugewendet, als ich dort für die Einführung der Kalidüngemittel tätig, sowie außerdem bei einem dort für Verhüttung der Rasenerze betriebenen Werke interessiert war, und hierbei auch die Schwierigkeiten erkannt, welche der Ausnutzung der mächtigen Torflager entgegenstanden. Als dann in den 90er Jahren die Fortschritte im Ausbau elektrischer Kraftmaschinen die Möglichkeit zu leichterem Transport und zu weiterer Verteilung der gewonnenen Energie boten und daneben für den Prozeß der Stickstoffgewinnung die Beschaffung großer Mengen von elektrischer Energie gefordert wurde, nahm ich mein altes Arbeitsfeld wieder auf. Da ich sowohl aus eigener Erfahrung wie aus den Mißerfolgen anderer gelernt hatte, daß sowohl die physikalische Beschaffenheit des Torfes, wie namentlich sein großer Wassergehalt jede Möglichkeit ausschloß, daraus ein transportables und mit Steinkohle konkurrenzfähiges Brennmaterial herzustellen, so empfahl ich die Anlage großer elektrischer Zentralen mitten im Moor, in welchen der Heizwert des Torfes mit möglichst geringem Aufwand von Arbeitskraft zur Dampferzeugung ausgenutzt werden sollte. Die Entwicklung der Großgasmaschine und die Arbeiten von Dr. L u d w i g M o n d über gleichzeitige Gewinnung von Kraftgas und Ammoniaksalzen im Generatorenbetrieb brachte dann weitere Pläne zur Reife. Wenn es möglich war, die einigermaßen abgetrocknete rohe Torfmasse im Generator zu vergasen und dabei nicht nur ein brauchbares Kraftgas zu erzielen, sondern auch einen größeren Anteil des häufig sehr hohen Stickstoffgehaltes des Torfes in Form von Ammoniaksalzen zu Gute zu machen, so war damit die Aufgabe billiger Kraftgewinnung gelöst. Versuche, welche mit bereitwilligst gewährter Unterstützung des Herrn Mond von meinem Mitarbeiter Dr. Caro auf den Werken der „Power Gas Corporation" in Stockton und Winnington und später auf der Anlage der „Deutschen Mondgas-Gesellschaft" in Westfalen durchgeführt wurden, lieferten nun das sehr günstige Resultat, daß Torf mit einem Wassergehalt von 50—55 % ohne Schwierigkeit vergast werden konnte und dabei neben einem sehr brauchbaren Kraftgas von 1400 Kilokalorien pro cbm noch eine Ausbeute an schwefelsaurem Ammoniak lieferte, welche 75—80 % des im Torf enthaltenen Stickstoffes entspricht. Bei einem im Mai ds. Js. auf der Anlage der „Deutschen Mondgas-Gesellschaft" in Sodingen in Westfalen unter täglicher Verarbeitung von 40 tons nassem Torf durchgeführten längeren Versuch wurden aus je 2 tons Torf mit 50 % Wassergehalt, entsprechend also 1 ton trockenen Torfes, erhalten: 2400 cbm Kraftgas und 38 kg schwefelsaures Ammoniak. Da der Stickstoffgehalt des trockenen Torfes 1,05 % betrug, so repräsentiert diese Ammoniakausbeute etwa 75 % des Gesamtstickstoffes. Bei der Verwendung des gewonnenen Kraftgases in einer größeren Deutzer Gasmaschine wurde der Gasverbrauch pro Pferdekraft und Stunde mit 2,4 cbm ermittelt, so daß, wenn man von der für den Generatorenbetrieb nötigen Dampferzeugung absieht, die aus 1 ton trockenen Torfes gewonnenen 2400 cbm Kraftgas imstande sind, 1000 Pferdekraftstunden zu liefern.

Damit ist für die Herstellung von Kalziumkarbid und von Kalkstickstoff eine Kraftquelle erschlossen, welche selbst mit den billigsten Wasserkräften der Gebirgsländer konkurrieren kann, und da Deutschland 22 000 qkm = 8500 engl. Quadratmeilen Moore besitzt, so kann es auf diesen bisher wenig kultivierten und ziemlich menschenleeren Gebieten nicht nur den für seine Landwirtschaft nötigen Stickstoffdünger selbst erzeugen, sondern auch noch für andere Zwecke der Industrie und der Landwirtschaft, wie für die Transportbetriebe auf Eisenbahnen und Kanälen große Massen Kraft abgeben, während das abgetorfte Land, ebenso wie dies seit Jahren in Holland geschieht, für die Kultur gewonnen wird.

Ich habe über diese, nicht direkt zu meinem Thema gehörigen Arbeiten so eingehend berichtet, weil für Großbritannien ähnliche Verhältnisse, namentlich in den irischen Mooren, gegeben sind. Irland ist im Verhältnis zu seinem Flächeninhalt das an Torflagern reichste Land der Welt; nahe $^1/_7$ desselben = 11 000 qkm entsprechend 4250 engl. Quadratmeilen sind mit Torflagern von einer Güte und Mächtigkeit bedeckt, wie solche in Europa nur sehr selten vorkommen, und auch der Stickstoffgehalt dieser Moore ist teilweise ein sehr günstiger. Die seit Jahren mit Eifer verfolgten Bestrebungen zur Hebung der irischen Landwirtschaft und Industrie können also durch rationelle Ausnutzung der Moore in hohem Maße gefördert werden.

Noch bedeutsamer als für die Bindung des Stickstoffes in Form von Kalziumzyanamid ist aber die Eröffnung großer und billiger Kraftquellen für diejenigen Verfahren, welche aus dem Luftstickstoff mit Hilfe des elektrischen Flammenbogens direkt Salpetersäure und Nitrate erzeugen. Auch dieser Prozeß ist ein rein thermischer, aber während bei der Bindung des Stickstoffes durch Kalziumkarbid Wärme frei wird, der Prozeß also exothermisch verläuft, erfordert die Verbrennung des Stickstoffes mit Sauerstoff eine sehr bedeutende Wärmezufuhr. Der Vorgang ist also ein endothermischer. Infolgedessen ist der Kraftverbrauch bei letzterem wesentlich größer und beträgt nach der Theorie pro Einheit gebundenen Stickstoffes nahezu etwa das $2^8/_{10}$fache, während nach Eydes eigenen Angaben der praktische Verbrauch sogar noch höher ist.

Das hierbei gewonnene Endprodukt, der salpetersaure Kalk, hat sich als ein, bei gleichem Stickstoffgehalt, dem salpetersauren Natron vollkommen ebenbürtiges Düngemittel erwiesen. Eine Schwierigkeit für die Anwendung des neutralen salpetersauren Kalkes erwächst aus der hygroskopischen Beschaffenheit dieses Salzes, und man ist, um dem zu begegnen, gezwungen gewesen, das basische Nitrat, welches in seiner technischen Form nur etwa 11—12 % Stickstoff enthält, zu fabrizieren. Andere Methoden der Salpetersäure-Gewinnung durch Verbrennung von Ammoniak mit Sauerstoff, wobei also durch die Oxydation des Wasserstoffes die nötige Bildungswärme erzeugt wird, sind neuerdings von Prof. Ostwald in Leipzig und von Dr. Caro und mir ausgearbeitet. Diesem Verfahren liegt bei Ostwald die katalytische Wirkung von Platin zu Grunde, während Caro und ich den gleichen Effekt durch Anwendung eines Gemisches von Thorium und Zeroxyd, also den Leuchtkörpern der Auer-Brenner, erzielen.

Die von uns bei den bisher in kleinerem Maßstabe durchgeführten Versuchen gewonnenen Ausbeuten steigen bis zu 85 % des im Ammoniak gebotenen Stickstoffes. Für das Ostwaldsche Verfahren mit Platin sollen bereits große Anlagen errichtet sein, doch fehlen bisher noch Berichte über deren praktisches Ergebnis. Da man nun, wie schon vorher erwähnt, durch Behandeln von Kalkstickstoff mit Wasserdampf unter hohem Druck glatt und mit einer Ausbeute von 98 % reines Ammoniak erzeugen kann, so wäre es immerhin denkbar, daß sich auch dies Verfahren für die Salpetersäuredarstellung zu einem brauchbaren und konkurrenzfähigen entwickelt; vorläufig wird die Ammoniakgewinnung aus Kalkstickstoff nur in der Fabrik in Piano d'Orta für Darstellung von schwefelsaurem Ammoniak im großen verwertet. Im übrigen beruht auch die düngende Wirkung des Kalkstickstoffes auf der aber erst im Boden erfolgenden Umwandlung des Amides in Salpetersäure, und zwar erfolgt dieser Nitrifikationsprozeß nach den Forschungen von Löhnis und Perotti durch bestimmte Bakterien, welche sich in allen humushaltigen Böden reichlich vorfinden. Das der Landwirtschaft gelieferte Kalziumzyanamid enthält im Mittel 20—21 % Stickstoff und 40—42 % Kalzium, entsprechend 56—59 % Ätzkalk, sowie 17—18 % Kohlenstoff neben einigen, aus dem rohen Karbid herrührenden Beimischungen von Kieselsäure, Ton, Spuren von Phosphorsäure usw. Wird dies Material mit der Ackererde vermischt, so findet unter Einwirkung der im Boden enthaltenen Kohlensäure und Feuchtigkeit zunächst eine Zerlegung des Kalziumzyanamids in kohlensauren Kalk und freies Zyanamid statt, welches letztere dann unter Aufnahme von Wasser wahrscheinlich in Harnstoff übergeht:

$$CN_2H_2 + H_2O = NH_4N_2O,$$

aus welchem letzteren dann in bekannter Weise Ammoniak und durch die Nitrifikation Salpetersäure gebildet wird. Eine vollkommene Klarheit über den Verlauf dieses Umwandlungsprozesses ist noch nicht gewonnen, doch wird von allen Seiten als Endprodukt desselben die Salpetersäurebildung anerkannt; während also Natriumnitrat und Kalknitrat der Pflanze die Salpetersäure fertig bieten, muß diese aus dem Kalkstickstoff erst ebenso im Boden gebildet werden, wie das bei Ammoniaksalzen und stickstoffhaltigem tierischen Dünger der Fall ist, und in dieser Differenz liegt auch die Gewähr, daß beide Formen der Stickstoffdüngung, also die Nitrate wie die Amide, auch in Zukunft mit- und nebeneinander ihre Anwendung finden werden. Salpeter wird man stets, namentlich in Form von Kopfdüngung (head dressing), dort gebrauchen, wo es sich um eine schnelle Nachhilfe für die Vegetation handelt, also besonders im Frühjahr, während Kalkstickstoff vor der Aussaat in den Boden gebracht werden muß, um seine volle und dem schwefelsauren Ammoniak durchaus ebenbürtige Wirkung zu zeigen, dann aber noch den Vorteil bietet, daß seine Zersetzungsprodukte vom Boden absorbiert und festgehalten werden, wogegen die Nitrate in nassen Jahren durch das Regenwasser ausgewaschen und fortgeführt werden. Es ist wohl selbstverständlich, daß erst eine längere Anwendung in der Praxis die vorteilhaftesten Vorbedingungen für die Anwendung des neuen Düngemittels auf den verschiedenen Böden und bei den verschiedenen Kulturen liefern kann; die gleiche Erfahrung habe ich seiner Zeit bei Einführung der Kalidüngemittel gemacht, deren hoher Chlorgehalt anfangs auch als bedenklich angesehen wurde.

Den hier vereinigten Kollegen, welche nicht direkt zu der Landwirtschaft Beziehungen haben, sondern sich anderen Zweigen chemischer Forschung widmen, möchte ich nur noch mit wenigen Worten über einige andere Anwendungen berichten, welche aus dem Prozeß der Stickstoffbindung durch Karbide bisher hervorgegangen und entwickelt sind.

In vorderster Reihe nenne ich hierbei unser erstes Ziel, die Herstellung von Zyaniden, für deren Fabrikation in Form von Kalium- und Natriumzyanid jetzt unter der Firma „Stickstoffwerke" eine große Anlage bei Charlottenburg errichtet ist. Der Umstand, daß trotz wesentlich gesteigerter Anwendung des Zyanidprozesses, der ja jetzt auch mit Erfolg auf die Extraktion von Silber aus refraktären Erzen resp. zum Ersatz des alten mexikanischen Patioprozesses ausgedehnt wurde, der Marktpreis des Zyankaliums stark gefallen ist, hat unseren Chemikern Anregung gegeben, durch einfaches Zusammenschmelzen von Kalkstickstoff mit Kochsalz, bei welchem Prozeß unter Aufnahme von Kohlenstoff eine Umwandlung des Zyanamids in Zyanid stattfindet, ein rohes Zyannatrium herzustellen. Die hierbei gewonnene Masse, welche wir als Surrogat bezeichnen, enthält etwa 25 % Zyannatrium und hat sich nach den Versuchen hervorragender englischer Experten als sehr brauchbar für die Extraktion von Gold und Silber erwiesen. Die Herstellung dieses Surrogats kann ohne Schwierigkeit auf den Hüttenwerken selbst durchgeführt werden. In gleicher

Weise wird durch Zusammenschmelzen von Kalkstickstoff mit Flußmitteln ein Material hergestellt, welches als Ersatz des Blutlaugensalzes und sonstiger Härtungsmittel zum Härten von Eisen und Stahl dient und unter dem Namen „Ferrodur" bereits ausgedehnte Verwendung in der Werkzeug-Industrie findet. Weiter dient dann das rohe Kalziumzyanamid für die technische Gewinnung einer größeren Anzahl von organischen Verbindungen. Die Überführung von Zyanamid in Harnstoff, welche ich schon vorher erwähnt habe, bildet auch die Grundlage der in großem Maßstabe durchgeführten technischen Darstellung des letztgenannten Körpers, sowie seiner Sulfoverbindung.

Ein weiteres Produkt ist das durch Polymerisierung des Zyanamids entstehende Dizyandiamid, sowie das Dizyandiamidin und seine Salze. Ebenso werden die Salze und Nitroverbindungen des Guanidins aus Kalkstickstoff gewonnen. Neben dem Verbrauch dieser Körper in der Farbenindustrie erwähne ich noch als besonders interessant ihre Verwendung als kühlender, d. h. die Verbrennungstemperatur herabmindernder Zusatz bei Explosivstoffen und Schießpulvern. Infolge ihres hohen Gehaltes an inertem Stickstoff geben mit derartigen Zusätzen hergestellte Pulver bei der Verbrennung im Geschütz hohe Drucke, während sie abweichend von den zumeist aus Kohlenstoff und Wasserstoff bestehenden anderen Bestandteilen der Explosivstoffe bei der Verbrennung nur geringe Mengen Wärme erzeugen. Es ist namentlich bei Geschützpulvern, welche große Mengen von Nitrozellulose enthalten und durch ihre hohe Verbrennungstemperatur die Züge der Rohre rasch zerstören, von großer Bedeutung.

Von sonstigen organischen Präparaten, für welche das dem Feuer des elektrischen Ofens entstammende Kalziumzyanamid als Ausgangsprodukt dient, will ich hier zum Schluß noch das Kreatin, den wirksamen Bestandteil des Liebigschen Fleischextraktes nennen, welches durch Vereinigung von Sarkosin und Zyanamid künstlich hergestellt werden kann.

Nachdem es der chemischen Forschung gelungen ist, für solche und andere komplexe Verbindungen, wie z. B. Alizarin und Indigo, technische Darstellungsmethoden zu gewinnen, welche die natürlichen Produkte nicht nur ersetzen, sondern teilweise selbst verdrängen konnten, ist es auch häufig ausgesprochen worden, daß wir auf diesem Wege auch dahin gelangen werden, die für die Ernährung der Menschheit nötigen Stoffe, wie Kohlehydrate und selbst Eiweiß, aus ihren Elementen künstlich aufzubauen und uns dadurch von den schwankenden Erträgnissen des Bodens unabhängig zu machen. Wenn ich für meine Person nun auch selbst an die für Zucker bereits erwiesene Möglichkeit solcher Synthesen im chemischen Laboratorium glaube, so hege ich doch starke Zweifel, daß es uns jemals gelingen wird, auf diese Weise mit der naturgemäß gegebenen Gewinnung von Nährstoffen durch die Landwirtschaft wirksam zu konkurrieren. Schließlich beruht ja doch auch die landwirtschaftliche Produktion auf denselben chemischen Gesetzen und Vorgängen, welche wir im Laboratorium und in der Fabrik verwenden, aber die zur Auslösung dieser Vorgänge nötige Energie, welche Sonne, Boden und Atmosphäre dem Landwirt direkt zuführen, wird die Industrie immer erst aus zweiter Hand und damit wesentlich teurer erlangen können, ganz abgesehen davon, daß die Ausnutzung und Verwertung der Energie in dem Organismus der Pflanzen und Tiere eine weit vollkommnere ist als in den Apparaten der Chemiker.

Wirtschaftlich werden wir also am weitesten kommen, wenn wir dafür Sorge tragen, das Wachstum unserer Nährpflanzen durch Zuführung derjenigen Stoffe zu fördern und zu vermehren, welche ihnen der Boden in nicht mehr ausreichendem Maße bietet.

Die alten Worte von Dean Swift: „The man who makes two ears of corn or two blades of grass to grow where only one grew before is a great benefactor to his country“ [1]) und in Ergänzung dazu der neuere Ausspruch des Marquis of Salisbury: „If farmers would only manure their land with brains, as the painter mixed his paints, there would be much less heard about agricultural depression“ [2]) sind und bleiben die praktischen Richtlinien für die Beziehung der chemischen Industrie zur Landwirtschaft.

[1]) „Ein Mann, welcher das Wachstum von 2 Kornähren oder 2 Grashalmen an einer Stelle bewirkt, welche bisher nur einen einzelnen hervorbrachte, ist ein großer Wohltäter seines Landes.“

[2]) „Wenn die Landwirte ihre Felder nur mit derselben Überlegung düngen wollten, mit welcher der Maler beim Auftragen seiner Farben Licht und Schatten verteilt, so würden wir weniger von landwirtschaftlichen Notständen hören.“

II. Volksernährung und Landwirtschaft in der Kriegszeit.

Von Geh. Reg.-Rat Professor Dr. A. Frank, Charlottenburg.
Aus der Zeitschrift „Technik und Wirtschaft" 1915, Januarheft.

In dem uns aufgezwungenen Kampfe für die höchsten geistigen und materiellen Güter Deutschlands hat nicht nur unser Volk in Waffen, sondern auch jeder im bürgerlichen Leben und Beruf Stehende alle Kraft und alles Wissen für Sicherung, Erhaltung und Mehrung des bisher Erreichten einzusetzen. Wenn wir uns angesichts der an Zahl übermächtigen Gegner auch keineswegs verhehlen, daß es trotz der bisher von uns im Kampf erzielten großen Erfolge noch langen Ringens bedarf, um zu dem gewollten und sicher erwarteten Ziel eines dauernden und ehrenvollen Friedens zu gelangen, so ist es gerade deshalb geboten, nicht nur die uns zur Verfügung stehenden Kräfte und Hilfsmittel kühl und besonnen abzuschätzen und richtig einzuteilen, sondern auch da, wo es das Gemeinwohl erfordert, durch Verzicht auf bisher gewohnte kleinere aber nicht unbedingt notwendige Lebensbedürfnisse das eigene Behagen dem öffentlichen Wohl unterzuordnen.

Gerade in Deutschland können wir solche vorübergehenden Opfer um so leichter bringen, als besonders bei uns die innige Verbindung der Wissenschaft mit Technik und Landbau die sichere Gewähr bietet, daß, wie ein zeitweise auftretender Mangel für uns stets die beste Anregung zur Erschließung neuer Hilfsmittel gewesen ist, Gleiches auch in Zukunft zu erwarten sein wird.

Nachdem über die in dieser Richtung von der Industrie eingeschlagenen Wege bereits berichtet ist (vgl. H. Großmann, Die deutsche chemische Industrie und der europäische Krieg, in der Monatsschrift „Technik und Wirtschaft", 1914, S. 817), sollen im nachfolgenden in kurzen Zügen die Hilfsmittel besprochen werden, die der deutschen Landwirtschaft und der für sie tätigen Technik für die Zeit des großen Kampfes und für die Milderung seiner Folgen zur Verfügung stehen, weil unsere Gegner gerade hier mit einem unserer Volksernährung und damit unserem gesamten Wirtschaftsleben drohenden Mangel rechnen.

Bei seiner Begründung im Jahre 1871 hatte das neue Deutsche Reich auf einer Gesamtfläche von 540 596 qkm eine Einwohnerzahl von rund 41 Millionen. Diese Einwohnerzahl hat sich bei unveränderter Bodenfläche dank der durch friedliche und fleißige

Arbeit geförderten Entwicklung von Industrie und Landwirtschaft bis zum Jahre 1913 auf 67 Millionen, also um rund 63 v. H. erhöht. Während nun aber der für Ackerbau nebst Garten- und Weinbau in Anspruch genommene Anteil von 48,8 v. H. des deutschen Landgebietes durch Neukulturen kaum wesentlich vergrößert worden ist, hat sich dank der Mitwirkung der deutschen Wissenschaft und namentlich dank Liebigs unsterblichen Forschungen und der verständnisvollen Anwendung, die unsere deutschen Landwirte sowohl im Großgrundbesitz, wie im Bauernstande davon machten, der Ertrag unserer Felder nahezu in gleichem Maße wie die Bevölkerungszahl gesteigert.

Nach den von Dr. Kubierschky bei der Versammlung des Vereins deutscher Chemiker in Breslau 1913 auf Grund der erst aus den letzten drei Jahrzehnten vorliegenden genauen statistischen Erhebungen gemachten Mitteilungen stellte sich der durchschnittliche Ernteertrag, bezogen auf 1 ha,

für Weizen	im Jahre 1879	auf 9,3 dz,		
„ „	„ „ 1908	„ 16,3 „ ,	also rd. 75 v. H. höher	
„ Roggen	„ „ 1879	„ 12,6 „ ,		
„ „	„ „ 1908	„ 19,8 „ ,	also rd. 60 v. H. höher	
„ Gerste	„ „ 1879	„ 12,9 „ ,		
„ „	„ „ 1908	„ 18,9 „ ,	also rd. 46,5 v. H. höher	
„ Hafer	„ „ 1879	„ 10,9 „ ,		
„ „	„ „ 1908	„ 18,2 „ ,	also rd. 67 v. H. höher,	

und in gleich günstigem Verhältnis haben sich die Erträge bei Hackfrüchten, Futterkräutern und Wiesen gesteigert.

Schritthaltend mit der Erhöhung der Ernten und mit der zunehmenden Nachfrage stiegen auch die Viehbestände, deren Zählung

im Jahre 1873	15,777	Mill. Schweine
„ „ 1912	20,159	
„ „ 1873	7,714	
„ „ 1907	23,140	Mill. Schweine
„ „ 1912	21,885	
„ „ 1913	25,000	

ergab, wobei noch die durch Verbesserung der Rassen und der Fütterung erhöhte Menge und Güte des Fleisches außer Betracht gelassen ist.

Wenn nun auch die erhöhte Erzeugung an Brotfrüchten mit dem mit der Bevölkerungszunahme wachsenden Bedarf ungefähr Schritt hielt, so war es doch nicht möglich, auch die bei so starker Vermehrung der Viehbestände nötige Gewinnung von Futtermitteln so rasch zu steigern, und infolgedessen stellte sich namentlich in den letzten beiden Jahrzehnten die Notwendigkeit heraus, hierfür große Massen von Futterstoffen vom Ausland einzuführen. Nach einer Schätzung der Deutschen Landwirtschafts-Gesellschaft stellt sich der Gesamtwert der für Erhaltung des deutschen Viehstandes nötigen Futtermittel auf 6 Milliarden Mark, und von dieser Summe haben wir reichlich 1 Milliarde für die Einfuhr von Futtermitteln an das Ausland zu entrichten. Von den Hauptzahlen dieser Einfuhr führe ich nach dem Jahresbericht der Handelskammer von Berlin sowie nach den Angaben der Deutschen Landwirtschafts-Gesellschaft an, daß für das vergangene Jahr 1913 die Menge der Einfuhr von wesentlich zur Viehfütterung benutzten Rohstoffen betrug:

Futtergerste	30,87	Millionen	dz
Kleie	14,14	"	"
Mais	9,186	"	"
Reisabfälle, Erbsen, Futterbohnen usw. .	9	"	"
Ölkuchen	7,9	"	"

Hierzu kommt noch die Menge der aus eingeführten Ölsaaten gewonnenen Ölkuchen mit rd. 7 Mill. dz.

Da uns diese und andere Zufuhren durch die Schließung der feindlichen Grenzen oder durch Hemmung der Seeschiffahrt nahezu abgeschnitten sind, so ist es ein besonders glücklicher Umstand, daß die letzte deutsche Kartoffelernte, wenn auch nicht ganz so reichlich wie die vorjährige von 540 Mill. dz, doch bei einem Ertrage von 470 Mill. dz den zehnjährigen Durchschnitt Deutschlands von 448 Mill. dz noch um 22 Mill. übersteigt. Von unserer letzten Ernte sind nun für den nächstjährigen stark zu erhöhenden Kartoffelanbau 90 Mill. dz gegenüber der sonstigen etwa 70 Mill. dz betragenden Saatmenge zurückzubehalten. Von den dann verbleibenden 380 Mill. dz entfallen nach normalem Verbrauch für die menschliche Ernährung 130 Mill. dz, für Viehfütterung 163 Mill. dz, für industrielle Zwecke, wie zur Stärkegewinnung und für die etwas eingeschränkte Spiritusbrennerei 40 Mill. dz, während ein Betrag von 10 v. H. der Gesamternte, also 47 Mill. dz, für den erfahrungsmäßig festgestellten Verlust durch Fäulnis und sonstige Schädigungen angenommen werden muß. Diese für uns unter den jetzigen Verhältnissen sehr empfindliche Einbuße, ebenso wie die nicht minder bedeutsame, welche bei dem stets im Frühjahr eintretenden Zurückgehen des den Hauptnährwert der Kartoffel bildenden Stärkegehalts entsteht, läßt sich aber wesentlich vermindern durch das jetzt bei uns mit aller Energie aufgenommene und von der Staatsregierung auch durch Geldmittel kräftig unterstützte Verfahren der Kartoffeltrocknung. Da Kartoffeln mittlerer Güte durchschnittlich 24 v. H. Trockenbestandteile (wovon 18 bis 19 v. H. auf Stärke kommen) neben 76 v. H. Wasser enthalten, so ergeben 350 bis 400 kg Rohkartoffeln 100 kg Trockenkartoffeln mit einem entsprechend erhöhten Nährwerte, der nach den vielfach angestellten Fütterungsversuchen nicht nur dem der Futtergerste ziemlich gleich kommt, sondern auch namentlich in der sehr appetitlichen Form der Kartoffelflocken einen selbst für die menschliche Ernährung durchaus geeigneten Stoff bietet. Er ist als Zusatz zum Brotbacken ja auch schon jetzt eingeführt.

Nachdem sich die lang empfohlene Herstellung der Trockenkartoffel in jetziger Kriegszeit rasch verbreitet und entwickelt hat, ist auch mit Sicherheit zu erwarten, daß sich diese jüngste landwirtschaftliche Industrie auch in den hoffentlich bald kommenden Friedensjahren in genossenschaftlicher Form immer weiter ausdehnen wird. Hierfür kommt dann noch weiter in Betracht, daß der Anbau der Kartoffeln gerade im östlichen Deutschland und des ferneren auf den jetzt für die Kultur so energisch in Angriff genommenen Moor- und Heidegebieten besonders sicher und lohnend ist, daß ferner in den Torflagern unserer Moore gleich der für die Trocknung nötige Brennstoff gewonnen und damit für die dortigen Kolonisten eine weitere Arbeitsgelegenheit geboten wird.

Von den anderen in großer Anzahl empfohlenen und vielfach bereits erprobten Ersatzstoffen für die uns jetzt entzogenen ausländischen Futtermittel erwähne ich hier nur als den wichtigsten die Zuckerrübe und die verschiedenen Neben- und Abfallerzeugnisse der Rübenzuckererzeugung, wie Trockenschnitzel und zahlreiche unter Zusatz von Melasse hergestellte Futterstoffe. Die von mancher Seite angeregte Einschränkung der Zuckerherstellung auf Gewinnung des ersten Produktes erscheint mir dagegen aus technischen wie aus wirtschaftlichen Gründen wenig empfehlenswert, da hierdurch nicht allein die großen Kapitalien, die in unseren Zuckerfabriken zum Zweck einer wirtschaftlichen Ausnutzung der Stoffe angelegt sind, zinslos gemacht würden, sondern auch weil der fertige Zucker ein viel konzentrierteres und in Verbindung mit anderen für die menschliche Ernährung dienenden Stoffen in weit größerer Ausdehnung direkt assimilierbares Nahrungsmittel ist, während uns von den Zuckerstoffen, die wir zuerst durch den Tierkörper schicken, nur ein mäßiger Bruchteil in Form von Fett usw. zugute kommt.

Als eine jetzt besonders wichtige Aufgabe wissenschaftlicher und technischer Forschung möchte ich hier noch bezeichnen: die Nutzbarmachung der bei der Herstellung der Sulfitzellulose mit den Kochlaugen bisher in der gewaltigen Menge von 6 Mill. dz den Flüssen oft zur großen Belästigung der Anlieger zugeführten organischen, zuckerhaltigen, aus der Interzellularsubstanz des Holzes gebildeten Stoffe. Obgleich die von Stutzer in Königsberg, Lehmann in Göttingen und mir schon seit Jahren angestellten diesbezüglichen Versuche bisher noch zu keinem praktischen Ergebnis geführt haben, lassen die neueren Forschungen von Koenig (Münster) ein solches doch jetzt erhoffen und sind deshalb besonderer Beachtung wert.

Wenn bei dem bisherigen vollen Bedarf für unsere gesteigerte Nutztierhaltung und Ernährung immerhin gewisse Schwierigkeiten zu überwinden sein werden, so liefert uns die Erzeugungs- und Einfuhrstatistik der für die unmittelbare menschliche Nahrung dienenden landwirtschaftlichen Erzeugnisse, also des Brotgetreides, die Gewißheit, daß wir dabei keinerlei Besorgnis Raum zu geben brauchen.

Nach allen vorliegenden Berichten kommt die Menge der diesjährigen deutschen Getreideernte der durchaus befriedigenden vorjährigen gleich. Diese betrug nach statistischen Ermittlungen

für Weizen . . . . . . 46,56 Millionen dz,
„ Roggen . . . . . . 122,224 „ „

An Güte, namentlich hinsichtlich Klebergehalt und Schwere des Kornes, übertrifft aber der Roggen von 1914 noch den vorjährigen.

Im Jahre 1913 wurden nach Deutschland eingeführt 25,4 Mill. dz Weizen, während die deutsche Ausfuhr nur 5,4 Mill. dz Körner sowie 1,946 Mill. dz Weizenmehl, entsprechend 2,432 Mill. dz Körner, also zusammen 7,832 Mill. dz Körner betrug. Günstiger stellt sich das Verhältnis bei unserer Hauptbrotfrucht, dem Roggen, der gegenüber einer Einfuhr von 3,5 Mill. dz eine Ausfuhr von 9,3 Mill. dz Körner und 2,25 Mill. dz Roggenmehl, entsprechend 3 Mill. dz Körner, also zusammen 12,3 Mill. dz Körner betrug, was also einen Überschuß unserer Ausfuhr von 8,8 Mill. dz zeigt. Da im jetzigen Kriegsjahr die Getreideausfuhr verboten ist, so verbleibt nicht nur diese Menge von rund 9 Mill. dz unserer Volksernährung, sondern daneben auch noch die sehr großen Mengen von Roggen, die sonst in der Form von Roggenschrot für Futterzwecke benutzt wurden, eine Verwendung, die jetzt durch besondere gesetzliche Vorschrift für alle mahlfähigen Roggenarten untersagt ist. Weiter ist dann durch die ebenfalls angeordnete bessere Ausmahlung des Kornes eine höhere Ausbeute an Mehl gesichert, die zusammen mit dem schon erwähnten diesjährigen höheren Kleber- und Proteingehalt des Getreides die reichliche Versorgung mit zwar etwas dunklerem, dafür aber auch kräftigerem und nahrhafterem Brot sichert und damit den bei der Weizeneinfuhr entstehenden Ausfall um so befriedigender deckt, als der in den letzten Jahrzehnten sehr rasch gestiegene Bedarf an Weizen nur einem Luxusverbrauch von Weißbrot dient, der ohne Schaden für die Volksernährung und Volksgesundheit eingeschränkt werden kann und soll.

Noch günstiger als für die Brotbeschaffung stellt sich an der Hand der vorher bezüglich der raschen Vermehrung unseres Viehstandes gemachten Angaben die Versorgung der Bevölkerung mit Fleisch.

Nach einer von Geheimrat Professor Rubner, Berlin, in Nr. 40 der Deutschen Medizinischen Wochenschrift veröffentlichten Abhandlung über „Die Volksernährung im Kriege" nimmt Deutschland zurzeit im Fleischverbrauch unter allen europäischen Staaten den höchsten Platz ein. Es beträgt nämlich nach Rubners Angaben der Fleischverbrauch auf den Kopf jährlich

in Deutschland	52,3 kg
„ England	47,6 „
„ Frankreich	33,6 „
„ Belgien und Holland	34,3 „
„ Österreich-Ungarn	29,9 „
„ Rußland	21,6 „
„ Italien	10,4 „

Nicht genug mit dieser für den deutschen Verbrauch ermittelten höchsten Durchschnittszahl ergeben aber die für einzelne Großstädte wie Berlin, München, Nürnberg usw. festgestellten Ziffern, daß dort auf den Kopf (Kinder und Säuglinge eingerechnet) der Fleischverbrauch jährlich sogar 66 bis 74 kg beträgt; neben einem solchen, mit allen Regeln einer vernünftigen und gesunden Ernährung unvereinbaren Überverbrauch geht dann gerade in den Großstädten noch die Verwüstung der Millionenwerte, die in den Küchenabfällen ungenutzt und unbeachtet auf den Müllhaufen gelangen. Allein mit den Küchenabfällen Groß-Berlins von Kartoffeln, Gemüse, von Brot- und Speiseresten, wie Fett, Fleisch und Knochen, könnten nach mäßiger Schätzung jährlich 250 000 Schweine unter Zusatz von etwas Kraftfutter marktfähig großgezogen werden, d. h. also rund 20 v. H. der auf dem Berliner städtischen Schlachthof im Jahre 1913 geschlachteten 1,18 Mill. Schweine, für deren Aufzucht und Mästung wir jetzt ebenfalls die Einfuhr ausländischer Futterstoffe brauchen. Jedenfalls erscheint auf Grund der Rubnerschen Ermittlungen auch ein durch das Fehlen solcher ausländischen Futterstoffe usw. herbeigeführter vorübergehender Rückgang in unserer Mastviehhaltung und in unserem Fleischverbrauch kaum bedenklich.

Als hochwillkommene Ergänzung zum Brot, Fleisch und Fett kommen uns in Deutschland noch die durch das Verbot der Ausfuhr nach feindlichen Ländern zurückgehaltenen und in der Kampagne 1914/15 weiter aufgesammelten großen Vorräte an Rübenzucker bestens zustatten. Von dem im Betriebsjahr 1913/14 gewonnenen rund 27 Mill. dz Rohzucker sind nur 14,5 Mill. dz für den inländischen Bedarf verbraucht worden, während 10,5 Mill. dz zur steuerfreien Ausfuhr ins Ausland, namentlich nach England gelangten, während der Rest hier auf Lager blieb. Die diesjährige gute Rübenernte läßt wiederum einen Ertrag von 26 Mill. dz Rohzucker erwarten, wovon dank der jetzt verfügten Ausfuhrbeschränkung nur der kleine Betrag von 3 bis 4 Mill. dz an das befreundete Ausland abgegeben wird, so daß für den inländischen Bedarf etwa 25 Mill. dz Rohzucker und daneben noch 4 bis 5 Mill. dz Melassen verbleiben.

Die Anschauung, daß Zucker eine Luxusware sei, ist ja dank wissenschaftlicher Forschung und praktischer Erfahrung längst überwunden, aber während in Deutschland der Zuckerverbrauch seit 1870, wo er 5 kg auf den Kopf betrug, bis 1890 auf 10 und bis 1913 auf 21 kg stieg, hat er in England infolge der dort bereits 1847 eingeführten Steuerfreiheit die Höhe von 40 kg pro Kopf erreicht und bildet dort in Form von Fruchtmarmeladen und Jams ein wichtiges Volksnahrungsmittel, das namentlich als billiger Ersatz für Fette voll gewürdigt wird, da 2 kg Zucker in bezug auf Ernährung und Energieleistung dieselbe Wirkung ergeben wie 1 kg Butter. In Berücksichtigung dieses Umstandes wäre meines Erachtens eine Herabsetzung der deutschen Zuckersteuer gerade unter den jetzigen Kriegsverhältnissen wohl ernster Erwägung wert, um so mehr, als bei Beginn des Krieges ja auch die Eingangszölle für andere Nahrungsmittel beseitigt sind und außerdem der von uns bisher für das Ausland gelieferte Zucker ja auch keine Steuereinnahme gebracht hat.

Auch die sehr lästigen und hemmenden Steuervorschriften über die Denaturierung des für Viehfütterung bestimmten Rohzuckers erfordern dringend eine Nachprüfung, und es wäre bei dieser Gelegenheit wohl auch in Betracht zu ziehen, ob derjenige Zucker, welcher zur Herstellung der als Ersatz für Butter und Margarine für die Volksernährung so wertvollen Marmeladen dient, nicht unter gewissen Bedingungen ebenfalls steuerfrei belassen werden könnte. Jedenfalls dürfte es auch unserer Rübenzuckerindustrie nur willkommen sein, wenn sich für ihr Erzeugnis auf dem inländischen Markt dauernd eine volle Verwendung böte, wobei zugleich ein Teil der großen Summen, die wir jetzt für die Einfuhr der zur Margarineherstellung nötigen Fette und Öle an das Ausland zahlen, dem inneren Markt erhalten bliebe.

Wie bei den vorstehend besprochenen wichtigsten Nahrungsmitteln, zeigt eine nähere Prüfung, daß auch die Versorgung mit den übrigen im bürgerlichen Haushalt gewohnten und erwünschten wohl ebenso zu ermöglichen ist, wie im einzelnen Notfall ihr Ersatz durch gleichwertige einheimische Erzeugnisse.

Wenn wir so betreffs des bis zur nächsten Ernte Nötigen bei richtigem Haushalten mit unseren Vorräten durchaus beruhigt sein können, so erfordert eine verständige Voraussicht, daß wir auch alles tun, um die Erträge des deutschen Ackerbaues auch für das kommende Wirtschaftsjahr 1915/16 mindestens auf der bisherigen Höhe oder im entsprechenden Fortschreiten zu erhalten. Die Steigerung unserer Erzeugung innerhalb der letzten vier Jahrzehnte beruht zunächst auf der verbesserten Bodenkultur, die durch tieferes Pflügen usw. größere Mengen des Ackers der Verwitterung und somit dem Pflanzenwachstum erschloß, und weiter auf den durch ausgedehnte Zufuhr künstlicher Düngemittel erhöhten und gesicherten Ernten.

Was nun die diesjährige Ernte wie auch die Herbstbestellung unserer Äcker betrifft, so ist diese nach allen vorliegenden Berichten, ungeachtet der im August eingetretenen Mobilmachung und dank der günstigen Herbstwitterung, in vollkommen normaler Weise vor sich gegangen, und die bisherigen Feststellungen über den Stand der Wintersaaten lauten ebenfalls sehr befriedigend. Auch für das Frühjahr können wir trotz der inzwischen weiter eingetretenen Einberufung zahlreicher Arbeitskräfte gleiches erwarten, da die gerade in den letzten Jahren in ausgedehntem Maß auch bei dem Kleinbetrieb vorgenommene Anschaffung landwirtschaftlicher Maschinen die Ackerbestellung nicht nur an sich erleichtert, sondern dafür auch die Verwendung minder geschulter Kräfte ermöglicht. Als ein besonders glücklicher Umstand kommt hierzu noch die erst der letzten Zeit angehörige, besonders durch Rücksicht auf die Landwirtschaft bedingte Begründung einer großen Anzahl elektrischer Überlandkraftwerke, durch die nun auch Ersatz für den durch den Heeresbedarf etwa hervorgerufenen Mangel an Zugvieh geschaffen werden kann.

Zu der durch verbesserte Kultur erhöhten Leistungsfähigkeit des Ackerbodens tritt aber dann als zweiter und bedeutsamster Umstand noch die Anwendung künstlicher Düngemittel oder Pflanzennährstoffe, von denen als die besonders von der Industrie für diesen Zweck gelieferten hier nur Kali, Phosphorsäure und Stickstoff erörtert werden sollen.

Für Kali hat Deutschland, wie bisher, so hoffentlich auch für die fernere Zukunft das Weltmonopol für die Versorgung der Landwirtschaft. Die deutsche Förderung von Kalisalzen, die im Jahre 1861, als ich die industrielle Ausnutzung der Staßfurter Kalisalze begann, 22930 dz betrug, ist aus den inzwischen neu erschlossenen zahlreichen Kalibergwerken auf rund 116 Mill. dz im Jahre 1913 gestiegen. Von den aus dieser Kalisalzgewinnung erhaltenen Erzeugnissen, die im Jahre 1913 einen Gesamtgehalt von 11,1 Mill. dz Kali (Ka_2O) hatten, wurden an die Industrie geliefert 1,064 Mill. dz Kali, während auf den Verbrauch der Landwirtschaft 10,039 Mill. dz, also rund 91 v. H. der Gesamterzeugung kamen. Davon entfielen

auf Deutschland allein	5 361 000 dz	= rd. 48,3	v. H.
„ die Vereinigten Staaten von Nordamerika	2 316 000 „	= „ 21	„
„ Großbritannien und Irland . .	235 000 „	= „ 2,1	„
„ Frankreich	331 000 „	= „ 4	„

und auf die unserer Ausfuhr auch während des Krieges nicht verschlossenen europäischen Länder, wie Österreich, Schweiz, Schweden, Norwegen, Dänemark, Holland, Belgien und Italien, 1,421 Mill. dz = rund 12,8 v. H. unserer Gesamtgewinnung an Kalierzeugnissen.

Wenn nun auch der deutsche Kalibergbau durch die teilweise eingetretene Hemmung der Ausfuhr, namentlich derjenigen nach den Vereinigten Staaten, eine nicht unbeträchtliche Einbuße erleidet, so ist es hierbei doch ein gewisser Trost, daß die mangelnde Versorgung der Landwirtschaft in solchen Gebieten, denen durch den Krieg die Kalizufuhr zeitweise abgeschnitten ist, dort die Erkenntnis von der Unentbehrlichkeit dieses so wichtigen Pflanzennährstoffes erhöht und dadurch eine Steigerung des Verbrauches für spätere Zeiten vorbereitet und sichert. Innerhalb Deutschlands ist trotz mancher in den ersten Kriegsmonaten unvermeidlichen Störungen des Eisenbahnverkehrs die Versorgung für die Frühjahrsbestellung wohl gesichert, doch wäre es vielleicht eingehender Prüfung wert, ob nicht durch ausgedehntere Verwendung der von der Kaliindustrie hergestellten konzentrierten Kalidüngesalze mit 38 v. H. und höherem Kaligehalt die rechtzeitige Beschaffung und Aufbringung der Kalidüngemittel noch gefördert oder erleichtert werden könnte. Neben der der Landwirtschaft zugute kommenden Ersparnis für Verpackung, Frachten, Abfuhr- und Bestellkosten würde damit auch der Kaliindustrie der Vorteil erwachsen, daß sie ihre bisher für Versorgung der entfernteren und der Ausfuhrgebiete benutzten chemischen Fabriken, die jetzt vielfach still liegen, auch für den inländischen Markt im Betrieb halten, und damit vielen Arbeitskräften wie auch dem Kohlenbergbau usw. Beschäftigung geben könnte.

Während wir nun beim Kali über eigene unerschöpfliche Vorräte verfügen, sind wir bei dem zweiten wichtigen Düngemittel, den Phosphaten, nicht ganz so unabhängig. Wohl hat unsere Landwirtschaft dank der beherrschenden Stellung und Ausdehnung, zu der das basische Stahlgewinnungsverfahren gerade in Deutschland gelangt ist, in der Thomasschlacke wie auch in den freilich etwas minderwertigen Martinschlacken ein besonders für die Phosphatversorgung ärmerer Böden wertvolles Düngemittel gewonnen, dessen Gesamterzeugung sich auf rund 35 Mill. dz beläuft, wovon die Hauptmenge mit 25 Mill. dz in Deutschland verwendet wird. Dagegen sind wir bei der Herstellung der für intensivere Kulturen bisher unentbehrlichen Superphosphate mangels eigener reicher Phosphaterze nahezu vollkommen auf die zumeist überseeische Einfuhr aus Nordamerika, Algier und Tunis und den Inseln des Stillen Ozeans angewiesen, und die Gesamtsumme unserer Einfuhr betrug im Jahre 1913 9,295 Mill. dz.

Auch bei dem zweiten für die Superphosphatherstellung nötigen Hilfsstoff, der Schwefelsäure, sind durch Hemmung der Zufuhr von spanischen, portugiesischen und nordischen Schwefelkiesen Störungen entstanden, die bisher freilich nur in Form der von den Schwefelsäurefabriken erhöhten Preise in die Erscheinung traten. Immerhin ist Abhilfe hierfür durch gesteigerte Förderung von Meggener Kiesen zu schaffen.

Da gerade die Phosphate in Form von Knochenmehl, Knochenasche, sowie von Guano und schließlich von Superphosphaten die älteste Form der künstlichen Düngemittel darstellen, die mit Rücksicht auf ihren lohnenden Erfolg stets sehr reichlich verwandt wurde — in Deutschland durchschnittlich mit 0,8 dz auf 1 ha gegen 0,18 dz in Österreich-Ungarn —, so haben namhafte Agrikulturchemiker bei uns die Ansicht ausgesprochen, daß bei der durch diese dauernde und reichliche Phosphatgabe erzielten Versorgung unserer Äcker die einmalige Beschränkung im Gebrauch des Superphosphats bei der nächsten Frühjahrsbestellung weniger Bedenken habe. Ohne auf die Erörterung dieses immerhin unerwünschten Aushilfsmittels einzugehen, möchte ich hier noch darauf hinweisen, daß sich in den jetzt unter deutscher Herrschaft stehenden belgischen Gebieten in den Bezirken von Lüttich und Hennegau, in letzterem namentlich im Bezirk von Mons, wertvolle Lager von Phosphaten finden, aus denen im Jahre 1907 bereits 2,34 Mill. dz und 1910 3,94 Mill. dz gefördert worden sind. Wenn auch über die folgenden Jahre bis 1913 zuverlässige Angaben nicht vorliegen, so ist eine weitere Erhöhung der Ausbeute doch sicher anzunehmen, wie denn auch die Einfuhr solcher belgischen Phosphate nach Deutschland im Jahre 1912 die Summe von 630 000 dz und 1913 von 534 000 dz erreichte, obgleich diese belgischen Phosphate und Phosphatmergel infolge ihres hohen Gehalts an kohlensaurem Kalk für die Herstellung der in Deutschland beliebteren hochhaltigen Superphosphate weniger geeignet sind, als die bei uns wegen ihres höheren Gehalts an phosphorsaurem Kalk meist benutzten Phosphate. Da die belgischen Phosphatgebiete von Lüttich und Mons infolge des Krieges jetzt unter deutscher Verwaltung stehen, so ließe sich durch Vervollkommnung der bisher sehr einfachen Förderung nicht nur eine erhöhte Gewinnung, sondern auch mittels geeigneter chemischer Verfahren eine Anreicherung des Phosphatgehaltes wohl unschwer erzielen. Ebenso könnte bei der Aufschließung die jetzt teurer gewordene Schwefelsäure teilweise durch Salzsäure ersetzt werden, ein Verfahren, das Ende der 50 er Jahre bei Aufschließung von Knochenkohle von mir und anderen vielfach benutzt wurde und durchaus befriedigende Ergebnisse lieferte. Bei Mangel konzentrierter Salzsäure aus dem Sulfatverfahren ließe sich hierfür elektrolytisch gewonnene Salzsäure, sowie auch die schwächere Säure, die durch Kalzinieren des Chlormagnesiums der Endlauge der Kaliindustrie unter Zuführung von Wasserdampf gewonnen werden kann, mitbenutzen.

Von den Stickstoff-Düngemitteln, die für die Ernährung und Entwicklung vieler unserer Kulturpflanzen außerordentlich wichtig sind, kommen für Deutschland besonders in Betracht: schwefelsaures Ammoniak, Chilesalpeter und neuerdings das als „Kalkstickstoff" bezeichnete Kalziumzyanamid. Beim Ammonsulfat genügte unsere deutsche, im Jahre 1913 rund 5 Mill. dz betragende Gewinnung nicht nur für den eigenen Bedarf, sondern ergab noch einen Überschuß von 400 000 dz für die Ausfuhr, und jedenfalls hat es auch für die diesjährige Herbstbestellung an schwefelsaurem Ammoniak nirgends gemangelt. Dagegen ist wohl seit Beginn des Krieges infolge der Verminderung der die Hauptmenge liefernden Kokereibetriebe ein Rückgang unserer Erzeugung anzunehmen, der sich aber bei der nächsten Frühjahrsbestellung nicht allzu empfindlich geltend machen wird. Weniger günstig erscheint die Lage bei dem zweiten im großen Maß verwendeten Stickstoffdünger, dem Chilesalpeter, für dessen Bezug wir bisher lediglich vom Ausland abhängig waren. Von den im Jahre 1913 aus Chile eingeführten 7,74 Mill. dz im Werte von rund 172 Mill. Mark kommen auf den Verbrauch für die Landwirtschaft rund 6 Mill. dz, während der Rest von 1,75 Mill. für die chemische Industrie und für Sprengstoffe verwandt wird. Da nun die deutsche Landwirtschaft den Chilesalpeter fast ausschließlich im Frühjahr für Kopfdüngung, sowie besonders für den Zuckerrübenbau verbraucht, so wird auch die Hauptverschiffung von der amerikanischen Westküste stets so eingerichtet, daß die großen Mengen, erst im Anfang des Jahres nach Europa gelangend, ohne besondere Ausgaben für Lagerung gleich dem Verbrauch zugeführt werden können, während in den Sommermonaten Juni, Juli und August nur die mäßigen Bestände vorhanden sind, die die Versorgung der Industrie erfordert. Da nun der Ausbruch des Krieges in den Anfang des Augusts fiel und Salpeter ja allgemein als Kriegskonterbande gilt, so konnten die für landwirtschaftliche Zwecke bestimmten Abladungen von der chilenischen Küste, wie auch die schwimmenden Mengen nicht mehr nach den deutschen Häfen gelangen.

So unbequem dieser Mangel besonders für den Zuckerrübenbau ist, so möchte ich aber doch betreffs des letzteren aus eigener Erfahrung darauf hinweisen, daß noch in den 60er Jahren des vorigen Jahrhunderts in vielen Rübenlieferungsverträgen die Verwendung von Chilesalpeter für Rübendüngung neben Guano ohne weiteres verboten war und noch 1890 bei einem Rübenanbau von 333 000 ha die deutsche Gesamteinfuhr von Chilesalpeter für Landwirtschaft und Industrie sich nur auf 2,478 Mill. dz stellte, gegenüber 7,743 Mill. dz bei dem jetzt auch nur auf 546 000 ha erhöhten deutschen Rübenbau. Bei Verteilung auf die gesamte bebaute Ackerfläche von rund 26,37 Mill. ha würden aber auch jetzt nur 23 kg auf 1 ha entfallen.

Die Tatsache, daß sich unsere Böden vor dem Krieg in einem außerordentlich guten Kulturzustande befanden, läßt hoffen, daß die einmalige Verringerung der Stickstoffgabe bei Volldüngung nicht die sonst bei Stickstoffmangel eintretende Minderung der Ernteerträgnisse zur Folge haben wird. Immerhin ist es meines Erachtens die vornehmste Aufgabe der Industrie, für möglichst sofortige Ausnutzung der ihr zur Verfügung stehenden Verfahren zur Herstellung stickstoffhaltiger Düngemittel aus dem unerschöpflichen Stickstoffvorrat der Luft in umfassendstem Maße zu sorgen. Zurzeit haben sich zwei Verfahren als wirtschaftlich anwendbar für Deutschland erwiesen. Das erste ist das Frank-Carosche Kalkstickstoffverfahren, nach dem in drei großen Werken schon jetzt in Deutschland jährlich rund 700 000 dz Kalkstickstoff, im Stickstoffgehalte dem schwefelsauren Ammoniak entsprechend, erzeugt werden. Dieses Verfahren beruht ausschließlich auf der Anwendung im Inland reichlichst vorhandener Rohstoffe (Kalk, Kohlen und Luftstickstoff) und kann wegen des verhältnismäßig geringen Verbrauches an elektrischer Kraft auch den bereits bestehenden Überlandkraftwerken angegliedert werden, um so mehr, als das Verfahren auch die Ausnutzung schwankender Strommengen, sogenannter Spitzen, zuläßt. Das zweite Verfahren ist das Habersche zur Herstellung von schwefelsaurem Ammoniak aus Wasserstoff und Stickstoff auf synthetischem Wege. Auch dieses Verfahren ist bereits im Großbetrieb mit einer Jahreserzeugung von rund 360 000 dz Ammonsulfat. Die Vergrößerung der Gewinnung nach beiden Verfahren ist um so mehr angezeigt und notwendig, als durch beide auch die Möglichkeit geboten ist, das zur Herstellung synthetischer Salpetersäure notwendig reine Ammoniak auf einem von anderen Industrien unabhängigen Wege zu erzeugen. Auf diese Weise bilden die so hergestellten Stoffe gleichzeitig einen sicheren und ausreichenden Rückhalt für die Industrie der Schieß- und Sprengmittel, falls die vorhandenen Salpetervorräte aufgebraucht sein sollten. Dies ist nun um so wichtiger, als die Verfahren zur unmittelbaren Herstellung von Salpetersäure aus der Luft (Lichtbogenverfahren) wegen des sehr großen Verbrauches an elektrischer Energie für Deutschland kaum in Betracht kommen und bei der Begrenzung der in Deutschland verfügbaren Wasserkräfte nur sehr geringe Mengen an Fertigerzeugnissen liefern können.

Die sofortige Errichtung großer deutscher Werke zur Herstellung von Kalkstickstoff und synthetischem Ammoniak wird aber auch über die Kriegszeit hinaus der Landwirtschaft und Industrie dauernd Nutzen bringen, indem sie unsere Landwirtschaft von der Ausbeutung durch die ausländische Spekulation in Salpeter und von dem jährlichen Tribut von 150 bis 170 Mill. Mark, den wir jetzt an Chile zahlen müssen, ebenso befreit, wie vor nunmehr etwa einem Jahrhundert die von Napoleon versuchte Kontinentalsperre den Anlaß gab zu der durch die deutschen Chemiker Achard und Marggraf begründeten Rübenzuckerindustrie, die unter Führung Deutschlands jetzt den Weltmarkt beherrscht.

Wie wir aber heute auf den Schlachtfeldern den Sieg erhoffen können, so dürfen wir auch auf wirtschaftlichen Gebieten dank dem bei uns gepflegten treuen Zusammenwirken von Landwirtschaft, Industrie und Wissenschaft das Gleiche getrost erwarten!

Moorkultur und Torfverwertung.

Mit der Frage der Moorverwertung hat sich Frank viele Jahre seines Lebens hindurch beschäftigt und auch hier durch eigene Arbeiten und durch seine unablässige Propaganda bahnbrechend gewirkt. Auf ihn geht auch in erster Linie die Bewegung zur Schaffung zahlreicher Moorkolonisationen zurück, ferner die Verwendung von Kalisalzen auf den Moorgebieten und die neuere industrielle Entwicklung, die in den Mooren wertvolle Energiequellen erschlossen hat. Besonders bedeutungsvoll erscheinen dabei seine beiden Veröffentlichungen aus den Verhandlungen des Vereins zur Beförderung des Gewerbefleißes und eine kürzere Mitteilung über die Gewinnung von schwefelsaurem Ammoniak und von Kraftgas aus Torf.

I. Ueber die Verwertung der norddeutschen Moore, insbesondere für elektrische Kraftstationen.

Vortrag gehalten im Verein zur Beförderung des Gewerbefleißes am 4. Oktober 1897.

Von Dr. A. Frank.

Unter den verschiedenen fossilen Brennstoffen ist der Torf die jüngste Formation, da seine Bildung noch beständig vorangeht, während bei den anderen mineralischen Brennstoffen, Steinkohle und Braunkohle, eine sichtbare Neubildung nicht mehr stattfindet. Torflager entstehen in unseren nordischen Klimaten überall, wo sich infolge der Gestalt und der Beschaffenheit der Erdoberfläche stagnierendes Wasser ansammeln kann: sei es in niedrig gelegenen Distrikten durch von unten aufstauendes Wasser oder durch Ansammlung in Mulden über einer wasserdichten Erdschicht oder durch Verdichtung atmosphärischen Wassers auf hohem Bergplateau. Unter all diesen Verhältnissen bildet sich eine Vegetation verschiedener Sumpfgewächse, welche allmählich absterbend neues Wachstum ähnlicher Gewächse hervorruft. Unter dem Einfluß der Luft und des Wassers erleidet die abgestorbene Pflanze eine Verwesung und Vermoderung, als deren Folge unter Entwicklung von Gasen (Sumpfgas, Kohlensäure), je nach der Dauer der Zersetzung sich die Struktur der Pflanze mehr und mehr verliert, unter Anreicherung des Kohlenstoffs die Farbe immer dunkler wird und damit die Dichtigkeit zunimmt.

Bei den sehr wechselnden Verhältnissen, unter welchen die Bildung der Torfmoore vor sich geht, zeigen dieselben auch in ihrer Form und Beschaffenheit große Unterschiede, nach denen man sie als Wald-, Wiesen- und Hochmoore bezeichnet. Die Waldmoore, welche in bezug auf ihre Ausdehnung von geringerer Bedeutung sind, bestehen hauptsächlich aus vermoderten Bäumen und anderen Waldgewächsen. Das Wiesen- oder Grünlandsmoor, auch Leegmoor genannt, bildet sich in kalkreichen Gewässern hauptsächlich aus Binsen, Karexarten und Moosen (Sphagnum), während die in kalkarmem, weichem Wasser entstandenen H o c h m o o r e als Hauptbestandteile n e b e n den T o r f m o o s e n im wesentlichen die Reste von Heidekräutern, Erika und Kalluna, sowie Wollkraut, Sonnentau, Sumpfheidelbeere und andere Sumpfpflanzen enthalten; daneben finden sich in den Hochmooren auch zahlreiche Stamm- und Wurzelreste namentlich von Knieholz, zeitweise aber auch von großen Waldbäumen.

Da die Moore aus Pflanzen entstanden sind, welche der jetzigen geologischen Epoche angehören, so geht ihr Wachstum, wie schon oben angedeutet, auch noch jetzt beständig vorwärts, und hat man auf einigen Mooren einen Zuwachs von 0,75 m in 100 Jahren konstatiert, der unter besonders günstigen Verhältnissen in 70 Jahren selbst bis auf 2 m der obersten lockeren Moorschicht steigt. In der Schweiz sind unter mächtigen Moorlagern Pfahlbauten gefunden; während diese aber noch einer prähistorischen Periode angehören, hat man in Ostfriesland in ziemlich bedeutender Tiefe unter dem jetzigen Moor noch vollkommen erhaltene römische Knüppeldämme, sowie zahlreiche römische Münzen und Waffen und selbst ganze, im Moor wohlkonservierte Leichen aufgefunden. Noch in letzter Zeit haben wir dann von der Aufdeckung großer Moorbrücken in Westpreußen Kunde erhalten, welche dort unter mächtigen Torflagern gefunden sind.

Entsprechend dieser allmählichen und fortschreitenden Bildung der Torflager zeigen dieselben von unten nach oben eine sehr verschiedene Zusammensetzung und Beschaffenheit; an der Oberfläche mit lebenden Pflanzen beginnend, folgt darauf eine Schicht von halbvermodertem, hellem und lockerem Torf, in welchem die Struktur der Pflanze noch vollkommen erkennbar ist; darunter befindet sich der schon weiter zersetzte braune Torf und im Tiefsten der schwarze, sogenannte Speck- oder Pechtorf, bei welchem die organische Substanz unter Zerstörung ihrer Form vollständig in Humussubstanz übergeführt ist. Einzelne dieser Pechtorfe zeigen nach ihrer ganzen Zusammensetzung einen direkten Hinweis auf die Bildung der Steinkohle.

Vorkommen und Ausdehnung der Torfmoore sind in den nordischen Ländern sehr bedeutend. Nordamerika, Nordasien und Mitteleuropa sind namentlich reich an großen Torfmooren, und in Europa sind es wiederum Irland, Schweden, Norwegen, die russischen Ostseeprovinzen, Deutschland und Holland, welche besonders große Torfablagerungen bieten. Irland enthält zirka 11000 Quadratkilometer Moore, von denen einzelne, wie das von Allen, eine Mächtigkeit bis 12 m besitzt. Die gesamte Fläche der holländischen Moore, welche aber durch Abbau bereits stark reduziert ist, wurde früher auf 2000 Quadratkilometer geschätzt. In Deutschland, wo sich das Hauptmoorgebiet von der holländischen Grenze bis zum Memel erstreckt, finden sich die ausgedehntesten Lager im Flußgebiete der Ems, deren Moore eine Fläche von 3000 Quadratkilometer bedecken. Davon kommen auf das links der Ems an der holländischen Grenze liegende Bourtanger Moor allein 1400 Quadratkilometer und auf das rechtsemsische Arenbergsche Hümmlingsmoor etwa 1500 Quadratkilometer. Nach Griesebach hat die gesamte Moorfläche der Provinz Hannover von Ems bis Elbe 6600 bis 7000 Quadratkilometer = etwa 130 Quadratmeilen; das Großherzogtum Oldenburg hat 1200 Quadratkilometer. Schleswig-Holstein, Mecklenburg, sowie die Provinzen Brandenburg, Pommern, Posen und Preußen besitzen ebenfalls große Moorflächen, namentlich Ostpreußen hat ausgedehnte Moore, wie z. B. das 113 Quadratkilometer große Moor am Nemonin und Timberfluß. In Süddeutschland finden sich Moore namentlich in den Gebirgstälern und Hochebenen. Hausding schätzt die bayerischen Moore auf 600 bis 700 Quadratkilometer; davon das Dachauer auf 210, das Erding-Freisinger auf 230, das Donaumoor bei Neuburg auf etwa 200 Quadratkilometer; die badischen und württembergischen Moore schätzt er auf etwa 300 Quadratkilometer.

Die Mächtigkeit der Torflager ist eine sehr verschiedene. Im Bourtanger Moor links der Ems beträgt dieselbe durchschnittlich 3 m, steigt aber an einzelnen Punkten bis 8 m an. Im allgemeinen sind die Hochmoore mächtiger, als die Grünlandsmoore, und ist deshalb auch die Torfgewinnung aus ersterem nach Qualität und Quantität eine lohnendere, während die Grünlandsmoore sich durch zweckmäßige Entwässerung und Melioration für den landwirtschaftlichen Betrieb herrichten lassen.

Die Verwendung des Torfes als Brennmaterial ist bereits seit ältesten Zeiten bekannt. Plinius berichtet von den an der Nordseeküste wohnenden Chaucen: „Sie besitzen kein Vieh wie ihre Nachbaren, die sich von dessen Milch nähren; sie liegen der Jagd nicht ob, weil ihr Land den Wäldern und jagdbaren Tieren fern ist. Zum Fischfang flechten sie Netze aus den Binsen ihrer Sümpfe, deren Schlamm sie mit den Händen formen und unter dem trüben Himmel im Winde trocknen. Mit dem Brande dieser Erde kochen sie ihre Speisen und erwärmen die vom Eise des Nordens starrenden Glieder."

Wahrscheinlich hat sich jedoch die Torfbenutzung auf das waldarme Gebiet des Nordens beschränkt und ist erst im 12. bis 13. Jahrhundert durch die bei den damaligen Sturmfluten von der Küste verdrängten Friesen in das holländische Binnengebiet übertragen. In Deutschland hat man sich dem Torf erst zugewandt, als mit der Verwüstung der Wälder der Preis des Brennholzes stieg, und im Jahre 1788 ließ die preußische Regierung holländische Torfgräber nach der Mark Brandenburg kommen, um dort die holländische Methode der Torfgewinnung einzuführen. Während aber später in anderen Ländern durch Eröffnung des Bergbaubetriebes zur Gewinnung von Steinkohlen und Braunkohlen den Konsumenten für Hausbedarf und Industrie ein bequemeres und konzentrierteres Heizmaterial geboten wurde, ist in Holland, dem diese Mineralvorkommen mangeln, der Konsum des Torfes weiter beibehalten und gestiegen und die Torfgewinnung durch die bereits im 17. Jahrhundert begonnene Anlage von Kanälen nach den Moorgebieten und die damit verbundene Gründung der Veenkolonien in ein höchst rationelles System gebracht und namentlich in den letzten 50 Jahren wesentlich ausgedehnt. Hauptsächlich war es die Stadt Groningen, welche durch ihre Lage zur See wie zu den Moorgebieten in dieser Beziehung bahnbrechend wirkte. Mit Eröffnung des Staatskanals wurde das jetzt über das ganze nordöstliche Holland verbreitete System der Veenkanäle und Veenkolonien eingeleitet. Dieses System bietet in seiner Größe und Einfachheit eine nahezu ideale Lösung der schwierigsten volkswirtschaftlichen und landwirtschaftlichen Aufgaben. Durch den Bau der Kanäle in das bis dahin völlig unzugängliche Moorgebiet wurde dieses zunächst entwässert und dadurch für Torfgewinnung und Torftransport erschlossen. Es zeigte sich aber auch bald, daß die abgetorften und trocken gelegten Flächen sich bei entsprechender Bearbeitung und Düngung für die landwirtschaftliche Kultur sehr gut eigneten, und hierauf baute sich ein eigentümlicher Wechselverkehr zwischen Stadt und Land. Das Kanalschiff, welches den Torf zur Stadt und zur Küste bringt, nimmt von dort als Rückfracht den in der Stadt produzierten und für diese lästigen Dünger, Straßenkehricht und andere Abfälle, sowie den in den Häfen und Flußmündungen ausgebaggerten Seeschlick mit, da alle diese Abfallstoffe sich als vorzüglich geeignete Mittel zur Kultivierung des abgetorften Moores bewährt haben; mit ihrer Hilfe sind dann an Stelle der früheren Torflager blühende landwirtschaftliche Betriebe entstanden, und viele Tausende, die als mittellose Arbeiter in das wilde Moor zogen, sind durch Gewinnung des Torfes und durch Verwendung der abgetorften Flächen für den landwirtschaftlichen Betrieb zu wohlhabenden Grundbesitzern geworden. Das ganze System der Kanalanlage ist diesem doppelten Zweck der Torfgewinnung und Landeskultur vorzüglich angepaßt. Im rechten Winkel von dem Hauptkanal ausgehend werden ebenfalls schiffbare Nebenkanäle, die sogenannten Inwieken, in das Moor geführt, derart, daß zwischen 2 Inwieken immer ein Kolonat liegt; hierdurch wird die Entwässerung des Moores wesentlich beschleunigt und die Arbeit der Torfgewinnung, wie der darauf folgende landwirtschaftliche Betrieb verbilligt und vereinfacht, da aus dem von der Stadt zurückkehrenden Torfschiff der als Rückfracht mitgebrachte Dünger direkt und mit den geringsten Kosten auf die damit zu meliorierende abgetorfte Landfläche geschafft werden kann. Die Größe der einzelnen Kolonate ist so gewählt, daß sie der Arbeits- und Kapitalskraft einer Kolonistenfamilie entspricht. Ist mit dem Bau der Inwieke ein Kolonat der vorgesehenen Ausdehnung geschaffen, so werden diese Inwieken wieder durch einen dem Hauptkanal parallelen Querkanal, die Achter- oder Hinterwieke, verbunden, von welchem aus dann wieder neue Inwieken in das dahinter liegende Moor geführt werden. Um den Verkehr und den Wohlstand weiter zu erleichtern und zu fördern und nicht bloß von der immerhin langsamen Kanalschiffahrt abhängig zu machen, tragen die Holländer auch stets Sorge für gute, neben den Hauptkanälen hinlaufende Chausseen, und bei den einzelnen Veenanlagen, wie z. B. Veendam, Wildervank, Dedemsvaart sind 2 Kanäle parallel nebeneinander gelegt und der dazwischen verbleibende Landstreifen so breit gewählt, daß darauf neben der in der Mitte liegenden Chaussee noch ausreichende Bauplätze für Hausgrundstücke bleiben, welche von Handwerkern, Arbeitern und anderen für die Bedürfnisse der Kolonie tätigen Geschäftsleuten mit Vorliebe erworben werden.

Nach dem Vorbilde der holländischen Veenen sind dann auch auf deutscher Seite einige Veenanlagen geschaffen, so bei Papenburg, Großefehn, Rhauderfehn, sowie die im Großherzogtum Oldenburg belegene Augustfehn. Diese deutschen Veenanlagen laborieren jedoch fast alle an dem Mangel genügenden Kapitals bei der Anlage wie auch an dem Mangel von Absatz für ihren Torf, wodurch ihnen auch andererseits die Möglichkeit genommen ist, den zur Melioration des abgetorften Landes nötigen Dünger in ähnlicher Weise aus den Städten zu beziehen, wie dies in Holland geschieht. Während die Holländer zunächst dafür Sorge tragen, auf dem Hauptkanal eine durchgehende Verbindung zu schaffen, laufen die deutschen Veenkanäle meist im wilden Moor tot aus, so daß sich die an deren Ende belegenen Kolonate, denen auch eine gute Landverbindung fehlt, nur langsam entwickeln können.

Mit welcher Energie man auf diesem Gebiet in Holland vorangeht, zeigt eine von W o r t m a n n in der 1897 erschienenen Festschrift des holländischen Ingenieurvereins gegebene Aufstellung. Danach sind dort in den letzten 50 Jahren zirka 360 km Hauptschiffahrtskanäle und zirka 700 km Moorkanäle mit einem Kostenaufwand von 11 328 000 Gulden = 19 250 000 Mark gebaut, sowie für Verbesserung, Verbreiterung und Vertiefung älterer Kanäle weitere 11 200 000 Gulden = 19 000 000 Mark verausgabt; hierzu hat der Staat 7 229 000 Gulden und die Provinzen 10 923 000 Gulden beigetragen und haben sich letztere außerdem mit 854 000 Gulden durch Entnahme von Aktien beteiligt, während der Rest von Privaten aufgebracht wurde. In dem Gesamtbetrag von 22 500 000 Gulden = rund 38 250 000 Mark sind die Kosten der Reparaturen und Erhaltung nicht mit einbegriffen. Die durch Kanalabgabe usw. aufgebrachte direkte Verzinsung des Baukapitals ist eine äußerst niedrige und erreicht im Durchschnitt kaum 1 %;

trotzdem geht man mit dem Ausbau und der Verbesserung der Veenkanäle, welche jetzt einschließlich der schiffbaren Inwieken und Achterwieken bereits eine Länge von 4000 Kilometern erreicht haben, rüstig voran, da der indirekte Nutzen, welcher durch Vermehrung des Verkehrs, Ausnutzung der Moore und Gewinnung neuer Flächen für innere Kolonisation geschaffen wird, den geringen Zinsertrag reichlich kompensiert. Für die Torfgewinnung werden jetzt in Holland jährlich 10 Millionen Kubikmeter ausgetorft und damit zugleich eine Fläche von 400 Hektar Kulturland gewonnen. Die Schiffsbewegung für den Transport des Torfes erfordert 30 000 Schiffsladungen. Emmen in der Provinz Drenthe, welches zur Zeit der Hauptplatz für die Torfgewinnung ist, hatte 1852 eine Einwohnerzahl von 2800 Seelen, welche 1897 auf 17 300 gestiegen war. Neben der so bedeutenden Torfgewinnung hat aber auch in den letzten Jahrzehnten und namentlich seit Einführung des Thomasstahlverfahrens die Förderung der in den Mooren sich findenden Lager von Rasenerzen und deren Versendung an die deutschen Hüttenwerke den Moorgebieten reiche Erträge gebracht.

Wendet man nun von dieser Stätte rüstigen Schaffens den Blick nach Osten, auf die angrenzenden deutschen Moorgebiete links der Ems, so ist das Bild ein weniger erfreuliches. Griesebach berichtet in seiner 1846 erschienenen Abhandlung über die Bildung des Torfes in den Emsmooren: „An der hannoversch-holländischen Grenze zwischen Hesepertwist und Rütenbrook, das Moor von Bourtange überschreitend, habe ich einen Punkt besucht, wo wie auf hohem Meere der ebene Boden am Horizont von einer reinen Kreislinie umschlossen wird und kein Baum, kein Strauch, keine Hütte, kein Gegenstand von eines Kindes Höhe auf der scheinbar unendlichen Einöde sich abgrenzte. Auch die entlegenen Ansiedelungen, die, in Birkengehölzen verborgen, lange Zeit noch wie blaue Inseln in der Ferne erschienen, sinken zuletzt unter diesen freien Horizont herab. Dieses Schauspiel auf festem Boden ohne seinesgleichen, überallhin auf abgerundete Heide, Rasen und über den Schlamm gesellig schwebende Cyperazeen das Auge einschränkend, zugleich seltsam das Gemüt mit der Gewalt des Schrankenlosen ergreifend, versetzt uns in ursprüngliche Naturzustände, wo eine organische, jedoch einförmige Kraft, alles überwältigend, gewirkt hat. — Es ist das Gebiet der größten zusammenhängenden Ansammlungen von Torfsubstanz, welche Deutschland besitzt. Man kann diese organische Masse, welche das zwischen der ostfriesischen Geest und dem Hümmling, von der Hunte bis zu den Marschen am Dollart, ausgedehnte Becken ausfüllt auf 50—60 geographische Quadratmeilen Oberfläche schätzen." — Gleiche Eindrücke wie sie hier Griesebach schildert, habe ich bei meinen Wanderungen in den Emsmooren in den 60er und 70er Jahren empfangen und dieses Gefühl weltfremder Öde und Verlassenheit schwindet kaum, wenn man die einzelnen im Moor verstreuten Ansiedlungen der Kolonisten aufsucht, bei denen Not und Hunger ständige Gäste sind. Da diese schwach bevölkerten Moorgebiete derzeit mangels der Kanäle ganz vom Verkehr abgeschlossen waren, so fehlte auch dort die Möglichkeit, dem Landbau durch Zufuhr von Düngemitteln aufzuhelfen, und hat daher eine eigentümliche Form der Bestellung, die sogenannte Brandkultur, Platz gegriffen, welche Anfangs des vorigen Jahrhunderts von einem holländischen Geistlichen in Wildervank eingeführt wurde. Um den an mineralischen Nährstoffen armen Moorboden mangels anderer Düngemittel für den Pflanzenbau anzureichern, und zugleich die darin enthaltenen Humussäuren zu zerstören, wird dessen oberste Kruste durch Brennen in Asche verwandelt und in diese der fast als einzige Frucht gebaute Buchweizen ausgesät. Diese an sich schon höchst bedenkliche Kulturmethode zieht aber durch den beim Brennen des Moores entstehenden Moorrauch oder Haarrauch weite Gebiete des nordwestlichen Deutschlands in Mitleidenschaft; gerade in der schönsten Frühlingszeit, im Mai, beginnt das Moorbrennen, welches in Ostfriesland allein eine Fläche von 8—10 000 Hektaren umfaßt und dann erhebt sich langsam am westlichen Horizont ein weißer, gelblichgrauer Nebel, der sich allmählich wie ein Schleier über die Gegend legt. Die Sonne wird verdüstert, die grünen Farben von Wald und Feld nehmen einen fahlen Schein an, ein häßlicher, brenzlicher Geruch läßt sich spüren, der die Brust beklemmt und das Gemüt bedrückt. Am meisten hat Hannover, Westfalen und Rheinland unter dieser unleidlichen Erscheinung zu leiden, wenngleich nicht selten der Wind den garstigen Dunst bis an die Weichsel und an die Alpen treibt. Aber auch den Schöpfern dieser Landplage, den Moorkolonisten selbst, bringt diese Art der Kultur nur wenig dauernden Nutzen, da sie durch Abbrennen geschaffene Ertragsfähigkeit des Bodens nur kurze Zeit anhält. Nach 6—7 Jahren muß das Land behufs Bildung einer neuen Humusschicht wieder mindestens 15—20 Jahre brach liegen und nach mehreren solcher Brennperioden regeneriert sich die Humusschicht überhaupt nicht mehr und es bleibt nur eine öde Fläche von unfruchtbarem Wehsand zurück. Wohl ging früher bei den Moorkolonisten die Rede: „Een Tunnerpot und twee gesunde arm mehr brukt een nich." Und so lange noch freies Moorgebiet vorhanden war, welches man ohne große Mühe an Stelle des totgebrannten aufnehmen konnte, mochte auch eine solche quasi nomadische wirtschaftliche Methode trotz aller damit verbundenen Unzuträglichkeiten eine gewisse Berechtigung wenigstens Anspruch auf Duldung haben. Die bessere Kenntnis der Pflanzenernährung, die wir hauptsächlich Liebig, dem Schöpfer der Agrikulturchemie verdanken, hat aber auch hier den Weg gezeigt, auf welchem ein Ersatz der heillosen Brandkultur durch rationellere Betriebsformen geschaffen werden kann. Liebig hatte durch Kulturversuche mit Torferde aus dem Schleißheimer Moor festgestellt, daß dieser für den Pflanzenbau unfruchtbare Boden zur Kultur sofort geeignet wurde, wenn man demselben die ihm fehlenden mineralischen Pflanzennährstoffe, namentlich Kali, Magnesia, wie bei einzelnen Kalk und Phosphorsäure zuführte. Zur Zeit als Liebig und seine Mitarbeiter Nägeli und Zöller diese Untersuchung ausführten, war es noch unmöglich, die für die Pflanzendüngung nötigen Kalisalze billig und in ausreichenden Mengen zu beschaffen. Nachdem jedoch Ende der 50iger Jahre die Kalisalzlager von Staßfurt erschlossen und deren industrielle Verwertung durch mich ins Leben gerufen war, nahm ich die Arbeiten Liebigs mit seiner voll und herzlich gewährten Zustimmung wieder auf und konnte bald feststellen, daß die Staßfurter Kalisalze ein geeignetes Material lieferten, um für den in vielen Bodenarten herrschenden und in anderen selbst bei intensiver Kultur drohenden Kalimangel Ersatz zu schaffen. Ich muß es nun als eine weitere besonders glückliche Fügung bezeichnen, daß alle diese, meist doch auf rein theoretischer Grundlage beruhenden Forschungen und Arbeiten von einem praktischen Landwirt, meinem hochverehrten Landsmann Rimpau in Cunrau aufgenommen und in wirklich genialer und vollendeter Weise auf seinen sogenannten Moordammkulturen in die große landwirtschaftliche Praxis übertragen wurden. Rimpau besaß im altmärkischen Drömlingsmoor große Flächen, welche aus sogenanntem Grünlandsmoor, flachen 1—1,6 m mächtigen Moorschichten mit Sanduntergrund bestanden. Eine Analyse dieser Moorböden ergab, daß dieselben lufttrocken enthielten:

Wasser (bei 140° C)	13,87
Organische Substanz (Glühverlust)	62,60
Mineralsubstanz (Reinasche) . . .	23,53
	100,00

Von der organischen Substanz war:

Stickstoff	2,15

Von den 23,53 Mineralstoffen waren:

in Salzsäure unlöslich	13,33
in Salzsäure löslich	10,20

hierin

Kalk	3,580
Kali	0,085
Phosphorsäure	0,272

Trotz des hohen, nicht nur den besten Ackerboden, sondern selbst den Stallmist übertreffenden Stickstoffgehaltes und des völlig ausreichenden Phosphorsäuregehaltes war dieses Moor aber nahezu unfruchtbar, weil es zu wenig Kali und Magnesia enthielt. Bei der Anwendung der Brandkultur wäre es möglich gewesen, den geringen Kaligehalt soweit zu konzentrieren, daß für einige Jahre schwache Ernten zu erzielen gewesen wären, jedenfalls aber hätte man den Boden nach kurzer Nutzung wieder jahrelang brach liegen lassen müssen und ihn im Laufe der Zeit ebenso tot gebrannt, wie dies in Ostfriesland geschehen ist. Daß der wertvolle hohe Stickstoffgehalt des Moorbodens beim Brennen eine entsprechende Verwertung überall nicht gefunden hätte, ist selbstverständlich.

R i m p a u verbessert nun bei seinem System der Moorbewirtschaftung zunächst die physikalische Beschaffenheit des Bodens, indem er das Moor durch tiefe Gräben trocken legt und es dabei mit einer aus den Gräben entnommenen Sandschicht von etwa 10 cm Stärke bedeckt; hierdurch wird erreicht 1. eine Verdichtung des Moorbodens, 2. eine geringere Ausstrahlungsfähigkeit desselben und damit eine Verhinderung des häufigen Ausfrierens der Pflanzen; und endlich wird 3. das dichte Zusammentrocknen der oberen Moorschichten, welche dieselben für Wasser und Luft nahezu undurchdringlich macht, beseitigt. In chemischer Beziehung wirkt die Anlage der Gräben wie eine Verbrennung bei gewöhnlicher Temperatur; in dem der Einwirkung der Luft zugänglich gemachten Moore findet eine sehr kräftige Oxydation statt, die im Moorboden enthaltenen Säuren — Humin, Ulmin und Quellsäuren — werden zu Kohlensäure verbrannt, der zum Teil ebenfalls in für die Pflanzenernährung unlöslicher Form befindliche Stickstoff wird nach und nach zu salpetersauren Verbindungen oxydiert und der ganze vorher so wertlose, kalte und nasse Boden ist nach kurzer Zeit in einen milden, der besten, wärmsten Blumenerde gleichen Acker umgewandelt. Auf den solchergestalt vorbereiteten Acker brachte nun Rimpau behufs Ergänzung der fehlenden mineralischen Pflanzennährstoffe eine reichliche Düngung von Kali und magnesiahaltigen Staßfurter Salzen — sogenannte rohe schwefelsaure Kalimagnesia, später auch rohen Kainit — und bestellte ihn dann mit allen möglichen Kulturpflanzen, aber derart, daß er nur die obere schwache Sandschicht aufpflügte und zur Einsaat benutzte. In diesem Sande, welcher nach der Analyse ergibt:

98,145	in heißer Salzsäure unlöslicher	Mineralbestandteile
0,915	„ „ „ löslicher	
0,39	Wasser	
0,55	Glühverlust (organische Stoffe),	

also an sich nahezu als unfruchtbar betrachtet werden kann, entwickeln die jungen Pflanzen mit Hilfe der im Samenkorn aufgespeicherten Nährstoffe ihre ersten Keime und Wurzeln, um letztere dann, nachdem sie einigermaßen ausgebildet sind, in die unter dem Sande liegenden an Nährstoffen reichen Moorschichten hinabzusenden und durch deren Zuführung dann ein überaus üppiges Wachstum der Pflanzen zu bewirken. Auf solche Weise hat Rimpau mit seinen Moordammkulturen binnen 10 Jahren aus einem Sumpfe, der kaum genügend saures Gras trug, um das darauf weidende Vieh — in den paar Sommermonaten, in denen er überhaupt nur zugängig war — zu ernähren, Ackerboden geschaffen, welcher bezüglich seiner Erträge mit den gesegnetsten Landstrichen rivalisiert; mächtige Breiten mit Raps, Senf, Erbsen, Weizen, Chevaliergerste, Rüben und Klee dehnen sich bereits über weite Gebiete, und immer neue Flächen werden für diese Kulturen ins Auge genommen.

Rimpau hat durch Begründung und Einführung der Dammkultur weiten Gebieten auch über Deutschland hinaus großen Segen gebracht und auf dem von ihm erschlossenen Felde schaffen und arbeiten jetzt hervorragende Praktiker, wie Dr. Schulz-Lupitz und andere rüstig weiter.

Im Gebiet der Emsmoore habe ich in Gemeinschaft mit W. Peters, des derzeitigen Sekretärs der Landwirtschaftlichen Vereine im Herzogtum Arenberg-Meppen für Einführung der Kalidüngung und der Rimpau'schen Dammkulturen bereits Ende der sechziger Jahre mit Erfolg gewirkt, und ebenso wurde infolge einer von mir gegebenen Anregung von der Wirtschaftlichen Gesellschaft für Norddeutschland in ihrer am 17. Oktober 1869 zu Emden abgehaltenen Versammlung die Gründung eines Vereins zur Abstellung des Moorbrennens beschlossen, welcher sich dann mit bereitwilligst gewährter Unterstützung der preußischen Regierung zu dem jetzigen großen Verein zur Förderung der Moorkultur im Deutschen Reiche entwickelte. Unsere Regierung hat dann durch Begründung der unter Professor Fleischers Leitung gestellten Moorversuchsstationen in Bremen und Lingen durch Berufung von Wanderlehrern usw. für Einführung rationeller landwirtschaftlicher Betriebe nach Möglichkeit Sorge getragen. Auf dem so eingeschlagenen Wege gelangte man aber auch zu der Erkenntnis, daß nicht alle Moorgebiete sich für die Rimpau'sche Methode der Dammkultur eignen. Vorbedingung für den Erfolg derselben ist zunächst eine ausreichende Entwässerung und eine damit verbundene Regulierung des Wasserstandes; des weiteren lassen sich gerade die mächtigeren Hochmoore nur sehr schwer in Dämme legen, da bei ihnen die Kanäle sehr tief eingeschnitten werden müssen, um an den zur Übersandung und Verdichtung der Oberfläche erforderlichen Untergrund zu gelangen. Ganz abgesehen davon, daß der Torf nicht zur Ausnutzung kommt, steigen die Aptierungskosten, welche schon bei den flachen Grünlandsmooren ziemlich bedeutende sind, auf eine solche Höhe, daß deren Zinsen, sowie die Beschaffung der erforderlichen künstlichen Düngemittel durch die Ernteerträge nicht gedeckt werden können.

Unter diesen Umständen erscheint für die Hochmoore der Ems das in Holland mit so großem Erfolg durchgeführte System der Verveenung als das praktischere. Unsere Regierung hat dies ebenfalls erkannt und als kurz nach Annexion des Königreichs Hannover in den Emsgebieten infolge Mißwachses ein großer Notstand eintrat, wurde der Geheime Regierungsrat Marcart aus dem Landwirtschaftlichen Ministerium mit den Vorstudien für die Kanalisierung der Hochmoore im mittleren Emsgebiet betraut. Das Resultat seiner Arbeiten legte er in einer 1871 bei Kiesling in Osnabrück erschienenen Denkschrift nieder.

Für das links der Ems gelegene an Holland grenzende Moorgebiet empfahl Marcart vom Süden anfangend zunächst eine Kanalverbindung zwischen der Ems bei Hanekenfähr und der Vechte bei Nordhorn. Senkrecht hierauf, also von Süden nach Norden war dann die Hauptkanallinie projektiert, welche das Bourtanger Moor auf deutscher Seite auf etwa 65 km in seiner ganzen Länge aufschließend bis nach Rhede geführt werden sollte. Maßgebend war bei diesem Plan der Gesichtspunkt, die preußischen Kanäle so zu gestalten, daß sie von den holländischen unabhängig blieben und, sobald das den diesseitigen Interessen entsprach, stets mit Leichtigkeit Anschluß an das holländische Kanalsystem gewinnen konnten. Zu diesem Zweck war der spätere Bau von Querkanälen ins Auge gefaßt, welche Nordhorn mit Almelo, Picardie mit der holländischen Dedemsvaart, Meppen mit dem Orangekanal und der Hoogeveen'schen Vaart, Haren-Rütenbrook mit dem System des Staatskanals und endlich Rhede Bellingwolde mit dem Gröninger Kanalsystem verbinden sollten. -- Im Gebiet rechts der Ems war dagegen, bei den für Erschließung des Hümmlingsmoors bestimmten Kanälen die Hauptrichtung von Osten nach Westen gewählt, um hierdurch einen Anschluß nach Oldenburg und dem Jadebusen sowie nach der Unterweser zu gewinnen.

Von diesen großartig angelegten Plänen Marcarts ist bisher nur ein Teil durchgeführt und zwar links der Ems der Kanal Hanekenfähr—Nordhorn, Picardie—Rütenbrook, sowie die Querkanäle Picardie—Coeverden und Haren—Rütenbrook; aber selbst auf diesen Linien sind ziemlich bedeutende Strecken nur provisorisch und nicht in der vollen projektierten Breite und Tiefe hergerichtet. Noch weniger ist der Kanalbau in den Gebieten rechts der Ems, dem Hümmlingsmoor, vorgeschritten, so daß ein Vergleich des von den Holländern und von uns bisher Geleisteten nicht eben zu unseren Gunsten ausfällt.

Der Umstand, daß die preußische Regierung im letzten Dezennium den Dortmund-Emskanal mit einem Aufwand von etwa 70 Millionen Mark ausbaute, läßt den Mangel an Unternehmungsgeist bei der viel früher projektierten und kaum minder wichtigen Kanalisierung der Emsmoore nur um so schärfer hervortreten. Selbst die bisher ausgeführten Teile der Moorkanäle hat die Staatsverwaltung nicht bis zu ihrer gänzlichen Vollendung in der Hand behalten, sondern dieselben einer Genossenschaft übergeben, welcher die ausreichenden Mittel zum

Ausbau und zur Förderung des Verkehrs fehlten. Was das Eingreifen des sonst so unternehmungslustigen deutschen Kapitals betrifft, so ist nach dieser Richtung noch weniger geschehen, denn das Verständnis und Interesse, welches die Kapitalisten in Holland für die Veenwirtschaft haben, fehlt bei uns fast ganz und die Moorgebiete Ostfrieslands, welche höhnend als „Muffrica" bezeichnet werden, sind der Mehrzahl unserer Gebildeten unbekannter als manches überseeische Land. Mit einem Bruchteil der Millionen in Deutschland ersparten Geldes, welche wir nach Portugal und Griechenland, nach Argentinien und Venezuela auf Nimmerwiedersehen hinaus sandten, hätte sich in Muffrica vieles und für Darleiher wie Empfänger Lohnendes schaffen lassen. — Auch bei den deutschen Technikern und Industriellen haben die großen Torflager bisher nur wenig Beachtung gefunden, weil wir, namentlich im Westen, in der Steinkohle einen wirksameren, bequemeren und leichter zugänglichen Brennstoff besitzen. Die von einzelnen und zum Teil mit großen Opfern angestellten Versuche, aus dem Torf ein den älteren mineralischen Brennstoffen in bezug auf Dichtigkeit und auf Heizkraft nahekommendes oder gleichwertiges Brennmaterial zu schaffen, sind erfolglos geblieben und mußten scheitern, weil der Erreichung dieses Zweckes nicht bloß die physikalische Beschaffenheit, sondern auch die chemische Zusammensetzung des Torfes hindernd entgegensteht.

Ich erinnere in dieser Beziehung an die mit Aufwendung großer Mittel ausgeführten Versuche der bayerischen Staatsbahnverwaltung, zwecks Verwertung der bayerischen Hochmoore für Lokomotivheizung. Diese durch den bekannten Oberpostrat Exter viele Jahre und mit größter Energie durchgeführten Versuche haben keinen irgend nennenswerten Erfolg geliefert. Nur auf einzelnen Nebenstrecken wird der Betrieb mit Torfheizung noch notdürftig aufrecht erhalten, obgleich gerade die bayerischen Bahnen für Steinkohlen verhältnismäßig hohe Kosten haben.

Auch in Oldenburg hat sich die Torfheizung für intensiveren Bahnbetrieb nicht als vorteilhaft erwiesen.

Nach Hausdings Angaben sind für gleiche Leistung bei Lokomotivheizung als Ersatz für 100 kg Steinkohlen = rund 1 hl etwa $^2/_3$ cbm besten Torfes notwendig. Die Verwendung eines so voluminösen Materials erfordert die Einstellung besonderer Torfwagen hinter dem Tender der Maschine und die Beschäftigung eines zweiten Heizers. Aber selbst hierdurch und durch besondere Konstruktion der Lokomotivkessel ist es nicht ermöglicht, den für schwer belastete oder schnell fahrende Züge nötigen Dampf rasch genug zu beschaffen. Auch die in Bayern und anderwärts angestellten Versuche, für den Hausgebrauch ein den Braunkohlenpreßsteinen entsprechendes Torfbrikett herzustellen, haben sich nur an wenigen Orten als lohnend erwiesen. Ähnliche ungünstige Resultate wie auf Eisenbahnen haben auch die Versuche zur Verwendung des Torfes für den Hüttenbetrieb ergeben, da man ohne weiteres erkannte, daß der rohe Torf hierfür unbrauchbar sei. Man versuchte deshalb, den Heizwert des Materials durch Verkokung zu konzentrieren. Die Zahl der hierfür gemachten Vorschläge und der bis in die neueste Zeit entnommenen Patente ist Legion, das technische und kommerzielle Resultat derselben gleich nahezu Null! Wenn es auch hin und wieder gelang, Torfkokes zu erzeugen, die für einzelne Zwecke brauchbar waren, so stellte sich deren Preis doch immer ungleich höher, als derjenige von Steinkohlenkokes, welcher letztere auch betreffs Dichtigkeit und Härte stets den Vorzug behauptete. Ich kann hier aus eigener Erfahrung sprechen, denn auf der Alexishütte zu Wiethmarschen im Emsgebiet, bei welcher ich früher beteiligt war, sind nach dieser Richtung zahlreiche Versuche gemacht, und obgleich dort der rohe Torf sehr billig und der daraus gewonnene Koke verhältnismäßig gut war, mußte dessen Verwendung für den Hüttenbetrieb doch schon deshalb aufgegeben werden, weil nach Erhöhung des Hochofens der Torfkoke nicht mehr imstande war, die darauf ruhende größere Last der Beschickung zu tragen, vielmehr durch letztere zerdrückt wurde, was dann Verstopfung und Störung im Ofengang verursachte.

Eine sehr rege, aber ebenfalls unfruchtbare Erfindertätigkeit ist dann noch jahrelang und wunderbarer Weise bis in die neueste Zeit der Verwertung des Torfes für die Gewinnung der Produkte der trockenen Destillation zugewandt. Daß der seiner chemischen Natur nach zwischen Holz und Steinkohle stehende Torf bei der trockenen Destillation auch ähnliche Produkte an Teer, Ammoniakwasser und Essigsäure liefert, wie die vorgenannten beiden Rohstoffe, ist ja unbestreitbar und ebenso sicher ist, daß man diese Destillationsprodukte durch weitere Verarbeitung zu Paraffin, Leuchtöl, Ammoniaksalzen usw. usw. konzentrieren und veredeln kann. Auf diese Laboratoriumsergebnisse hin sind nun namentlich in Irland, aber leider auch bei uns in Deutschland, große Kapitalien in Fabrikanlagen gesteckt, von denen man sich nach den vorliegenden Kalkulationen enorme Gewinne versprach, und selbst nachdem durch Erschließung der amerikanischen Petroleumlagerstätten und durch das rasche Sinken der Preise des Ammoniaks und anderer Stickstoffverbindungen die Unmöglichkeit der Konkurrenz besonderer Anlagen zur Torfdestillation für jeden Sachkundigen offen lag, hörten damit doch die Projekte und Versuche noch nicht auf, obgleich das Ende stets der Verlust des Kapitals war.

Ein an sich so geringwertiges Material wie der Torf, dessen Gewinnung von Witterungsverhältnissen im hohen Maße abhängig ist und dessen Transport durch sein im Verhältnis zum erzielbaren Heizeffekt enormes Volumen nur in engen Grenzen und bei billigsten Kommunikationsmitteln lohnt, kann mit Vorteil nur dann konkurrieren, wenn die Verwendung mit den einfachsten Mitteln und geringsten Auslagen zu ermöglichen ist. Dieser Leitsatz hat auch in der Praxis bisher die volle Bestätigung gefunden. Sowohl im Emsgebiet als in anderen Gegenden, die ausgedehnte Torflager besitzen, bestehen tatsächlich eine Anzahl gut lohnender Betriebe, welche den Torf als Brennstoff mit Nutzen verwerten. Es sind namentlich solche, die wie Puddelöfen und Glashütten, große Mengen von Brennstoffen benötigen. Bei all diesen Anlagen ist eine Konzentration des Heizeffekts dadurch erzielt, daß man die Feuerung nicht direkt mit Torf speist, sondern das voluminöse Brennmaterial zunächst vergast und hierdurch sowohl seinen Aschengehalt als seinen Wassergehalt unschädlich macht. Bei dem Betrieb von Gasfeuerungen ist man dann auch imstande, die Luftzuführung auf das nötige Minimum zu reduzieren, während dieselbe bei direkter Torfheizung stets eine übermäßige ist, was eine weitere Verminderung des ohnedies geringen Heizeffekts bewirkt. Vorzüglich arbeitende Torfgasfeuerungen sind namentlich von Siemens und Albert Pütsch in größerer Zahl errichtet. Bei dem Betriebe solcher Torfgas-Generatoren erhält man dann ebenso wie bei den Gasanstalten und neuen Kokesofen-Anlagen als Nebenprodukt ohne besondere Kosten große Mengen von Ammoniakwasser und außerdem einen ziemlich dünnflüssigen, an Leichtölen und Paraffin reichen grünen Teer; wenn nun letzteres Material auch die Verarbeitung auf Leuchtöl nicht mehr lohnt, so hat es für uns doch neuerdings dadurch eine Bedeutung gewonnen, daß es sich voraussichtlich ohne jede weitere Raffination als flüssiger Brennstoff zum Heizen von Kesseln verwenden läßt. Bekanntlich ist unsere Marine schon seit längerer Zeit mit Erprobung und Einführung der Petroleumheizung auf Kriegsschiffen vorgegangen; hindernd war bisher nur der Umstand, daß die hierfür nötigen Erdöle und Petrolrückstände (Masut) zum großen Teil vom Auslande eingeführt werden mußten. Die Gewinnung der für diesen Zweck brauchbaren Torfteere würde hier also sehr erwünscht sein.

Auf die in technischer wie nationalökonomischer Beziehung gleich wichtige Frage wie eine geeignete Massenverwertung der Torflager bei uns zu erzielen ist, kann, wie ich glaube, die Antwort nur dahin lauten, daß man anstatt der bisherigen vergeblichen Versuche den Torf der Industrie zuzuführen, vielmehr danach streben muß, Industrie und Verkehr direkt in die Moore zu bringen. Man muß eben die in den Mooren aufgehäuften Brennstoffmengen als eine Kraftquelle betrachten wie etwa einen Wasserfall, dessen Energiemengen man ja auch nur in nächster Nähe auszunutzen vermag. Böte nun beispielsweise die Ems eine Wasserkraft von 10 000 Pferden, so hätte sich längst eine großartige Industrie an deren Ufern etabliert. Eine so bedeutende Elementarkraft findet sich jedoch in unserem Norddeutschen Tiefland wohl nirgends, vielmehr sind wir gezwungen, unseren Kraftbedarf in Dampfkesseln durch Verbrennung von Kohle zu erzeugen. Für 10 000 Pferdekraft stellt sich nun bei großen Maschinen, also bei Annahme eines Verbrauchs von 1 kg Steinkohle per Stunde und Pferdekraft der tägliche Verbrauch in 20 Arbeitsstunden auf 200 000 kg = 200 tons guter Steinkohle. Das Verhältnis der Heizkraft von Steinkohle zu Torf nehme ich für letzteren sehr ungünstig wie 1 zu 3 an, rechne also als Ersatz für 200 tons Steinkohle 600 tons Torf; erfordert eine Maschinenkraft von 10 000 Pferden mithin pro Jahr von 300 Arbeitstagen 60 000 tons Steinkohle, so stellt sich das Brennstoffäquivalent der letzteren in Torf rund gerechnet auf 200 000 tons[1]). Ermitteln wir nun, wie groß die Moorfläche ist, welche 200 000 tons liefert, so gelangen wir auf Grund feststehender Erfahrungs-

[1]) Auf die in letzter Zeit erfolgreich durchgeführten Versuche, die in den Generatorgasen enthaltene Wärme in geeigneten Gasmaschinen direkt und ohne Zwischenschiebung eines Dampferzeugers in Kraft umzusetzen, gehe ich hier nicht näher ein, da für den Betrieb der Gasmotoren mit Torfgas noch praktische Erfahrungen mangeln. Nach der chemischen Zusammensetzung der Torfgase ist aber eine günstige Ausnutznng derselben auf diesem Wege ebenso wahrscheinlich wie für Dowsongas.

zahlen zu nachfolgendem Ergebnisse: 1 ha Moor von 3 m Mächtigkeit liefert beim Torfstich 25 000 cbm rohe wasserhaltige Torfmasse. Aus 1 cbm dieser Torfmasse erhält man bei bester Qualität des Moores 170—200 kg trocknen Torf, während das Gewichtsausbringen bei geringerer Qualität auf 100—110 kg per cbm herabsinkt. Um nun bei vorliegender Kalkulation vollkommen sicher zu gehen, setze ich die Ausbeute per cbm nur mit 100 kg an, so daß sich also die aus 1 ha gestochenen 25 000 cbm frischer Torfmasse nur auf 2500 tons Brenntorf berechnen. Bei solchem gewiß mäßigsten Ansatz erfordern also die zum Betrieb einer 10 000 pferdigen Maschinenkraft nötigen 200 000 tons Torf 80 ha Moor. 1 qkm = 100 ha liefert demnach 250 000 tons Torf und eine Quadratmeile = etwa 5300 ha ergibt eine Ausbeute von 13 000 000 tons Torf, welche danach für 65 Jahre zur dauernden Erzeugung einer Kraft von 10 000 Pferden genügen würden. Wie ich Ihnen aber eingangs meines Vortrages berichtete, haben die Emsmoore allein eine Ausdehnung von 50—60 Quadratmeilen; rechnen Sie die sonstigen deutschen Torflager mit hinzu, so werden Sie ohne weiteres erkennen, welch ungeheures Magazin von Energie sich hier bietet und der Ausnutzung harrt. Die Jahresförderung Deutschlands an Mineralkohlen beträgt jetzt 80 000 000 tons Steinkohle und 20 000 000 tons Braunkohle; letztere sind gleichwertig etwa 7 000 000 tons Steinkohle, so daß wir hiernach einen Gesamtwert von 87 000 000 tons der letzteren haben, und da, wie wir vorher ermittelten, die von einer Quadratmeile Moor gewinnbare Menge Torf zum mindesten 4⅓ Millionen tons Steinkohlen äquivalent sind, so ergibt sich auch hieraus, einen wie bedeutenden Zuschuß die deutschen Torflager für unseren Brennstoffbedarf zu liefern vermögen.

Ich habe diese Berechnungen hier etwas weiter ausgeführt, weil Volkswirte ebenso wie Geologen oft warnend darauf hinweisen, daß eine Erschöpfung der bauwürdigen Lager mineralischer Brennstoffe doch mit der Zeit eintreten wird und muß, da diese Mineralien sich nicht neu bilden. Auch in dieser Beziehung verdient der Torf besondere Beachtung, weil bei ihm, wie oben gezeigt, unter günstigen Verhältnissen sehr rasch eine Neubildung eintritt. Aber selbst, wenn man hierauf, wie dies in Holland geschieht, verzichtet, gewinnt man doch für jedes Hektar abgebautes Hochmoor ein Hektar kulturfähigen Bodens, mithin eine weitere Vermehrung des National-Vermögens.

In Holland werden jährlich 400 ha = 4 qkm Hochmoor abgebaut. Sie werden mich aber trotzdem fragen, wo für die aus 80 ha Moor gewonnene Kraft von 10 000 Pferden in einem schwach bevölkerten und industriearmen Gebiet Verwendung beschafft werden kann. Die Lösung dieser Frage wird durch die der letzten Zeit angehörigen Fortschritte der Elektrotechnik und der Elektrochemie gegeben. Ich habe schon vorher darauf hingewiesen, daß die in den Mooren lokalisierte Kraft mit der durch einen Wasserfall gebotenen in Vergleich gestellt werden kann; dafür wie letztere Kräfte für weite Gebiete nutzbar zu machen sind, hat uns die Elektrotechnik nicht nur die Mittel gezeigt, sondern deren praktische Verwertung durch großartige Anlagen erprobt. Ich nenne von diesen nur das jetzt von der Berliner Allgemeinen Elektrizitäts-Gesellschaft in Betrieb gesetzte Werk, durch welches die von den Wasserfällen des Rheins bei Rheinfelden gebotene Kraft von etwa 17 000 Pferden über ein weites Industriegebiet nutzbringend und befruchtend verteilt wird. In gleicher Art werden auch für eine im Moorgebiet der Ems etablierte elektrische Kraftzentrale mit der Zeit Abnehmer zu gewinnen sein.

Es ist mir wohl bewußt, daß sich die Schaffung einer großen Industrie nicht plötzlich und quasi auf Kommando erzwingen läßt, da das Kapital in solchen Dingen eine wohlberechtigte Zurückhaltung beobachtet. Um also den Unternehmungsgeist anzuregen und ihm ausreichende Garantien zu schaffen, müßte zunächst in gleicher Weise wie dies im äußersten Südwesten bei Rheinfelden geschehen ist, eine große elektrische Kraftzentrale auch an unseren nordwestlichen Grenzmarken im Emsgebiet etabliert werden; ist diese Anlage gesichert und liefert sie billige Kraft, so wird es auch an Abnehmern nicht fehlen. Aber auch bis zu dem Zeitpunkt, wo die Privat-Industrie die neu erschlossenen Kraftquellen voll verwertet, bieten sich dafür schon zahlreiche und nutzbringende Verwendungen. Zunächst kann man die bequem und mit verhältnismäßig geringem Verlust transportable elektrische Energie für die Schiffsbewegung auf den Kanälen und eventl. für Güter- und Personentransport auf den Eisenbahnen verwerten. In letzterer Beziehung wird der Versuch, welcher demnächst mit dem elektrischen Betriebe der Wannseebahn hier geplant ist, unserer Staatsbahnverwaltung ja die nötigen Erfahrungen schaffen, welche sich auf die Bahn im Emsgebiet um so leichter übertragen lassen, als dort der Verkehr und auch die Fahrgeschwindigkeit geringe sind.

Daß auch die Gewinnung und der Transport des Torfes an die Zentrale durch die elektrische Kraftübertragung in leichtester und bequemster Weise zu ermöglichen sein wird, bedarf wohl keiner Auseinandersetzung, da es sich in diesem Falle nur um kurze Entfernungen und kleine Kräfte handelt. Neben diesen mehr dem Bereiche des Ingenieurs zufallenden Aufgaben, haben uns aber die Fortschritte der Elektrochemie in den letzten Jahren ein Verwendungsgebiet erschlossen, durch welches die Ausnutzung und Akkumulierung auch der größten elektrischen Kraftleistung mit verhältnismäßig geringem Anlagekapital möglich wird. Es ist dies die Herstellung der Karbide, welche im wesentlichen zur Bereitung von Azetylengas benutzt werden. Auf die Eigenschaften dieses neuen Beleuchtungsmateriales näher einzugehen, kann ich mir hier wohl ersparen; es ist darüber ja schon hinreichend von Berufenen und leider noch mehr von Unberufenen geschrieben worden. Wird dieser neue Leuchtstoff auch nicht imstande sein, die anderen von der bisherigen Beleuchtungstechnik geschaffenen Formen der Lichterzeugung zu verdrängen, so wird er doch neben diesen eine ausgedehnte Verwendung erlangen, sobald man Mittel und Wege gefunden hat, die mit der Azetylenbeleuchtung bisher verknüpften Schwierigkeiten in derselben Weise zu vermeiden, wie dies seinerzeit bei Einführung von Leuchtgas und Petroleum geschehen mußte. Wenn letzteres Ziel erreicht und der Preis des Karbids auf einen dem Leuchtwert des Azetylen entsprechenden Satz ermäßigt ist, wird meiner Überzeugung nach zwar auch dann das Azetylenlicht nicht der elektrischen und der seit Einführung des Auerbrenners verstärkten und verbilligten Gasbeleuchtung Konkurrenz machen, wohl aber seinen Platz an vielen Stellen finden, wo man jetzt in Ermangelung von Gas- und elektrischen Anlagen auf Petroleum angewiesen ist.

Die Statistik zeigt uns aber, daß der Konsum des Petroleums zur Lichterzeugung ein ungleich bedeutenderer ist als der von Gas; denn während von letzterem zur Zeit etwa 750 Millionen Kubikmeter hergestellt werden, ist der deutsche Petroleumimport, welcher sich 1870 auf 70 000 tons stellte, im Durchschnitt der 5 Jahre bis 1875 auf 154 000 tons, bis 1880 auf 235 000 tons, bis 1885 auf 389 000 tons, bis 1890 auf 556 000 tons und bis 1895 auf 811 000 tons gestiegen; letzteres Quantum entspricht aber dem Leuchteffekt von 2000 Millionen Kubikmeter Steinkohlengase. Bei einem Import von 811 000 tons Petroleum entfallen auf den Kopf der Bevölkerung 14,82 Kilo Petroleum, während wir 1895 von unserem selbst produzierten Zucker nur 12,42 Kilo per Kopf verbrauchten. Zieht man nun weiter in Betracht, daß wir auch andere Rohstoffe der Beleuchtungsindustrie, wie z. B. Talg und Palmöl für die Stearinfabrikation, Ölsaaten für die Gewinnung von Brennöl von auswärts in großen Massen beziehen müssen und daß mit dem Wachstum der Industrie und des allgemeinen Wohlstandes das Lichtbedürfnis beständig größer wird, so ergibt sich hieraus, in wie hohem und stetig zunehmendem Maße wir dem Auslande tributpflichtig sind. Man greift wohl nicht fehl, wenn man die hierfür von uns aufzubringende Summe auf 100 Millionen Mark pro anno schätzt. Ganz besonders drückend wird diese Abhängigkeit noch dadurch, daß wir betreffs unseres Hauptleuchtstoffes, des Petroleums, noch der weiteren Ausbeutung durch die schon wiederholt angestrebte Bildung mächtiger, den Welthandel kontrollierender Monopolgesellschaften ausgesetzt sind. Da wir auf Erschließung größerer Petroleumfundstätten in Deutschland kaum mehr hoffen dürfen, so muß unter diesen Umständen jede Möglichkeit, im Inlande neue Lichtquellen und Leuchtstoffe zu erzeugen als eine hochwillkommene begrüßt und gefördert werden.

Prüfen wir nun, welche Aussichten uns hierfür durch eine Massenfabrikation des Karbides an geeigneter Stelle geboten werden:

Kalziumkarbid erfordert als Rohstoffe nur Kalk und Kohle, die, wenn sie der hohen Temperatur des elektrischen Schmelzofens ausgesetzt werden, sich unter Reduktion des Kalkes verbinden. Kalk findet sich in mächtigen und bereits seit lange aufgeschlossenen Lagern an den Ufern der Ems bei Rheine und für die Gewinnung von geeigneter, möglichst aschenfreier Kohle, bei welcher für diesen Zweck geringe Härte und pulverförmige Beschaffenheit sehr willkommen sind, liefern die oberen, als Brennstoffe minderwertigen Schichten der Torflager das nötige Material. Nach der theoretischen Berechnung sollte nun zur Herstellung von 1 kg Karbid rund 880 g Kalk und 560 g Kohle, sowie eine Maschinenleistung von 3,4 Pferdekraftstunden erforderlich sein; praktisch stellt sich jedoch der Bedarf für diese Mengen auf 1300 Kalk, 1100 Kohle und 6 Pferdekraftstunden, d. h. es werden in je 24 Stunden mit 1 Pferdekraft 4 kg Karbid geschmolzen. Eine Anlage von 10 000 Pferdekräften würde mithin in 24 Stunden 40 000 kg = 40 tons Karbid liefern und dazu an Schmelzmaterialien 52 tons gebrannten Kalk und 44 tons Kohle erfordern.

1000 kg = 1 ton reines Kalziumkarbid entwickeln 340 cbm Azetylengas; da man jedoch das Material nie ganz rein herstellen kann, so rechnet man in der Praxis nur auf Gewinnung von 300 cbm Azetylen per Tonne Karbid. Die Leuchtkraft des Azetylengases ist 15 mal so hoch als die unseres gewöhnlichen Steinkohlengases; 15 cbm Steinkohlengas liefern wiederum auf gewöhnlichen Brennern dieselbe Lichtmenge wie 6 Liter Petroleum. Es ist hiernach 1 cbm Azetylengas gleichwertig 15 cbm Steinkohlengas oder 6 Liter Petroleum. Eine Fabrikanlage, die täglich 40 tons Karbid herstellt, liefert also damit das Material für Gewinnung von 12 000 cbm Azetylen, dessen Leuchtkraft einen Ersatz bietet für 720 Hektoliter Petroleum, d. h. pro Jahr von 300 Arbeitstagen 216 000 Hektoliter = ungefähr 18 000 tons. Erscheint eine solche Produktion im Verhältnis zu den vorher für unseren Petroleumimport angegebenen Zahlen auch als eine geringe, so können wir sie, falls der Versuch gelingt, auch weiter ausdehnen, denn an Gelegenheit dazu und an Material fehlt es uns nicht.

Ich habe unter den elektrochemischen Prozessen gerade die Karbiddarstellung herausgegriffen, weil hierbei der Kraft- und Brennstoffverbrauch im Verhältnis zu dem Gewicht des erzeugten Produktes ein sehr bedeutender ist und weil abgesehen von der Errichtung der Kraft- und Elektrizitätsanlagen gerade die Herstellung von Karbid eine verhältnismäßig einfache ist und für Bauten und Einrichtungen keine zu großen Aufwendungen erfordert, wie auch dabei die für den Betrieb nötige Arbeiterzahl nur eine geringe ist. Man kann daher den Betrieb der Fabrikation der jeweilig disponiblen Kraft leicht anpassen, falls sich für diese dauernd oder zeitweise eine andere und lohnende Verwendung finden sollten.

Eine Betrachtung der deutschen Moorgebiete zeigt, wie günstig gerade das Emsgebiet für eine große industrielle Entwicklung belegen ist: Nach Norden wird dasselbe von dem reichen Küstengebiet der Marschen begrenzt und hat außerdem nach den deutschen und holländischen Häfen der Nordsee zahlreiche schiffbare Verbindungen, die es nach Fertigstellung des Ems-Huntekanals östlich auch mit Bremen verknüpfen werden. Im Südosten und Süden dehnt sich das mächtige Industrie- und Bergwerksgebiet von Westfalen und Rheinland aus, mit welchem schon im nächsten Jahr durch den großartigen Bau des Dortmund-Emskanals von Dortmund bis Emden die Verbindung eröffnet wird und im Westen bilden die dicht bevölkerten Provinzen Geldern, Overyssel, Drente und Groningen die Grenze, welche durch ihre hochentwickelte Industrie und durch ihren blühenden Handel den handgreiflichen Beweis dafür liefern, was Fleiß und Unternehmungslust unter völlig gleichen Boden- und klimatischen Verhältnissen zu schaffen vermögen. Ein Zeugnis dafür, daß die Bevölkerung auf deutscher Seite sich auch für die Industriearbeit gut qualifiziert, bietet die Auswanderung zahlreicher Arbeiter nach Holland und Westfalen, welche trotz der schwachen Bevölkerung unserer Moorgebiete, dort bei den jetzigen Verhältnissen nicht ausreichend Beschäftigung und Unterhalt finden. In den holländischen Veendistrikten beträgt die ständig wachsende Bevölkerung pro Quadratmeile jetzt 5—6000 Einwohner, während sie in unseren Moorgebieten auf gleicher Fläche kaum 1100 erreicht und vielfach sogar eine Abnahme zeigt. — Durch Ansiedelung der Industrie im Moorgebiet werden sich nicht nur die Emshäfen Papenburg, Leer und namentlich Emden zu bedeutenden Handelsplätzen entwickeln, sondern auch die Landwirtschaft wird reiche Förderung finden, da ihr dann konsumfähige Abnehmer zugeführt werden und auf den durch Abtorfen verwerteten Mooren wird sich ein wohlhabender Kleinbauernstand niederlassen, dessen von Jugend auf mit dem Wasser vertraute Söhne, ebenso wie für Holland die der Veenkolonisten, der deutschen Seeschiffahrt eine tüchtige und zahlreiche Mannschaft liefern werden.

Jetzt sendet Deutschland alljährlich viele Tausende arbeitswillige Menschen und viele Millionen Kapital in fremde Länder; wir bemühen uns unter Aufwendung großer staatlicher und privater Mittel Kolonien in anderen Weltteilen zu gründen, und hier bieten sich mitten im Vaterlande weite Gebiete, die der Kolonisation offen stehend, die Volkskraft und das Nationalvermögen direkt vermehren können.

II. Ueber Moorkultur und Torfverwertung.

Vortrag gehalten im Verein zur Beförderung des Gewerbfleißes am 2. Mai 1904.

Von Dr. A. Frank.

Da mir die Aufforderung zu dem heutigen Vortrag erst vor wenigen Tagen zugegangen ist, war es mir nicht möglich, dafür speziellere Vorbereitungen zu treffen, und muß ich deshalb für etwaige Mängel um milde Beurteilung bitten.

In der Zeit vom 15. bis 21. Februar war hier in Berlin eine Ausstellung des Vereins zur Förderung der Moorkultur im Deutschen Reiche, an der sich Österreich, Schweden, Norwegen, Dänemark und Finnland beteiligten. Holland, das klassische Land für Moorverwertung, war leider nicht vertreten, und ebenso fehlte Irland, welches auch ein großes Moorgebiet von mehr als 11 000 qkm hat. Wer aber auf der Ausstellung eigentlich noch mehr vermißt wurde, das war ein früher sehr bedeutender Torfkonsument, die Stadt Berlin und ihre Bewohner. Das geringe Interesse, welches diese in vieler Beziehung wichtige Sache hier fand, war wenig erfreulich, vielleicht ändert sich das mit der Zeit, und die nächste Moorausstellung, welche hoffentlich nicht wieder 17 Jahre braucht, um nach Berlin zu kommen, wird wohl einen größeren Kreis von Besuchern anziehen.

Um das, was ich über die Bedeutung, welche die Moorfrage auch für uns hier hat, gesagt habe, zahlenmäßig zu belegen, möchte ich darauf hinweisen, daß Deutschland nächst Rußland das größte Moorgebiet in Europa hat. Wir haben eine Gesamtmoorfläche von zirka 400 Quadratmeilen, die größer ist, als das ganze Königreich Württemberg. Von dieser Fläche kommen auf die Provinz Hannover 100 Quadratmeilen, auf Oldenburg 70, auf die Provinz Brandenburg, also unsere nächste Nachbarschaft 13, Pommern 55, Posen 37, Ostpreußen 35, Holstein 32 Quadratmeilen. In Süddeutschland kommen auf Bayern 15, auf Baden und Württemberg 6, Österreich hat 8 Quadratmeilen, und auch die Schweiz hat einige Moore.

Was die Frage der Entstehung der Moore betrifft, so kann ich dafür wohl auf den Vortrag verweisen, den ich hier im Jahre 1897 über dieses Thema gehalten habe. Ich möchte für diejenigen Herren, welche damals nicht zugegen waren, nur kurz wiederholen, daß die Hochmoore aus kalkarmen Gewächsen, hauptsächlich Heidekraut, Wollkraut, Sumpfheidelbeeren usw. entstanden sind, während die Grünlandsmoore und Niederungsmoore den Moosen (Sphagnum), Binsen und Carexarten ihre Entstehung verdanken.

Die Bildung der Moore findet überall dort statt, wo neben einem sehr feuchten Klima ein undurchlässiger Untergrund vorhanden ist. Die mangelhafte Wurzelbildung und Ernährung der Pflanzen hat dann die Folge, daß sie an Ort und Stelle an dem aufgestauten Wasser untersinken und verrotten. Die Bildung eines solchen undurchlässigen Untergrundes geschieht bei uns in Norddeutschland wesentlich durch den sogenannten Ortstein, welcher durch Verkittung von Sand mit Eisenoxyd entsteht und für Wasser undurchlässig ist; ein Gleiches findet auch unter den Heiden, die gewissermaßen vertrocknete Moore sind, statt und trägt dort die Schuld an dem kümmerlichen Pflanzenwachstum.

Man hat nun bei uns mit gutem Erfolg den Versuch gemacht (namentlich seitens der Herzoglich Arenbergschen Domänenverwaltung), durch Anwendung von Dampfpflügen diese Ortsteinschichten zu durchbrechen und so den Untergrund für Luft und Wasser aufzuschließen. Für die hierfür verwendeten, sehr starken einscharigen Pflüge oder vielmehr Haken verwendet man Maschinen von 40—50 Pferdekraft. Infolge der so bewirkten Lüftung und Entwässerung des Bodens ist es möglich gewesen, große Gebiete, die bisher wüst lagen, aufzuforsten, und man hat speziell rasch wachsende Nadelhölzer angepflanzt, die schon in 30 bis 40 jährigem Umtrieb Verwertung für Grubenhölzer finden können.

Bei der Bildung des undurchlässigen Untergrundes in den auf Urgestein ruhenden Mooren in Bayern und auch in Finnland liegen andere Verhältnisse vor. Dort besteht diese Schicht nicht, wie bei uns, aus Eisenoxyd und Sand, sondern aus einer undurchlässigen Lage von sandigem Ton, die gewissermaßen ein Zement bildet. Der physikalische Effekt ist aber auch hier für die Vegetation der gleiche.

In der Ausstellung war gerade diese Wirkung des Ortsteins durch Vorführung von ganzen Bäumen, die auf dem Moor gewachsen waren, in klarster Weise veranschaulicht. Diesen Bäumen fehlte die Pfahlwurzel fast vollständig, weil sie eben nicht nach unten durchdringen konnte. Sie hatten dafür ein breites flaches Netz von Wurzeln um sich gezogen, welche oft viel länger waren, als der Baum selbst.

Was nun die Bewirtschaftung und Verwertung von Moorländereien betrifft, so sind unsere Lehrmeister in dieser Beziehung zunächst die Holländer gewesen. Westlich der Ems setzen sich die Moore fort, und dort besteht schon seit Jahrhunderten der sogenannte Fehnbetrieb, welcher darauf basiert, daß die Moore zunächst durch Kanäle entwässert werden, die mit der See in Verbindung stehen, und daß dann dieselben Schiffe, die den Torf nach der Stadt bringen, als Rückfracht die städtischen Abfallstoffe, Straßenkehricht, Kompost usw. auf das Land schaffen, und damit aus dem, von den abgetorften früheren Moorflächen verbliebenen Untergrund fruchtbare Äcker machen. In dem kleinen

Holland sind von Staat und Provinz für solche Kanäle etwa 40 Millionen Mark ausgegeben worden. Bei uns wird der Nutzen des gleichzeitig auch die Hauptmoorgebiete direkt entwässernden großen Mittellandkanals merkwürdigerweise gerade von den Landwirten angezweifelt und bemängelt.

Für die Moornutzung in Deutschland hat man nun zunächst den Versuch gemacht, sich an die holländische Kulturmethode anzulehnen, und der erste, welcher die Bedeutung der Moore in dieser Richtung erkannte, war Friedrich der Große; von ihm sind in Pommern und im Posenschen große Entwässerungsanlagen gemacht worden, die zum Teil noch heute wirksam sind. Dann ist aber die Sache bei uns eingeschlafen. Auch in Ostfriesland waren einige kleine Moorkolonien nach holländischem Muster entstanden, die aber den Fehler hatten, daß sie ganz außerhalb des Verkehrs liegend, keine Verbindung mit der Außenwelt hatten, so daß sie ihren Torf nicht los werden und Dünger nicht zuführen konnten; die Sache versumpfte deshalb auch hier.

Einen neuen Aufschwung hat die Moornutzung in Deutschland erst in der zweiten Hälfte des 19. Jahrhunderts gewonnen, und zwar datiert dieser aus der Zeit nach der Annexion von Hannover. 1867 war in Ostfriesland eine starke Mißernte und Hungersnot, und die preußische Regierung hat als erste Gabe an die neue Provinz den sogenannten Nordsüdkanal ausgeführt und damit den ersten Schritt getan, leider freilich nur einen halben Schritt, denn, nachdem die Kanäle fertig waren, hat sie dieselben einer Genossenschaft übergeben, welche aber nicht die nötigen Mittel besaß, um das Geschaffene wirtschaftlich zu entwickeln. Bei unserer deutschen Art des Vorgehens haben wir also von den Holländern nur den Anfang übernommen: die Schaffung der Vorflut, und diese bleibt auch die erste Bedingung weiterer Kultur, denn, wenn das Moor nicht entwässert wird, kann die anzubauende Pflanze nicht Luft bekommen und nicht gedeihen. Mit der weiteren Kultivierung der Moorflächen sind wir dann aber in eigener Weise vorgegangen, und dabei ist es vor allem zu statten gekommen, daß gerade zu dieser Zeit Liebigs Lehren in der Landwirtschaft zum Durchbruch und zur Erkenntnis gelangten und Liebig durch das Experiment nachweisen konnte, daß neben der Entwässerung des Moorbodens noch die Zuführung bestimmter Pflanzennährstoffe, die ihm fehlen, für die Kultur absolut notwendig ist. Es war, wie ich wohl sagen darf, ein besonders glücklicher Umstand, daß der wichtigste dieser fehlenden Stoffe, das Kali, sich gerade bei uns fand und der Landwirtschaft preiswert zugänglich gemacht werden konnte. Eine weitere Hilfe hat uns dann der Thomasprozeß mit der phosphorhaltigen Thomasschlacke gebracht, und so ist denn in Deutschland die neue Form der Nutzbarmachung der Moore wesentlich diesen beiden Quellen entsprossen.

Ich möchte es nicht unterlassen, Ihnen als handgreiflichen Beweis für die direkte Nährwirkung des Kalis ein höchst interessantes Objekt vorzulegen, welches ich Herrn Prof. v. Feilitzen, dem Leiter der Schwedischen Moorkulturstation in Jönköping verdanke. Es sind zwei Bilder von Pflanzen, die auf demselben Moorboden gewachsen sind, und zwar auf der einen Fläche ohne Zugabe von Kali, auf der anderen direkt benachbarten nach Düngung mit Staßfurter Kalisalz. Diese beiden Abbildungen, sprechen eigentlich besser als der längste theoretische Vortrag über den Effekt der Kalidüngung. Hinzufügen will ich nur, daß die Fläche, auf der Kali zugegeben wurde, die vierfache Ernte gegenüber der ohne Kali bestellten lieferte.

Ich kehre nach dieser Abschweifung zu den Emsmooren zurück. Der Notstand im Jahre 1867 brachte die dortige, sehr konservative kleinbäuerliche Bevölkerung dazu, die Kalisalze, welche ihnen notabene zunächst gratis zur Verfügung gestellt wurden, zur Düngung zu verwenden. Das Resultat war ein so günstiges, daß sich die neue Kulturmethode rasch Bahn brach, um so mehr, als auch weitere Kreise an deren Einführung lebhaften Anteil nahmen. Bereits im Herbst 1868 hatte sich im Kirchspiel Neuarenberg eine landwirtschaftliche Genossenschaft zur Abstellung des Moorbrennens gebildet, deren Statut nebst zugehörigen Erläuterungen ich Ihnen hier vorlege (Anlage A.). Diese Bestrebungen wurden dadurch gefördert, daß man durch eine rationelle Düngung die Beseitigung der bis dahin in den Moorgebieten üblichen Brandkultur überhaupt erhoffte, durch welche über ganz Nordwestdeutschland im Frühjahr der berüchtigte Moorrauch (Haarrauch oder Höhenrauch) verbreitet, und sowohl die Vegetation, wie die Gesundheit und Stimmung der Menschen geschädigt wurde. In einer Versammlung der Wirtschaftlichen Gesellschaft für Norddeutschland, welche am 17. Oktober 1869 in Emden stattfand, wurde deshalb auf meinen Antrag beschlossen, einen allgemeinen Verein gegen das Moorbrennen zu gründen und für diesen Zweck auch die neue rationelle Kulturmethode zu fördern und zu unterstützen. Ein Auszug der Verhandlungen dieser Gesellschaft liegt hier ebenfalls vor (Anlage B.).

Leider kam uns in den 70er Jahren der Kulturkampf in die Quere. Die in den Moorgegenden bei Lingen und Meppen sehr einflußreiche katholische Geistlichkeit, welche zuerst unsere Anregung für Bildung von Kulturgenossenschaften usw. lebhaft unterstützt hatte, zog sich zurück, und es trat hierdurch ein großer Stillstand ein. Glücklicherweise nahm aber dann die preußische Regierung die Sache mit bedeutenden Mitteln auf, indem sie zunächst in der Stadt Bremen eine große Versuchsstation für eine wissenschaftliche Untersuchung der Moore gründete und für diese Aufgabe auch gleich in dem jetzigen Geheimrat Fleischer den rechten Mann zu finden wußte. Mit weiterer Unterstützung der preußischen Regierung entwickelte sich dann aber aus dem noch schwachen Verein gegen das Moorbrennen der „Verein zur Förderung der Moorkultur im Deutschen Reiche", der im Jahre 1883 gegründet wurde und 1887 in Berlin seine erste Ausstellung durchführte, die freilich bei unserem städtischen Publikum nur geringem Verständnis begegnete. Ich hatte damals noch die Freude, dort unseren verewigten Vorsitzenden, Exzellenz Delbrück zu führen; er war einer der wenigen Berliner, die sich einfanden.

Jetzt, nach 17 Jahren, ist nun hier die zweite Moorausstellung veranstaltet, und zwar unter Leitung des Freiherrn v. Wangenheim, jetzigen Präsidenten des Deutschen Moorvereins, der auch persönlich durch ausgedehnte Experimente viel zur Förderung der rationellen Moorkultur beigetragen hat.

Die jetzige Ausstellung war am Lehrter Bahnhof im Ausstellungsgebäude in großem Maßstabe durchgeführt. Unter den 275 Nummern des Katalogs fanden sich auch eine Menge künstlerisch und kulturell interessanter Objekte, von denen ich nur das getreue Modell einer Moorkathe mit der ursprünglichen Einrichtung und die beiden, von Hans am Ende, einem Künstler der Worpsweder Schule gemalten prachtvollen Moorlandschaften erwähne.

Das Ausstellungsprogramm hatte drei Gruppen vorgesehen, von denen die erste Gruppe die Moore als Gegenstand naturwissenschaftlicher Forschung, die zweite Gruppe die land- und forstwirtschaftliche Nutzung der Moore und als dritte Gruppe die industrielle Ausbeutung der Moore umfaßte.

In dem wissenschaftlichen Teil konnte die Ausstellung der jetzt von Professor Tacke, dem tüchtigen Nachfolger des hier nach Berlin berufenen Geheimrat Fleischer geleiteten Moorversuchsstation in Bremen als die führende bezeichnet werden, sowohl in bezug auf die Menge, wie auf den Wert des Gebrachten. Aber von großem Interesse war auch die beinahe zu bescheiden hergerichtete Ausstellung der neuen bayerischen Moorversuchsstation unter Professor Baumann. Auf kleinem Raum war dort viel Neues und Interessantes zusammengebracht, darunter auch eine Menge von Dingen, die nicht bloß für die spezifische Moorkultur von Bedeutung waren, sondern auch für jeden Ingenieur Interesse boten, so namentlich die über die Entwässerung von größeren Terrains und dergl. Hoffentlich erscheinen die schönen Profile demnächst auch im Druck.

In sehr glänzender Weise war Österreich vertreten. Österreich hat vor drei oder vier Jahren für seine Moorbezirke, mit Ausnahme von Galizien, eine besondere Moorkulturstation an der landwirtschaftliche Hochschule in Wien gegründet und hat auch das Glück gehabt, dafür zwei sehr tüchtige Männer zu finden, Herrn Dr. Bersch, der in Wien die Sache leitet und Herrn Schreiber, der die praktische Moorversuchsstation in Sebastiansberg führt.

Betreffs Moorausnutzung sind uns die Österreicher in einer Richtung seit langem voraus. Es wird ja den Herren Hüttenleuten bekannt sein, daß in den österreichischen Alpen vielfach Hüttenbetrieb mit Torf existierte, und das Gleiche war auch auf den österreichischen Salinen der Fall. Daraus hat sich ein sehr wertvolles Material in bezug auf die Moorwirtschaft angesammelt, das aber jetzt leider nur in den Büchern figuriert. Ich bin selbst noch einmal nach der Saline Aussee gefahren, um mir die dortige Torfverwertung anzusehen, aber da hieß es, seit drei Jahren sind wir nicht mehr im Besitz solcher Feuerung, da jetzt Lignit benutzt wird, und ebenso wie dort, geht es auf allen größeren Hüttenwerken, denn bei den Massenerzeugungen ist ein konzentriertes Feuer Hauptbedingung, und die bei schlechterer Witterung unsichere Torfgewinnung vermag auch einen geregelten Großbetrieb nicht zu sichern. Es gibt indes noch eine Menge kleinerer Anlagen, in denen Torf verwertet wird. Ebenso wird er noch in einzelnen Glashütten und für andere Zwecke verbraucht.

Ein in wissenschaftlicher und wirtschaftlicher Beziehung hochinteressantes Gebiet wird besonders von der unter Leitung des Herrn Professor v. Feilitzen stehenden Schwedischen Moorkulturstation gepflegt. Man hat sich dort mit Rücksicht auf die durch Ungunst des nördlichen Klimas, Spätfröste usw. für die Pflanzenkultur bestehenden Schwierigkeiten die spezielle Aufgabe gestellt, Nutzpflanzen mit möglichst kurzer Vegetationszeit zu züchten. Zu diesem Zwecke werden sowohl aus dem Saatkorn, wie aus den daraus erwachsenen einzelnen Pflanzen durch jahrelange Auswahl die besten, kräftigsten und zugleich schnellwüchsigen Individuen für die Fortpflanzung einzelner Getreidearten ausgewählt und fortgezüchtet. Auf diesem, übrigens auch bei uns bekannten Wege haben die Schweden ganz wunderbare Resultate erzielt, derart, daß sie die Reifezeit der auf dem Moor kultivierten Körnerfrüchte um drei Wochen und mehr verkürzen konnten und dabei doch schwere und gute Körner geerntet haben.

Höchst interessant war auch die Finnische Ausstellung, in der besonders die äußerst reiche Kollektion der nordischen Moos- und Moorflora jeden Botaniker entzückte. Auf Grund der ihnen gewordenen wissenschaftlichen Belehrungen und Erfahrungen sind die Landwirte des Nordens verhältnismäßig mit die stärksten Konsumenten unserer Kalisalze.

Ich muß es mir leider versagen, hier auf die zahlreichen anderen hervorragenden wissenschaftlichen Leistungen der Versuchsstationen einzugehen. Sie alle boten ein Bild stillen, aber regen Forschens und Arbeitens, das von uns, die wir inmitten des großstädtischen Lebens stehen, kaum ausreichend gewürdigt werden kann.

In der zweiten, der land- und forstwirtschaftlichen Kultur gewidmeten Gruppe der Ausstellung waren die beiden Haupttypen

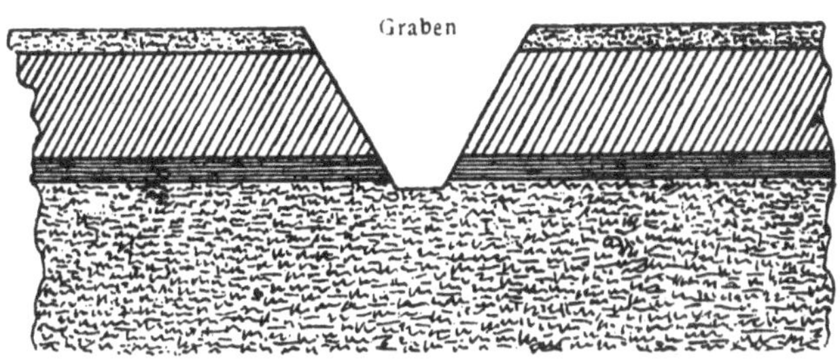

der Moorkultur, die Rimpausche Dammkultur und die neuere Hochmoorkultur, vertreten. Die von Rimpau zuerst in dem Drömlingsmoor erfolgte rasch durchgeführte Dammkultur beruht darauf, daß in einem flachen Moor, zumeist Niederungsmoor, nach Schaffung genügender Vorflut zunächst tiefe Gräben eingeschnitten werden, die bis auf den Sand herabgehen, etwa wie ich es hier skizziere. Es wird dabei die für Wasser undurchlässige Schicht durchbrochen und mit dem darunterliegenden Sande, der aus den Gräben herausgenommen ist, wird die obere Moorfläche überdeckt. Dadurch wird zunächst das Moor zusammengedrückt und entwässert, und außerdem hat diese Sanddecke die physikalisch sehr wichtige Eigenschaft, die Wärmeausstrahlung, welche bei dem schwarzgefärbten Moor eine sehr große ist, zu mildern und dadurch das Ausfrieren der Pflanzen zu verhüten. In diese obere, ungefähr 10 cm dicke Schicht von an sich nahezu unfruchtbarem Sand wird dann die Düngung eingebracht, und erfolgt die ganze Bestellung nur mit Hilfe sehr flacher leichter Pflüge ebenfalls nur in dieser oberen gedüngten Schicht. Haben sich dann die ausgesäten Pflanzen einigermaßen entwickelt und sind mit Hilfe der zugegebenen künstlichen Düngemittel zu Kräften gekommen, so schicken sie von selbst ihre Wurzeln in das darunterliegende Moor und nehmen dessen für die Pflanzenernährung brauchbare Bestandteile auf, und die Menge dieser letzteren ist keine geringe, denn die Grünlandsmoore sind reich an Stickstoff und Phosphorsäure, welche infolge der Lüftung für Aufnahme durch die Wurzeln zugänglich und löslich gemacht werden und der Pflanze zu reichlichem Wachstum und Gedeihen verhelfen.

Diese Rimpausche Dammkultur war lange Zeit das A und O des Agrikulturchemikers und hat richtig gehandhabt, so klare Ergebnisse geliefert wie ein Laboratoriumexperiment; sie war gewissermaßen eine einfach ins große übertragene Wiederholung der wissenschaftlichen Versuche, die Liebig früher mit sogenannter unfruchtbarer Moorerde durchgeführt hatte. Aber ein Mangel stellte sich dabei oft in ökonomischer Beziehung heraus, nämlich die hohen Kosten, welche die erste Anlage erforderte. Eine derartige Dammkultur kostet bei mittleren Löhnen per Morgen 150 bis 300 Mark und konnte sich bei hohen Lohnsätzen überhaupt nicht bezahlt machen, namentlich wenn die Moorschicht eine sehr dicke war, wie es z. B. bei den Hochmooren oft der Fall ist, wo man es mit Moorlagen zu tun hat, die in einzelnen Fällen 3 m und noch mehr stark sind und bei denen es nebenbei nicht möglich ist, die Gräben ohne starke kostspielige Dossierungen zu erhalten.

Aus diesen und einigen anderen Gründen haben sich unsere Kulturtechniker in der letzten Zeit mehr der sogenannten Hochmoorkultur zugewandt, bei welchen letzteren die Flächen ohne

Dämme und Gräben in der Weise bestellt werden, daß man auf dem Moorboden, nachdem nur die oberste lockere Schicht durch Abbrennen usw. beseitigt ist, direkt künstliche Düngemittel in großen Mengen aufbringt; man hat damit auch gute Resultate erzielt.

Diese Hochmoorkultur war in einer Reihe von sehr schönen Modellen vertreten, und in einer ganz besonders interessanten Schrift von Herrn v. Schöning in Schöningshof waren dazu noch weitere Aufklärungen und Illustrationen gegeben. Ich lege letztere im Original vor, da es mir in der kurzen Zeit nicht mehr möglich war, die Bilder für den Projektionsapparat herzurichten. Das erste Bild zeigt das unkultivierte Hochmoor mit der aus Torfsoden gebauten schornsteinlosen Kathe, in welcher der Moorkolonist früher gehaust hat, und die anderen zeigen die jetzigen Wohn- und Wirtschaftsverhältnisse nach Durchführung der Hochmoorkultur. Diese Kulturmethode hat durch die Leichtigkeit, mit der man bei verhältnismäßig geringen Anfangskosten das Hochmoor zum Ertrag bringen kann, manches Bestechende und ist für den Landwirt zunächst auch wohl empfehlenswert. Anders stellt sich aber das Exempel, wenn man die Sache einmal vom allgemein volkswirtschaftlichen Gesichtspunkte aus betrachtet. Bei solchen Mooren, die wie einzelne der am Südnordkanal gelegenen bis zu 4 und 5 m und selbst darüber mächtig sind, liegt der Hauptwert nicht im Acker, sondern im Torf, der darüber ist, das sollten wir eigentlich von den Holländern nachgerade gelernt haben. Bei der Hochmoorkultur wird aber dieser eigentliche offenliegende Wert, also die Summe von Energie, die in dem Torf geboten ist, nicht gehoben, sondern bleibt ungenutzt liegen. Stellt man nun eine Rechnung an, bei der die mittlere Mächtigkeit der Hochmoore nur mit $2^1/_2$ m angenommen und für den Torf nur ein Preis von 20 Pfg. pro Doppelzentner angesetzt wird, dann kommt man dazu, daß der Torf bei dem Abbau einen Wert von Brutto etwa 5000 Mark pro Hektar repräsentiert, während die abgetorfte Fläche, gerade wie es in Holland der Fall ist, ebensogut, wenn nicht besser, zur Verwendung als Ackerland verbleibt. Der eigentliche Kapitalwert, aus dem sich der holländische Fehnkolonist erst die Mittel zur weiteren Bearbeitung des Landes schafft, wird also bei der Hochmoorkultur gar nicht ausgenutzt.

Den größeren volkswirtschaftlichen Nutzen, welchen die Verwertung der Torfmassen bietet, erkennt auch Schöning in seinem Bericht über die Hochmoorkultur ohne weiteres an. Er bezeichnet die nach langjährigen Verhandlungen der beteiligten Regierungen durchgeführte Verbindung des preußischen Südnordkanals mit dem Hoogeveen-Kanal und dadurch mit dem gesamten System der holländischen Moorkanäle als den Beginn einer neuen industriellen Entwicklung des Bourtanger Moores. Schon jetzt seien dort von holländischen Kapitalisten und Unternehmern zirka 6000 Morgen Moore zur Abtorfung und späteren Anlegung von Veenplaatzen nach dem altbewährten holländischen Verfahren erworben. Selbstverständlich ist dieses holländische System der Verfehnung zunächst nur da möglich, wo man für den Torf einen offenen Markt findet. Für andere Gebiete muß man sich einstweilen noch mit dem Erfolg der Hochmoorkultur begnügen. Von diesem Gesichtspunkt aus ist es mit Freude zu begrüßen, daß die preußische Domänenverwaltung und ebenso viele Provinzialverwaltungen diese Form der Moorwirtschaft mit großer Energie aufgenommen und dafür besonders in Hannover, Ostpreußen und Pommern große Aufwendungen gemacht haben. Die im Großbetrieb gewonnenen Erfahrungen sind dann durch Stationierung und Ausbildung von Wanderlehrern auch den kleineren Landwirten zugänglich gemacht, und war in dieser Beziehung der von der Pommerschen Provinzial-Moor-Kommission erstattete Bericht über das Hochmoorkolonat in Giesebitz, einer kleinen, ziemlich armen Gemeinde am Lebasee besonders interessant. Die mitgeteilten Kulturpläne, sowie die ausgestellten Früchte zeigten in der Vermehrung des Viehstandes, sowie in der Quantität und Qualität der Ernte die überraschenden Fortschritte, welche in wenigen Jahren mit verhältnismäßig geringen Mitteln selbst von kleinen Besitzern dort erzielt waren.

Als ein in ganz anderer Beziehung interessantes Ergebnis der Moorkultur möchte ich aber noch eine von Herrn von Braunschweig-Wollin ausgestellte Kollektion von Rehgehörnen erwähnen, welche zeigte, daß selbst die Ernährung des Wildes auf gut gedüngtem Moorboden eine andere ist, als auf dem wilden Moor.

Einen Fortschritt, der auf einem ganz anderen Gebiet, dem sozial-ethischen, liegt, hat die Anlegung neuer Moorkolonien für die Beschäftigung der Strafgefangenen gebracht. Es wurde ja früher vielfach über die Konkurrenz geklagt, welche durch die Arbeit in den Strafanstalten dem bürgerlichen Gewerbe erwächst. Bei der Verwendung der Gefangenen für Urbarmachung bisher wüster Moore fällt diese Konkurrenz nicht nur weg, sondern es wird den Sträflingen auch eine gesunde Tätigkeit in freier Luft geboten, durch welche sie für die landwirtschaftliche Arbeit erhalten und fortgebildet werden. Höchste Anerkennung verdient hierbei das Wirken des Geheimen Oberregierungsrat Dr. Krohne, auf dessen Veranlassung auch alle für Unterbringung und Beköstigung der Gefangenen auf den Arbeitsstätten getroffenen Einrichtungen ausgestellt waren. Ein näheres Eingehen auf alle in dieser Abteilung gebotenen Objekte würde zu weit führen, und ich gehe deshalb nur auf den dritten Teil der Ausstellung, welcher der industriellen Verwertung des Torfes gewidmet war, über.

Die einfachste Form hierfür ist die Verwendung als Torfstreu. Zu diesem Zweck wird das obere leichtere Moor abgeeggt, getrocknet und durch eine Art von Reißwolf passiert, und erhält man so das als Torfmull oder Torfstreu bezeichnete Material, welches Ihnen wohl auch bekannt sein wird. Nachdem die Holländer diese Fabrikation zuerst aufgenommen hatten, sind auch in Deutschland, namentlich in Oldenburg, eine große Reihe von Fabriken dafür etabliert, welche gut reüssieren. Namentlich in Zeiten von Strohmangel bietet die Torfstreu ein gutes Aushilfsmittel für die Landwirtschaft. Wie weit die Behauptung, daß Torfstreu auch desinfizierend auf Fäkalien wirkt, zutreffend ist, vermag ich nicht anzugeben, jedenfalls ermöglicht sie durch rasches Aufsaugen der Jauchen eine bessere Konservierung der Abfallstoffe.

Eine andere Verwendung der organischen Bestandteile des Torfes von der recht oft in Journalen und Patenten die Rede ist, betrifft die Verwendung zu Gespinstfasern und zu Papier, aber trotz der Unzahl von Patenten, die dafür genommen sind, ist nach dieser Richtung im Ganzen noch nichts erreicht, was als ein praktisches Resultat bezeichnet werden könnte. Der Grund hierfür liegt nicht in einer mangelhaften Technik, sondern in der Beschaffenheit des Rohmaterials selbst. Diejenigen Pflanzen, welche die Hauptmasse des Torfes bilden, also die Heidekräuter, zeigen selbst im frischen Zustande, wenn man sie unter dem Mikroskop betrachtet, eine sehr kurze Faser, und diese ist durch die Vermoderung noch brüchiger und weniger haltbar geworden und eignet sich, da sie schlecht filzt, auch wenig zum Verspinnen. Die einzige von den das Moor bildenden Pflanzen, welche vielleicht einen Spinnstoff abgeben könnte, das Wollgras (Eriophorum vaginatum), findet sich in einzelnen Mooren in starken oft bis zu $^3/_4$ m mächtigen Lagen vor, und ist bei ihm die Verrottung der Faser noch nicht so weit vorgeschritten, um sie brüchig zu machen. Aber die Fasermasse ist mit allen möglichen Extraktivstoffen durchtränkt, und man muß zu ihrer Freilegung und Reinigung erst eine ganze Reihe von chemischen Prozeduren unter Anwendung von Soda und Säure vornehmen, bei der man wohl schließlich ein Produkt erzielt, welches sich in Schaukästen oder im Museum sehr hübsch macht. Stellt man aber die für Gewinnung dieses Surrogats nötigen Kosten sorgfältig zusammen, so ergibt sich, daß dasselbe mehr kostet, als die gewöhnliche Spinnfaser, welche man dadurch ersetzen will, und damit ist dieser Sache finanziell und technisch das Urteil gesprochen. Dasselbe gilt auch von der Verwendung des Torfes zu Papier. Es bedarf ja keines Beweises und keiner neuen Patente für die Möglichkeit, Torffaser ebensogut in den Papierbrei zu bringen, wie Holzschliff oder selbst Chinaclay, aber die Torffaser hat kaum mehr Bindekraft, wie diese Stoffe, und wenn man nicht andere gute Feuerstoffe (Lumpen oder Zellulose) als Grundmasse verwendet, so erhält man niemals ein festes und brauchbares Papier.

Das Hauptgebiet der Torfverwertung bildet noch immer seine Verwendung als Brennstoff. Schon Tazitus berichtet, daß die Römer an der Nordsee Völkerschaften gefunden hätten, die ihre Speisen mit Erde kochten, und wahrscheinlich in derselben Weise, wie damals, wird auch heute noch der Torf mit dem Spaten abgestochen und auf die hohe Kante gelegt und getrocknet. Aber der so gewonnene Stichtorf hat die Eigenschaft, sehr locker zu sein, und da er bei geringem Brennwert großen Raum einnimmt, so ist er nur in der nächsten Umgebung der Torfmoore zu gebrauchen. Um diesen Übelstand zu beseitigen und den Brennstoff im Torf zu konzentrieren, sind die mannigfachsten Versuche gemacht, von denen ich aber als mit großen Mitteln und nach richtigen Grundsätzen ausgeführt, nur diejenigen erwähne, welche bereits in den vierziger Jahren des vorigen Jahrhunderts von den Herren v. Exter und v. Weber für die Bayerische Eisenbahnverwaltung gemacht wurden.

Man ist dabei im Prinzip richtig vorgegangen, indem man die in den Torfmassen enthaltenen langen Fasern, welche eine Verdichtung derselben durch Pressen usw. unmöglich machten, durch Zerkleinern und durch Wolfen beseitigte und dann eine Verdichtung der erhaltenen breiigen Masse durch Trocknen und Pressen bewirkte. In gleicher Weise ist man dann später auch in Oldenburg bei Herrichtung des Torfes für die Lokomotivheizung vorgegangen, aber dort, wie in Bayern stellte es sich bald heraus, daß selbst dieses konzentrierte Torfmaterial für eine intensive Dampferzeugung nicht ausreichend war, und hat man im Eisenbahnbetrieb schon aus diesem Grunde die Torfheizung zu gunsten der Steinkohle aufgegeben.

In kleinerem Maßstabe hat man jedoch die bei Fabrikation der Braunkohlenbriketts gewonnenen Erfahrungen für Herstellung von Torfbriketts benutzt, ein Betrieb, der sich aber nur an solchen Orten lohnend zeigte, wo Torfbriketts oder Steinkohlen abnorm teuer waren. Soweit mir bekannt, existieren bisher Torfbrikettsfabriken nur in sehr geringer Zahl.

Ein Verfahren, bei welchem die Idee zu Grunde lag, den chemischen und mechanischen Prozeß der Konzentration der Torfmasse dadurch zu vereinigen, daß man die vorgewärmte Torfmasse zwischen erhitzten Platten einem hohen Druck unterwirft, war auch auf der Ausstellung vertreten. Ich habe aber nicht kontrollieren können, wie weit die Angaben über die abnorm hohen Heizwerte und die sehr niedrigen Herstellungskosten, welche für dieses Produkt gemacht wurden, zutreffende sind und stehe ihnen einstweilen noch skeptisch gegenüber.

Ein weiteres, theoretisch durchaus bewährtes Mittel zur Konzentration des Brennwertes im Torf bietet die Torfverkohlung, mit welcher man ebenfalls seit langer Zeit experimentiert. Die einfachste Form der Verkohlung ist die in Meilern, wie solche auch für Holzkohle von Alters her bekannt sind. Von diesem Meilerbetrieb ging man dann zur Verkohlung in Öfen über, die zunächst aus gemauerten runden Schächten bestanden, in welchen man, nachdem sie bis oben mit Torf gefüllt waren, die Masse von oben herab entzündete und den entwickelten Rauch durch einen mit der Sole des Ofens verbundenen Schornstein ableitete, Man erreichte hierdurch den bedeutenden Vorteil, daß die verkohlte Masse nicht zerdrückt wurde, da sie auf noch unverbranntem Torf ruhte. Nach ähnlichem Prinzip sind dann eine Reihe anderer, zum Teil komplizierterer Öfen konstruiert worden, wie z. B. die in Triangel bei Gifhorn. In der dort von Herrn Ökonomierat Rothbart geleiteten, in praktischer Beziehung mustergültigen Torfgewinnungsanlage werden aus dem vorgetrockneten und vorgepreßten Torf ziemlich dichte und feste Koke erhalten, die für einzelne Zwecke ganz brauchbar sind und von der Hannoverschen Eisenbahnverwaltung auch zur Kupeeheizung verwendet wurden.

Ein neueres, ebenfalls auf der Ausstellung vorgeführtes Verfahren, welches Aufsehen erregte und gewisse Beachtung verdient, ist dasjenige des Ingenieurs Martin Ziegler in Berlin. Herr Ziegler hat die reichen Erfahrungen, welche er früher bei der Verschweelung von Braunkohle gesammelt hat, auf die Torfverkohlung mit Geschick und Umsicht übertragen. Ziegler verkohlt den Torf nicht durch offenes Feuer, sondern in stehenden Retorten, deren Beheizung er ähnlich, wie das bei den neueren Kokesöfen geschieht, durch die bei der Verkohlung selbst entwickelten abgehenden Gase bewirkt. Um die in diesen Gasen enthaltenen kondensierbaren Produkte zu gewinnen und um gleichzeitig die Heizkraft der Gase durch Beseitigung des darin enthaltenen Wasserdampfes zu erhöhen, läßt Ziegler dieselben zunächst ein Kühlsystem passieren und gewinnt dabei Teer, Ammoniak, Holzgeist und Essigsäure als Nebenprodukte, aus welchen er durch weitere Raffination Paraffin, sowie Leuchtöle und verschiedene wertvolle chemische Artikel herzustellen vermag.

Die aus den Retorten fallende Kohle ist, wenn der dafür benutzte Rohtorf recht aschenfrei und auch sonst geeignet war, dicht und fest, und soll besonders von den Kupferschmieden und anderen Metallarbeitern gern verwendet und hoch bezahlt werden; auch als Ersatz für den Anthrazit in sogenannten amerikanischen (Cadé-)Öfen wird diese Torfkohle empfohlen.

Bedenklich erscheint es mir nur, ob man auch bei massenhafter Herstellung des Materials so hohe Preise dafür wird erzielen können, wie sie Ziegler jetzt bei seinen Betriebskalkulationen einsetzt. Wenn man aber mit diesen, in ihrer Anlage ohnedies recht kostspieligen Öfen nur Kohle erzeugen kann, die für gewisse Spezialvertriebe verkäuflich ist, so können auf diesem Wege große Torfmassen nicht verwertet werden. Dieses letztere Ziel ist es nun, welches ich bei meinen, auch hier schon früher erörterten Vorschlägen über Verwertung der Torfmoore speziell ins Auge gefaßt und seit Jahren weiter verfolgt habe. Ich habe mir gesagt, daß, wenn es nicht gelingt, den Torf preiswert in eine Form zu bringen, welche seinen Transport bis zu den Orten industrieller Verwertung lohnt, so müsse man die Aufgabe von der anderen Seite anfassen und behufs Beseitigung der unerschwinglichen Transportkosten die Industrie eben näher an das Torflager heranbringen.

In den Vorschlägen, welche in dem Verein für Gewerbefleiß und der Zentralmoorkommission bereits im Jahre 1897 unterbreitete, hatte ich die Verwendung des Torfes zum Betriebe großer Dampfmaschinen nebst daran angeschlossener Dynamos ins Auge gefaßt, von welchen die erzeugte Elektrizität entweder an Ort und Stelle für elektrochemische und elektrometallurgische Prozesse entnommen werden oder durch Fernleitungen im hochgespannten Zustande den Industriezentren zugeführt werden sollten. Bei der weiteren Verfolgung dieser Pläne sind mir dann namentlich die Resultate zu statten gekommen, welche in den letzten Jahren durch Ausbildung des Großgasmaschinenbetriebes und der Benutzung armer Kraftgase erzielt wurden.

Was speziell die Verwendung der Hochofengase betrifft, so möchte ich Ihnen dafür nur einige Zahlenangaben machen. Ein Hochofen des jetzt üblichen größeren Typs mit einer Tagesproduktion von 300 tons Eisen liefert pro Tag 1 350 000 cbm Gase, also rund 1000 cbm Gas per Minute, welches einen durchschnittlichen Heizwert von 900—1000 Kalorien per Kubikmeter hat. Von dieser Gesamtproduktion an Gasen ist nur die Hälfte bis höchstens $^2/_3$ für Wiederhitzung und Betrieb der Gebläsemaschinen nötig, und man kann reichlich $^1/_3$ für andere Kraftzwecke abgeben und ausnutzen, wie dies jetzt auch bereits in den Großgasmaschinen, die von verschiedenen Firmen für diesen Zweck konstruiert sind, mit bestem Erfolge geschieht. Auch auf den Hüttenwerken wird die so gewonnene Kraft meist in Elektrizität transformiert und so nach dem Gebrauchsort weiter geleitet, resp. dort in ihrer Abgabe und Verwendung geregelt. Auch in der Fortleitung der Kraft auf größere Entfernungen sind in den letzten Jahren große Fortschritte gemacht, da man diese Fortleitung jetzt mit wesentlich höherer Spannung und geringerem Energieverlust bewirkt, als man es früher für möglich hielt. Es wird Ihnen ja bekannt sein, daß man jetzt mit Spannungen von 40—50 000 Volt operiert und dementsprechend schwächere Leitungsdrähte verwenden kann.

Mit der gelungenen Einführung der Großgasmaschine bei den Hochöfen hat auch das Studium und die Ausbreitung der ebenfalls mit armen Gasen arbeitenden Sauggasmaschine Schritt gehalten; wurden für den Betrieb der Sauggasgeneratoren zunächst nur Kokes oder Anthrazit verwendet, so hat man in den letzten beiden Jahren für diesen Zweck auch geringwertigere Brennstoffe herangezogen, und es sind jetzt schon eine Reihe von Sauggasmaschinen in Betrieb, deren Generatoren mit geringer erdiger Braunkohle gespeist werden, welche einen Wassergehalt von 50 % hat.

Die hierbei gewonnenen überraschenden günstigen Erfahrungen haben mich nun bestimmt, auch die Verwendung von Torf für den Großgasmaschinenbetrieb in Betracht zu ziehen, um so mehr, als bereits die ersten Versuche zeigten, daß man das aus Torf mit einem Wassergehalt von 50 % gewonnene Kraftgas mit gutem Erfolg zum Maschinenbetrieb benutzen kann, da dasselbe noch einen Heizwert von 11—1200 Kalorien besitzt, der also den des Hochofengases noch übertrifft.

Mit der Möglichkeit, den ungeformten, nur schwach abgetrockneten Torf in Generatoren zu vergasen, war aber das Haupthindernis, welches sich bisher der Massenverwertung des Torfes für den Großbetrieb entgegenstellte, überwunden, weil die Kosten und das Risiko, welche bisher mit dem Formen und Trocknen des Torfes verknüpft waren, nunmehr in Fortfall kamen. Die weiteren Versuche, welche auch in früheren Arbeiten von Lürmann ihre Bestätigung fanden, ergaben nun, daß ein Doppelzentner Torf bei der Vergasung 250 cbm Gas liefert und daß man von diesem Gase bei sehr reichlicher Rechnung pro Pferdekraftstunde 4 cbm verbraucht, oder mit anderen Worten: mit 1 Meterzentner Torf 60 Pferdekraftstunden gewinnen kann. Dagegen würde also eine große Gasmaschine, von 2500 HP, wie dieselbe hier im Entwurf vorliegt, pro Jahr nur 24 000 Tonnen Torf gebrauchen, während ich bei meinen Ihnen im Jahre 1897 mitgeteilten Voranschlägen für den Betrieb von Dampfmaschinen bei gleicher Leistung noch einen Konsum von 50 000 Tonnen Torf für die Kesselfeuerung zu Grunde legen mußte. Es tritt also hierbei eine Ersparnis von mehr als 50 % ein. Führt man nun auf Grund dieser Kalkulation die Sache weiter durch, so ergibt es sich, daß es unter diesen Umständen wohl möglich ist, in den Torfgebieten bei Annahme eines Preises von 20—25 Pfg. pro Doppelzentner Rohtorf die elektrische Kraft etwa mit 80 Mark pro Pferd und Jahr zu erzeugen, d. h. also nahezu zu gleichen Preisen, wie solche von vielen Wasserkraftwerken, z. B. in Rheinfelden, in der Schweiz und selbst am Niagara berechnet werden; unter der Voraussetzung, daß die gewonnene Kraft auch voll, d. h. während 22 Stunden ihre Ausnutzung findet, würde sich die Pferdekraftstunde nur auf etwa 1 Pfg. stellen. Eine solche vollkommene Ausnutzung ist aber selbst in industriereichen Gegenden nur schwer zu erreichen, da auch dort viele Fabriken nur Tagesbetrieb haben. Glücklicherweise verfügen wir jetzt über eine Anzahl elektrochemischer Prozesse, welche auch einen diskontinuierlichen Betrieb zulassen, derart, daß man bei diesem die Kraft jederzeit verwerten und bei anderweitem Bedarf auch wieder abgeben kann.

Als für diesen Zweck an erster Stelle brauchbar ist das Kalziumkarbid zu nennen, dessen Benutzung sich jetzt nicht mehr auf die Herstellung von Azetylen für Beleuchtungszwecke beschränkt, sondern durch seine von mir in Gemeinschaft mit Siemens & Halske festgestellte Fähigkeit, den atmosphärischen Stickstoff zu binden, ein Verwendungsgebiet von größter Ausdehnung gefunden hat, da es auf diesem Wege möglich ist, den Luftstickstoff direkt in Verbindungen überzuführen, welche sowohl als Düngemittel für Zwecke der Pflanzenernährung, wie auch für Darstellung zahlreicher anderer chemischer Produkte, von denen ich hier nur das Zyankalium nenne, verwendbar sind. Wie schon vorhin angedeutet, kann Karbid auch im diskontinuierlichen Betrieb erzeugt werden. In einem Elektrizitätswerk, welches, wie dies auch bei einem großen Teil unserer städtischen Zentralen der Fall ist, nur für gewisse Stunden volle Ausnutzung findet, kann also die zeitweise unverwertbare Kraftanlage für Gewinnung des Karbides benutzt werden, welche dann also gewissermaßen einen Akkumulator repräsentiert. Diese Tatsache ist nun für elektrische Kraftanlagen, welche fernab von großen Städten und Industriezentren etabliert werden, von ganz besonderer Bedeutung. Um einen konkreten Fall zu erörtern, greife ich wiederum auf die nordwestdeutschen Moorgebiete, also speziell die Emsmoore zurück. Böte die Ems in der Nähe ihrer Mündung eine große Wasserkraft, wie sich eine solche beispielsweise am Rhein an seinem oberen Lauf findet, so wäre diese Kraft gewiß schon längst gefaßt und ausgenutzt. In volkswirtschaftlicher Beziehung ist es nun aber ganz gleichgültig, ob eine solche Kraft einem Wasserfall oder einer anderen Energiequelle entstammt, vorangesetzt natürlich, daß die Kosten in letzterem Falle keine höheren sind. Legen wir diese Prämissen für das Emsgebiet zu Grunde, so zeigt ein Blick auf die hier vorliegende Karte von Nordwestdeutschland, daß sich auch dort nicht nur schon jetzt für billige Kraft vielfache Verwendung findet, sondern daß gerade dieses Gebiet nach seiner geographischen Lage für weitere industrielle Entwicklung die günstigsten Aussichten gewährt. In meinem für die Zentralmoorkommission im Dezember v. J. erstatteten Bericht habe ich speziellere Angaben darüber gemacht, von welchen ich hier nur das Wesentliche mitteilte.

Sowohl auf dem rechten, wie auf dem linken Ufer der Ems sind große unabgebaute Moorflächen vorhanden, von welchen das linksemsische Bourtanger Moor allein eine Fläche von 1400 qkm hat, während am rechten Ufer der Ems das Hümmlingsmoor mit etwa 1500 qkm und nördlich zwischen Ems-Hunte-Kanal und Ems-Jade-Kanal weitere größere Moorgebiete sich befinden. Das linksemsische Bourtanger Moor ist durch den Südnordkanal bereits zum großen Teil aufgeschlossen und entwässert; rechts der Ems ist jetzt mit einem Aufwand von 70 Millionen Mark der Dortmund-Ems-Kanal ausgeführt, welcher zwischen Meppen und Papenburg das Hümmlingsmoor berührt, und endlich ist für die nördlicher gelegenen Moore durch den Ems-Hunte-Kanal und Ems-Jade-Kanal die Möglichkeit ausreichender Trockenlegung geschaffen.

Neben der hierdurch und durch die Ems selbst gebotenen Wasserverbindung sind dann auf rechtsemsischem Gebiete die Eisenbahnlinien Münster-Emden, Bremen-Oldenburg-Leer mit ihren Abzweigungen nach Bremerhaven und Wilhelmshaven und einer größeren Zahl von Nebenlinien vorhanden. Speziell zum Emsgebiet gehören dann noch die Hafenplätze von Papenburg, Leer und Emden, von welchen letzterer in kurzer Zeit einer großen Entwicklung entgegengeht. Die südlich an der Ems gelegenen Städte Meppen und Lingen, sowie die ebenfalls noch zum Gebiete der Moore gehörigen Plätze Nordhorn und Schüttorf haben schon jetzt eine nicht unbedeutende Industrie.

Eine große, links der Ems im Bereich des Bourtanger Moors und etwa am Schnittpunkt des Südnordkanals und des Kanals nach Koeverden errichtete Kraftstation würde also zunächst für die Städte Meppen, Lingen, Nordhorn, eventl. auch Schüttorf, von welchen sie in 15—20 km Entfernung läge, Kraft und Licht abgeben können, und außerdem für den Betrieb der Schiffahrt mittelst elektrischer Touage auf dem Dortmund-Ems-Kanal, sowie bei späterem Bedarf auf dem Südnordkanal selbst mit Vorteil benutzt werden, wie ja auch ihre Verwendung als Betriebskraft für die Eisenbahnen in nicht zu ferner Zeit wohl zu erwarten ist. Weiter nach Norden würde dann für eine große Kraftstation links der Ems gegenüber von Papenburg etwa bei Rhede oder rechtsemsisch im Hümmlingsmoor in der Nähe von Papenburg ein geeigneter Platz sein, von dem aus wiederum Kraft bis nach Papenburg und Leer, sowie für den Bahn- und Schiffahrtsbetrieb abgegeben werden könnte, und endlich würde eine in den Mooren zwischen

Ems-Hunte-Kanal und Ems-Jade-Kanal etablierte, also zwischen Wilhelmshaven und Emden gelegene Kraftzentrale diese beiden wichtigen Plätze, von deren jedem sie dann nur etwa 35 km in der Luftlinie entfernt wäre, mit elektrischer Energie versorgen können. Die Leitung nach Emden könnte über Aurich gehen, während an die Leitung nach Wilhelmshaven Jever angeschlossen werden könnte. Selbstredend würde auch hier wieder für den Schiffahrtsbetrieb auf dem Ems-Jade-Kanal und auf der nördlichen Ems Kraft disponibel sein.

Nach erfolgreicher Etablierung einer solchen zentralen Kraftanlage kann man auch mit Sicherheit voraussehen, daß die Moorgebiete Oldenburgs und der unteren Weser in gleicher Weise zur Ausnutzung gelangen und dadurch Bremen, wie Bremerhaven mit in den Kreis der Kraftversorgung hereingezogen werden könnten.

Darauf, daß die Übertragung größerer Kraftmengen auf verhältnismäßig so geringe Entfernungen bei dem heutigen Stande der Elektrotechnik keinerlei Schwierigkeiten bietet und auch nicht mit großen Kraftverlusten verbunden ist, habe ich schon vorher hingewiesen.

Bei Abgabe elektrischer Energie auf weitere Entfernungen wird man natürlich einen höheren Preis erzielen können, welcher nicht nur die Kosten des Leitungsnetzes verzinst, sondern auch noch einen Extranutzen gewährt. Für alle auf diesem Wege nicht verwendbare elektrische Kraft ist aber in der Karbidfabrikation eine lohnende und jederzeit mögliche Verwendung geboten. Da bei dem jetzigen Stande der Karbidtechnik mit einer elektrischen Pferdekraft pro Jahr rund 1000—1200 Kilo Karbid hergestellt werden können, so würde in einer Zentrale von 10 000 Pferdekräften die Gewinnung von 10—12 000 tons zu ermöglichen sein. Dieses Produkt würde bei Umwandlung in den bereits als wirksames Düngemittel erprobten Kalkstickstoff unter Aufnahme von 25 % Luftstickstoff 12 500—15 000 tons eines Düngematerials liefern, welches in seinem Effekt dem schwefelsauren Ammoniak gleichwertig ist und selbst dem im übrigen etwas rascher wirkenden Chilesalpeter nahekommt.

Die deutsche Landwirtschaft ist infolge unserer klimatischen und Bodenverhältnisse der größte Konsument von Stickstoffdüngern und verbraucht jährlich an schwefelsaurem Ammoniak 150 000 tons, an Chilesalpeter 500 000 tons; für ersteres sind wir zum Teil, für letzteren gänzlich dem Auslande tributpflichtig, und beträgt die Summe, welche dafür jährlich außer Landes geht, rund 100 Millionen Mark.

Sollte es, was ich bestimmt erwarte, möglich sein, auch nur für einen Teil dieser vom Ausland bezogenen Hilfsstoffe im Lande selbst Ersatz zu schaffen, so wäre dies für unser gesamtes Nationalvermögen ein großer Gewinn. Ganz besonders erfreulich würde es aber noch sein, wenn auf diesem Wege unsere bisher zum großen Teil noch unausgenutzten und wüsten Moorgebiete nicht nur selbst der Kultur und Industrie erschlossen würden, sondern auch der deutschen Landwirtschaft die Stickstoffdüngemittel liefern könnten, für deren Bezug sie jetzt auf die an der Westküste Amerikas gelegene Atacamawüste angewiesen ist.

Unsere Industrie versorgt schon jetzt den Ackerbau ausreichend mit Kali und Phosphorsäure. Nachdem es nunmehr gelungen ist, den bisher widerspenstigen Stickstoff der Atmosphäre zu binden, wird die Technik den Bedarf der Landwirtschaft an diesem für den Pflanzenbau gleich wichtigen Hilfsmittel ebenfalls beschaffen können und ein neues Band zwischen Industrie und Landwirtschaft knüpfen zu Ehren und zum Nutzen unseres Vaterlandes.

III. Ueber Gewinnung von schwefelsaurem Ammonium und von Kraftgas aus Torf[1]).

Von Dr. A. Frank.

Die Entwicklung der Elektrotechnik in den beiden letzten Jahrzehnten hat auch für chemische und metallurgische Industrie bereits wichtige Ergebnisse geliefert, wird aber, wie man sicher voraussagen darf, sowohl auf technischem wie auf wirtschaftlichem Gebiete noch weitere und bedeutsamere Resultate bringen. Während früher bei den Prozessen des Chemikers und Metallurgen die Gewinnung der dafür nötigen Energie meist durch eine chemische Aktion, die Verbrennung, eingeleitet werden mußte, tritt bei Zuhilfenahme der Elektrizität das umgekehrte Verfahren ein, indem dort Energie in Wärme verwandelt wird. Bei denjenigen chemischen Prozessen, welche mit Hilfe der Elektrizität durchgeführt werden können, ist man also nicht so sehr auf die massenhafte

[1]) Vortrag, gehalten in der Fachgruppe für anorganische Großindustrie des Vereins deutscher Chemiker, Hauptversammlung Jena, 12./6. 1908. Z. f. angew. Chemie 1908, Heft 30.

Verwendung von Brennstoffen angewiesen, als auf Ausnutzung von Elementarkräften, welche Energie zu billigsten Preisen liefern. Die elektrochemischen, resp. elektrothermischen Verfahren bieten aber auch in vielen Fällen die Möglichkeit einer direkten und sehr konzentrierten Einwirkung der Energie auf das zu behandelnde Material und damit eine bedeutende Vereinfachung und Verbilligung an der Apparatur, sowie eine Ersparnis an Kraftaufwand, während selbst unsere besten Heizeinrichtungen in bezug auf Ausnutzung der Brennstoffe noch viel zu wünschen übrig lassen.

Die billigsten und leichtest greifbaren Elementarkräfte bieten nun die Wasserkräfte, an denen Deutschland und besonders das norddeutsche Tiefland sehr arm ist, während andere europäische Gebiete, namentlich die Schweiz und Tirol, sowie Schweden und Norwegen, ferner Italien und auch Frankreich über solche bisher wenig benutzten Kräfte in großer Menge verfügen, und infolgedessen schon jetzt, zum Teil unter Mitwirkung deutscher Arbeit und deutschen Kapitals, wichtige Zweige der chemischen Industrie heranziehen, resp. neu ausbilden, für deren Betrieb wir mit unseren jetzigen Brennstoff- und Kraftpreisen nicht konkurrenzfähig sind.

Ich kann hierbei aus eigener Erfahrung sprechen, da die Gesellschaft, welche das von mir und Dr. Caro erfundene Verfahren zur Bindung von Luftstickstoff im großen durchführt, wie auch ferner die unter Mitwirkung hervorragender chemischer deutscher Fabriken gemachten Anlagen für Salpetersäureerzeugung aus der Atmosphäre, ihre Hauptbetriebsstätten nach dem Auslande verlegen mußten, weil die dort erhältlichen billigen Wasserkräfte für die Kilowattstunde nur $^1/_4$ desjenigen Preises kosteten, der in Deutschland beim Betriebe mit mineralischen Brennstoffen aufzubringen war.

Ein Wandel in diesem für die weitere Blüte und Entwicklung der deutschen chemischen Industrie bedenklichen Zustande konnte nur geschaffen werden, wenn es gelang, ihr neben den jetzt als wesentliche Wärme- und Kraftquelle dienenden mineralischen Kohlen einen anderen, bisher fast unbenutzten, weil als zu minderwertig betrachteten Brennstoff zuzuführen, von dem gerade Deutschland noch große, nahezu unerschöpfliche Ablagerungen bietet. Es sind das unsere weiten Torfmoore, die sich nicht nur in dem norddeutschen Flachlande von der Memel bis zur Ems, sondern auch in den Hochebenen Süddeutschlands in weiter Ausdehnung finden. Für mich, dessen Heimat selbst in einem dieser

Moorgebiete, dem Drömling, liegt, hatte das Studium von Moor und Heide stets einen besonderen Reiz, und nachdem Liebig im Verein mit Naegeli und Zöller gezeigt hatte, daß der trotz eines hohen Gehaltes an Stickstoff und Phosphorsäure unfruchtbare Moorboden durch Zuführung von Kaliumsalzen für lohnenden Ackerbau nutzbar gemacht werden konnte, habe ich bereits in der Mitte der 60er Jahre des vorigen Jahrhunderts für die Anwendung der Kalidüngung auf den Mooren all meine Kräfte eingesetzt, wie auch bereits im Jahre 1869 bei der Tagung der Wirtschaftlichen Gesellschaft für Nordwestdeutschland zu Emden die Anregung zur Bildung des Vereins gegen das Moorbrennen gegeben, aus dem später die Moorversuchsstationen und der Verein zur Förderung der Moorkultur hervorgingen. Dank der Mitarbeit dieses Vereins und namentlich auch meiner altmärkischen Landsleute Rimpau-Cunrau und Schulz-Lupitz hat die Kalidüngung gerade auf den Mooren die größten und schönsten Erfolge gebracht. So befriedigend aber diese Resultate für den Agrikulturchemiker waren, so konnte ich mir doch nicht verhehlen, daß dabei der eigentliche Wert der Moore als mächtige Brennstoffmagazine, den die Holländer bei ihrem System der Veenwirtschaft in so einfacher und für die allgemeine Landeswohlfahrt wirksamer Weise seit Jahrhunderten auszunutzen verstehen, bei der deutschen Hochmoorkultur nicht zur vollen Verwendung gelangte. Wohl waren auch in Deutschland, namentlich Bayern und Oldenburg zahlreiche Versuche gemacht, den Torf als Brennstoff für die Großindustrie und für den Eisenbahnbetrieb zu verwenden, aber sie scheiterten alle an der Schwierigkeit, die nötigen großen Massen von Torf zu trocknen, und selbst wenn dank eines günstigen Sommers diese Aufgabe einmal erfüllt war, den unter großen Kosten und Beschwerden geborgenen voluminösen Brennstoff zu transportieren und mit demselben sodann eine ausreichende und gleichmäßige Heizwirkung und Dampferzeugung zu erlangen.

Auch die auf einem derzeit mit in meinem Besitz gewesenen Hochofenwerk, der Alexishütte bei Wiethmarschen, ausgeführten Versuche, den Brennwert des Torfes durch Verkokung zu konzentrieren und hierdurch als Brennstoff konkurrenzfähig zu machen, erwiesen sich als unlohnend, und dieselben Schwierigkeiten bezüglich des Trocknens und der teuren Handarbeit, mit welchen wir damals zu kämpfen hatten, sind auch bei dem neueren, mit ebensoviel Fleiß als Intelligenz durchgeführten Torfverkokungsverfahren von Ziegler bisher ebensowenig überwunden, wie bei der mit so großen Hoffnungen begrüßten elektrischen Torfentwässerung.

Um die Mitte der 90er Jahre, als zunächst durch die Ausbildung der Gasfeuerung und der Gasmaschine und sodann durch die Entwicklung der Elektrotechnik für die Schaffung großer Kraftzentralen eine neue Grundlage gegeben war, und ferner für Kalziumkarbid, für dessen Massengewinnung durch die Arbeiten von Willson und Moissan der Weg erschlossen war, ein starker Begehr auftrat, nahm auch ich meine Arbeiten über Torfverwertung wieder ernstlich in Angriff. Als wesentliche und für mich unverrückbare Basis galt mir dabei, daß, da jeder Versuch, ein so minderwertiges Brennmaterial transportfähig zu machen und es in Konkurrenz mit Steinkohle oder selbst mit Braunkohle zu bringen, erfolglos bleiben müsse, eine lohnende Verwertung nur am Gewinnungsorte selbst und bei tunlicher Vermeidung von Handarbeit Aussichten auf kommerziellen Erfolg bieten könne. Da ich es also für unmöglich erkannte, den Torf nach den Industriezentren zu bringen, empfahl ich, die Industrie oder doch die Krafterzeugungsstationen mitten in das Moorgebiet zu legen, um dann die in Form elektrischer Energie gewonnene Kraft als hochgespannten Strom im näheren oder weiteren Umkreise zu verteilen und zu verwerten, während ich für die zeitweise nicht verwendbare Kraft die Herstellung von Karbid gewissermaßen als Akkumulator in Aussicht nahm.

Trotz aller Vorsicht, die ich bei Aufstellung meiner Kalkulation angewandt hatte, begegnete ich auch mit diesen Vorschlägen vielfachem Zweifel, da ganz abgesehen von dem Mißtrauen, welches unsere Kapitalisten auf Grund übler Erfahrungen allen auf Torfverwertung bezüglichen Plänen entgegenbringen, auch die anfangs große Begeisterung für Anlage von Kalziumkarbidfabriken bald einer herben Ernüchterung Platz gemacht hatte, und ebenso anfangs dieses Jahrhunderts der große Rückschlag auf dem Gebiete der elektrischen Unternehmungen eintrat, dessen sich wohl jeder von uns noch erinnert. Aber diese widrigen Verhältnisse konnten bei mir die Überzeugung an der Richtigkeit meiner Pläne nicht erschüttern und dienten nur dazu, mich zur Heranziehung neuer Hilfsmittel und Verbesserungen anzuspornen. Ich habe darüber im Jahre 1904, Heft 10 unserer Vereinszeitschrift ausführlich berichtet. Konnte die bloße Ausnutzung der Heizkraft des Torfes nicht genügen, so mußten auch die anderen, in dem rohen Material enthaltenen Werte mit zu Gute gemacht und dadurch eine ausreichende Rentabilität der Torfverarbeitung sicher gestellt werden.

Bereits in den 90er Jahren hatte nun Ludwig Mond in London erfolgreiche Versuche gemacht, aus geringwertigen Steinkohlen nicht nur Kraftgas zu erzeugen, sondern durch einen besonders gearteten Betrieb der Generatoren auch den Stickstoffgehalt der Steinkohle in Form von schwefelsaurem Ammonium besser auszubringen und auszunutzen, als dies bisher in den Gasanstalten und Kokereien möglich gewesen wäre. An diese mit bestem Erfolge durchgeführten Mondschen Versuche, welchen bald die Etablierung von im größten technischen Maßstabe errichteten Anlagen folgte, hat nun Herr Dr. Caro, mein Arbeitsgenosse, auf dem Stickstoffgebiete, zunächst die Idee geknüpft, auch die Rückstände der Kohlenwäsche und Separation, die sogen. Waschberge, welche nur etwa 30 % Kohle bei 60—65 % Aschenbestandteile, aber dabei ebensoviel, ja oft mehr Stickstoff wie reine Steinkohle enthalten, jedoch bisher als lästiger Ballast auf die Halde gestürzt wurden, für die Gewinnung von Kraftgas und von Ammoniak zu verwerten. Die hierauf bezüglichen, in den Mondschen Werken in Stockton ausgeführten Versuche, lieferten überraschend günstige Resultate, über welche Herr Dr. Caro auf der Hauptversammlung des Vereins deutscher Chemiker in Nürnberg selbst Bericht erstattet hat. Im Anschluß hieran und auf meine Anregung begann Dr. Caro nun auch die bisher für unausführbar erachtete Vergasung von ungeformtem nassen Torf mit 40—50 % Wassergehalt. Diese ebenfalls in Stockton durchgeführten Experimente, über welche in Heft 37, Jahrgang 1907, Seite 1592, ausführlich berichtet ist, lieferten nun so günstige Resultate, daß sich unter Mitwirkung eines rheinischen Großindustriellen, des Kommerzienrates Wahlen in Köln, eine Gesellschaft bildete, welche auf der Zeche Mont Cenis bei Sodingen i. W. eine für tägliche Verarbeitung von 50—60 tons nassen Torf bestimmte Anlage errichtete, und zwar speziell zu dem Zweck, dort die sehr verschieden gearteten und gelagerten nordeuropäischen Torfvorkommen für den Großbetrieb in Generatoren zu erproben.

Diese, mit allen Einrichtungen und Meßapparaten für genaueste wissenschaftliche und technische Kontrolle geplante Station sollte bereits Mitte des Jahres 1907 betriebsfertig sein. Mannigfache Hemmungen und Unstimmigkeiten, wie sich solche ja im vergangenen Jahre bei Überlastung der Fabriken mit Aufträgen überall geltend machten, haben indes die Fertigstellung der Werksanlage bis Mitte Mai dieses Jahres verzögert, so daß wir erst im letzten Drittel des vorigen Monats mit dem regelmäßigen Betrieb des Generators und zwar unter Benutzung des uns vom Preußischen Landwirtschaftsminister dafür angelieferten Quantums von 350 tons = 35 Waggons Torf beginnen konnten. Diese Torfmasse, welche teils schon im Frühjahr 1907, teils erst im Frühjahr 1908 geliefert wurde und im Freien gelagert hatte, zeigte einen verschiedenen Wassergehalt, der bei den älteren Partien 42—47 %, bei einzelnen erst jetzt verladenen 65—70 % betrug. Der mittlere Stickstoffgehalt der regelmäßig entnommenen Durchschnittsproben war auf trockene Substanz berechnet 1,05 %, der Aschengehalt im Mittel 3 %. Bei einem Durchsatzquantum bis 45 tons in 24 Stunden wurden bei Verarbeitung von Torfmasse mit 42—47 % Wasser pro 1000 kg trockener Torfmasse aus dem Generator erhalten bis zu 2800 cbm Gase mit einem Gehalt von

17,4—18,8	Vol. %	Kohlensäure,
9,4—11	„	Kohlenoxyd,
22,4—25,6	„	Wasserstoff,
2,4—3,6	„	Methan,
42,6—46,6	„	Stickstoff

und nur Spuren von Sauerstoff. Es betrugen mithin die totalen brennbaren Bestandteile der Generatorgase 36—39 % und der Heizwert pro cbm durchschnittlich 1400 Kal. Bei Torf mit einem Wassergehalt von 65—70 % war der Kohlensäuregehalt, aber auch das Volumen der Generatorgase höher, dagegen sank die totale Menge der brennbaren Bestandteile auf 28,6 Vol.-%. Da indes Hochofengase mit 20 % total Brennbarem noch zum Gasmaschinenbetrieb brauchbar sind, so würde ein aus solchem nassen Torf gewonnenes Gas von 28,6 % Brennwert kein Hindernis für die Benutzung in dem Explosionsmotor, geschweige denn für Heizzwecke bilden.

Von dem normalen Generatorgas mit 36—39 % brennbaren Bestandteilen wurden abgemessene Mengen zum Betriebe einer mit Pronyschem Zaum abgebremsten 50 PS-Gasmaschine verwendet und dabei festgestellt, daß pro effektive Pferdekraft 2,4 cbm des Gases erforderlich waren; auch ergab die Prüfung eine nahezu vollständige Abwesenheit von Teerstaub. Da die Gesamtausbeute bis zu 2800 cbm per Tonne trockenen Torfes ermittelt war, so ergibt dies eine Leistung von 1160 PS.-Stunden, und da ferner die etwa 500° heißen Auspuffgase zur Erzeugung des für den Generatorbetrieb nötigen Dampfes vollkommen genügen, und der Betrieb von Luft- und Wasserpumpe, sowie Scrubber, nur geringe Kraft erfordert, so kann man mit Sicherheit mit einem Rendement von 1000 Nutzpferdekraftstunden per Tonne trockenen Torfes rechnen, d. h. also mit einer Energiemenge, die zur Bindung von 50 kg Luftstickstoff in Form von Kalziumzyanamid oder von 10—20 kg Stickstoff in Form von Salpetersäure entspricht.

Wichtiger und für den wirtschaftlichen Effekt fast noch bedeutsamer ist aber die Gewinnung des als weiteren Produktes des Generatorbetriebes erhaltenen Ammoniaks. Bei der Vergasung der gesamten organischen Torfsubstanz in einem Gemisch von Luft und überhitztem Wasserdampf findet eine weitgehende Hydrolyse der wohl aus dem Pflanzeneiweiß entstandenen stickstoffhaltigen Substanzen der Brennstoffe, hier also speziell der Torfmasse statt, welche so vollkommen wirkt, daß durch Auswaschen der Gase im Schwefelsäurescrubber aus dem für die Versuche verwendeten Material 77—80 % seines Stickstoffgehaltes in Form von schwefelsaurem Ammonium erhalten werden. Der bei dem Betrieb in Sodingen vergaste Torf, welcher 1,05 Stickstoff enthielt, lieferte bis zu 40 kg schwefelsaures Ammonium per Tonne. Eine in Stockton vergaste kleinere Partie Lebertorf mit 2,8 % Stickstoffgehalt in der Trockensubstanz ergab nach den von Dr. Caro gemachten Feststellungen sogar 110 kg schwefelsaures Ammoniak per Tonne, entsprechend 83 % des Gesamtstickstoffgehaltes. Zum vollen Verständnis dieser Resultate weise ich nur darauf hin, daß bei der Verkokung von Steinkohle in Gaswerken und Kokereien aus deren meist 1 % übersteigenden Stickstoffgehalt nur 10 bis höchstens 12 kg schwefelsaures Ammoniak pro Tonne Kohle gewonnen werden. Die weiteren Nebenprodukte unseres Torfgeneratorbetriebes, also an erster Stelle der ziemlich reichlich gewonnene Teer, sowie auch in den Kalkulationen anderer Systeme mit nicht unbedeutenden Zahlen eingesetzten Werte für Essigsäure, Holzgeist usw. haben wir außer Betracht gelassen, zunächst aus dem Grunde, weil uns bisher die Zeit für genaue Feststellung der bezüglichen Ergebnisse fehlt, sowie aber auch, weil wir der Ansicht sind, daß die Torfvergasung als Großbetrieb sich nur dann einführen kann und wird, wenn sie in ihren beiden, auf einfache Weise zu gewinnenden Hauptprodukten, also Kraft-, resp. Heizgas und Ammoniumsalze einen sicheren und ohne komplizierte Nebenbetriebe zu realisierenden Gewinn bietet. Sollte, wie es immerhin möglich ist, die Weiterverarbeitung der Nebenprodukte sich späterhin als lohnend erweisen, so ist uns das gewiß willkommen, vorläufig stellen wir sie lieber nicht in Rechnung.

Nachdem ich Ihnen so ein Resümee über die von mir seit mehr als 40 Jahren auf dem Gebiete der Moorausnutzung verfolgten Arbeiten, sowie über deren nunmehr glücklich bewirkten Abschluß, welchen ich der Mitwirkung von Dr. Ludwig Mond und Dr. Caro verdanke, Bericht gegeben habe, möchte ich auch noch in tunlichster Kürze darlegen, welche Aussichten das unter so vieler Mühe Erreichte in wirtschaftlicher und technischer Beziehung nunmehr eröffnet. Die auf Grund der bisher vorliegenden Versuche aufgestellten Kalkulationen ergeben, daß bei einem Torf, welcher nur 1—1,1 % Stickstoff enthält und in feuchtem Zustande, also mit 50 % Wassergehalt loko Fabrik mit 2 Mark pro Tonne bequem geliefert werden kann, sowie ferner bei einem, der Benutzung einer Wasserkraft gleichen, dauernden Betriebe einer Kraftzentrale von mindestens 1000 PS., entsprechend 8 Mill. PS.-Stunden = rund 6 Millionen Kilowattstunden p. a. und bei Annahme reichlicher Löhne, sowie von 15 % für Verzinsung und Amortisation des Anlagekapitals, die Jahrespferdekraft mit 40 bis 50 Mark geliefert werden kann, also ebenso billig, wie sie zurzeit in Schweden und Norwegen sowie in der Schweiz an günstigst gelegenen Stellen bezahlt werden muß.

Bei den in Deutschland vorhandenen zahlreichen Moorlagern, besonders den Grünlandsmooren mit einem Stickstoffgehalt von 1,5—2 % und darüber reduzieren sich infolge der entsprechend höheren Ausbeute an Ammoniaksalzen die Kosten der Kraft auf ein Minimum, da dann sämtliche Aufwendungen für Rohmaterial, Löhne, Abschreibungen usw. durch den Ertrag aus der Ammoniakgewinnung gedeckt werden können. Vorbedingung für einen erfolgreichen Betrieb ist also, wie ich dies in einem Kreise von erfahrenen Industriellen wohl nicht zu erwähnen brauche, die richtige Auswahl des Moores bezüglich seiner Qualität, seiner möglichst vollkommenen Drainage und einer günstigen Lage für Gewinnung von Arbeitskräften und für Transport der Fabrikate, doch ist letzteres Moment im vorliegenden Falle von geringerer

Bedeutung, weil man ja heute imstande ist, die gewonnene Energie bei Anwendung von Hochspannungsleitungen auch nach einer nicht bei der Kraftstation liegenden Fabrik zu führen. Da für den Betrieb einer 1000pferdigen Anlage pro Jahr 16000 Tonnen feuchter Torf, entsprechend 8000 tons trockenes Material erfordert werden, und 1 ha Moor bei einer Mächtigkeit des Torflagers von 3 m: 4000—5000 tons trockenen Torf liefert, so besteht auch keine Sorge, daß diese neu zu erschließende Kraftquelle bald versiegen oder versagen wird.

Wie ich schon eingangs meines Berichtes erwähnte, besitzt Deutschland noch nahezu in allen seinen Landesteilen unkultivierte Moorflächen von großer Ausdehnung, von deren insgesamt auf 400 Quadratmeilen = rund 2250000 ha geschätzter Fläche allein auf die Provinz Hannover 100 Quadratmeilen, auf Oldenburg 70, auf Pommern 55, auf Ostpreußen 35, auf Rheinland nur im Gebiet der Eifel und der hohen Venn 17, auf Bayern 15 und auf Württemberg 8 Quadratmeilen entfallen. Die Torfmasse einer Quadratmeile = 5625 ha Moor bietet aber bei 3 m Mächtigkeit das Heizmaterial für Gewinnung von rund 3 Millionen Jahrespferdekräften. Viele dieser Moorgebiete liegen in der Nähe des Meeres, also in günstigster Position für den Import von Rohstoffen und für den Export von Massenartikeln, oder in nicht zu weiter Entfernung von großen Städten und Industriezentren, welche ebenso wie die Landwirtschaft und die Betriebe von Lokal- und Straßenbahnen für die überschüssige Produktion elektrischer Kraft ein günstiges Absatzfeld bieten. Speziell für unsere chemische Industrie kommt es aber auch weiter in Betracht, daß sich ihrer Ausdehnung, resp. der Errichtung neuer Anlagen durch die stetig wachsende Erschwerung der Konzessionsbedingungen in den enger bevölkerten und hoch kultivierten Landesteilen immer größere Hindernisse entgegenstellen, während sie in den bisher ziemlich menschenleeren Moorgebieten als willkommener Arbeitgeber und Kulturträger empfangen wird, letzteres noch besonders deshalb, weil jeder Hektar abgetorftes Land sich in eine Heim- und Ackerstätte für den Arbeiter verwandelt, welche ihm bei richtiger Pflege Wohlstand und Behagen bietet.

Sie werden aus meinen obigen Darlegungen ersehen, wie wichtige Kulturaufgaben die deutsche chemische Industrie unter gleichzeitiger Wahrung ihrer eigensten Interessen in unseren Moorgebieten erfüllen kann.

Nachdem ich während eines Menschenalters für die Erschließung dieses bisher bei uns in seiner Bedeutung noch wenig gekannten und noch weniger gewürdigten Gebietes tätig war und dank der Hilfe tüchtiger Freunde und Mitarbeiter nunmehr dem erstrebten Ziele nahe gekommen bin, darf ich wohl die Hoffnung hegen, daß mir aus den Kreisen meiner Kollegen immer mehr Nachfolger erwachsen werden, welche das in wissenschaftlicher, wie in wirtschaftlicher und sozialer Hinsicht so bedeutsame Kulturwerk der Kolonisation unserer Moore weiter führen und vollenden. Mens agitat molem!

Zellulose.

Die moderne Zelluloseindustrie ist zwar nicht von Frank begründet worden, wohl hat er aber auf die Entwicklung der deutschen Industrie einen nicht geringen Einfluß ausgeübt.

Besonders ist auf seine Anregung die Begründung der Zelluloseindustrie in Ostpreußen zurückzuführen. Das im Jahre 1891 eingereichte Promemoria an die preußische Regierung ist bisher im Druck noch nicht erschienen. Auch hier sind zweifellos unter wesentlicher Mitwirkung Franks die ersten Wege für eine später außerordentlich leistungsfähig gewordene Industrie eröffnet worden.

Frank hat sich übrigens schon in den 80er Jahren eingehend mit den technischen Prozessen der Zellulose-Industrie beschäftigt und vor allem beim Verein zur Beförderung des Gewerbefleißes die Aussetzung eines Preises angeregt, um die bei der Zellstoffbearbeitung notwendigen Prozesse näher aufzuklären. Eine gute Übersicht über den damaligen Stand der Zelluloseindustrie gibt auch ein Vortrag über Zellstoffabrikation, der mit einigen Kürzungen ebenfalls wiedergegeben sei. Zwei weitere kürzere Mitteilungen betreffen die Frage der Verwertung der Sulfitkochlaugen als Futtermittel, die ja neuerdings wieder sehr aktuell geworden sind.

I. Promemoria betreffend die Einführung der Holzstoff-, Zellstoff- und Papierfabrikation in Ostpreußen

eingereicht

von Dr. Adolf Frank in Charlottenburg.

Die Königliche Staatsregierung hat in der Neuzeit den wirtschaftlichen und gewerblichen Zuständen Ostpreußens ein besonderes Interesse gewidmet und angesichts der schwierigen Verhältnisse, mit welchen dort sowohl der Ackerbau als der Handel zu kämpfen haben, die Frage erwogen, in welcher Weise durch

Einführung größerer Industriebetriebe der Bevölkerung neue, lohnende und von unberechenbaren klimatischen, wie politischen Zufälligkeiten unabhängige Erwerbsquellen erschlossen werden können.

In einem Wirtschaftsgebiet wie das Deutsche Reich, welches bei starker Konkurrenz auf den heimischen Märkten für seine industrielle Produktion bereits wesentlich auf den Export angewiesen ist, bietet eine vom Staat geförderte und gewissermaßen unter seiner Verantwortlichkeit bewirkte Ausdehnung schon entwickelter Industrien, immer große Schwierigkeiten, ganz besonders müssen diese aber bei einem Landesteile berücksichtigt werden, welcher wie Ostpreußen fernab von den gewerblichen Zentren Deutschland gelegen ist und welchem außerdem, infolge der prohibitiven Zölle Rußlands für die meisten seiner ohnedies unter erschwerenden Umständen hergestellten gewerblichen Erzeugnisse, das natürliche Hinterland verschlossen ist, während der billige Ausfuhrweg zur See, soweit auch ihn nicht klimatische Verhältnisse für einen Teil des Jahres ungangbar machen, in Gebiete mit einer seit lange bestehenden, höher entwickelten Industrie führt. Eine Kompensation dieser ungünstigen Verhältnisse, wie solche z. B. in Oberschlesien durch die vorhandenen Mineralschätze, in Westpreußen und Posen durch den für Zuckerrübenbau und Hochkultur geeigneten reichen Ackerboden Kujawiens gegeben ist, hat die Natur Ostpreußens versagt, und nebenbei hat auch die Ungunst des Klimas ihren Anteil an den Mißerfolgen, welche dort bei Einführung der Rübenzuckerfabrikation und anderen landwirtschaftlichen Großgewerben konstatiert sind.

Was schließlich das für eine industrielle Entwicklung notwendige Menschenmaterial betrifft, so steht auch hierin die Bevölkerung Ostpreußens, trotz vorzüglicher körperlicher und geistiger Veranlagung noch hinter den eigentlichen Industriegebieten mit ihrer, seit Generationen geschulten und dadurch beinah mit angeborenen Fähigkeiten ausgerüsteten Arbeiterschaft zurück; es fehlt dem ostpreußischen Arbeiter die rasche Auffassung und geistige Regsamkeit, wie die Handfertigkeit und Beweglichkeit welche dem sächsischen, thüringischen, rheinischen und süddeutschen Industriearbeiter zu eigen sind, Eigenschaften, die den Leuten auch unter schwierigen Verhältnissen, wie solche z. B im Erzgebirge und in Thüringen bestehen, die Gewinnung eines bescheidenen Unterhalts ermöglichen und sie selbst bei ungünstigen Konjunkturen zum Ausharren befähigen. —

So viel Hindernisse sich hiernach der Einführung älterer, anderweit bereits ausgearbeiteter Industriezweige entgegenstellen, so besitzt Ostpreußen doch in seiner ausgedehnten Bewaldung und in seinen aus reichen Quellen gespeisten Wasserkräften zwei Vorteile, welche im Verein mit billiger und bequemer Seeverbindung, günstige Aussichten für seine industrielle Entwicklung eröffnen. Das auf den eignen ausgedehnten Forsten Ostpreußens und den Waldungen des russischen und polnischen Hinterlandes beruhende Holzgeschäft von Memel, Königsberg und Danzig bildet seit langer Zeit einen Hauptzweig des Handels dieser Plätze; für die forstgerechte Bearbeitung, wie für Transport des Holzes ist der ostpreußische Arbeiter geschickt wie wenig andere. Nicht minder bedeutsam als die Wälder sind aber die ausgedehnten, hochliegenden Wasseransammlungen, deren mit teilweise starkem Gefälle versehene, kurze Abflüsse zum nahen Meere Kraftmagazine darbieten, welche nur der Erschließung harren, um große Werte zu schaffen, die sich in demselben Maße steigern werden, als die andern Industriegebieten zur Verfügung stehende Kraftquelle, die mineralischen Brennstoffe, sich im Preise erhöht.

Wald und Wasser sind in Ostpreußen bisher nur in primitivster Art ausgenutzt, indem die Produkte der Forsten, in wenig veredelter Form auf den Flüssen den Häfen zugeführt und von dort nach entfernten Industriebezirken, behufs weiterer Bearbeitung und Ausnutzung versandt werden.

Diente nun bis vor wenigen Jahren das Holz außer seiner Verwendung als Brennstoff nur den verschiedenen Baugewerben: Landbau und Wegebau, Schiffbau und Bergbau, so hat die Entwicklung der Industrie jetzt für dasselbe eine neue Verwendung geschaffen, welche wirtschaftlich und technisch von höchster Bedeutung und Ausdehnungsfähigkeit ist, nämlich seine Benutzung für die Fabrikation des Papieres, und zwar ist von allen europäischen Hölzern dasjenige der Fichte als das durch seine Zellenform und sonstige Beschaffenheit für diesen Zweck geeigneteste befunden. —

Die Verarbeitung des Holzes zu einem Roh- resp. Halbstoff für die Papierindustrie geschieht auf zweierlei Art, von denen die ältere, die Herstellung des Holzschliffes, oder Holzstoffes, d. h. die bloße mechanische Zerfaserung des Holzmaterials durch Abschleifen auf Sandsteinen — etwa seit Mitte dieses Jahrhunderts durch Keller und Voelter eingeführt — nur ein geringes Material liefert, welches, wenn auch für Herstellung billiger Massenfabrikate, wie Zeitungs- und Packpapiere, Pappen usw. von vielseitiger Anwendbarkeit, doch kein eigentlicher Ersatzstoff für Lumpen ist; dagegen bietet die im letzten Jahrzehnt eingeführte Herstellung von reinem Holzzellstoff auf chemischem Wege, die sogenannte Natron- und Sulfitzellulose, namentlich letztere, einen vollkommenen und reellen Ersatz für das früher nahezu alleinige Rohmaterial der europäischen Papierfabrikation, die leinenen und baumwollenen Lumpen. Die Entwicklung der Zellstoffindustrie hat deshalb binnen kurzer Zeit eine völlige Umgestaltung der Papierindustrie bewirkt, namentlich aber das deutsche Papiergewerbe in hohem Maße gefördert und es nicht allein aus der früheren Abhängigkeit von dem Lumpenbezug aus fremden Ländern befreit, sondern auch den deutschen Papierexport nach Menge und Wert an die erste Stelle im Weltmarkt gebracht. —

Unabhängig von Darstellung und Verbrauch des neuen chemischen Zellstoffs hat aber auch der geschliffene Holzstoff seinen Platz als billiges Füllmaterial behauptet und sogar eine stetig zunehmende Verwendung gefunden. Da mit einer Pferdekraft pro Stunde nur etwa $^1/_2$ Kilo Schleifstoff hergestellt werden kann, so sind neben geeignetem Holzmaterial, billige Elementarkräfte die Hauptbedingung für lohnende Erzeugung von Holzschliff, Dampfkraft ist als zu teuer dabei unanwendbar. Die Einrichtung einer Holzschleiferei erfordert sonst keine großen Mittel und auch der Betrieb ist mit geringen Auslagen für das wenig Schulung erfordernde Personal verbunden, dagegen bildet die Verfrachtung des versandfertigen Holzschliffes aus den Gebirgsgegenden, welche die Fabrikation behufs Erlangung von billigem Rohmaterial und geeigneter Wasserkraft aufsuchen muß, namentlich beim Export eine schwere Belastung des Geschäfts. In Ostpreußen, wo Wald und Wasserkräfte in größerer Nähe des Meeres zu finden sind, würde diese Schwierigkeit fortfallen!

Ein ungleich wertvolleres Material als der rohe Holzschliff bietet, aus bereits erörterten Gründen, die durch wirkliche Reindarstellung und Isolierung der Zellfaser in größeren Fabrikanlagen und mit Hilfe komplizierterer chemischer Operationen gewonnene Zellulose, um so mehr, als derselben möglicherweise auch als Spinnstoff noch eine große Zukunft bevorsteht, da das Material in chemischer Beziehung der Baumwolle durchaus gleich ist, nur die geringere Länge der Faser bildet ein voraussichtlich noch zu überwindendes Hindernis, um dieses Produkt unserer Wälder, auch als Ersatz der exotischen Spinnstoffe zu verwenden, für welche wir dem Auslande bisher noch tributpflichtig sind.

Die Gesamtproduktion der 65 deutschen Zellstoffabriken hat im letzten Jahre etwa 150 000 tons betragen, wovon allein 40 bis 45 000 tons zu einem Wert von 10—12 Millionen Mark exportiert wurden. Alleiniges Material für Herstellung von Sulfitzellulose ist aber das Fichtenholz, wie dasselbe auch den meist benutzten Schleifstoff liefert.

Ein Blick auf die amtliche Statistik zeigt nun, daß Ostpreußen unter allen preußischen Provinzen mit 220 000 Hektar Fichtenwaldungen in erster Reihe steht und davon ebensoviel besitzt, als das gesamte Königreich Sachsen, während aber in Sachsen 239 Holzschleifereien und 8 große Zellulosefabriken in schwunghaftem und lohnenden Betriebe sind und mit ihrem Produkte die im Lande vorhandenen 79 Papierfabriken und 89 Pappenfabriken, mit zusammen 176 Papiermaschinen, noch nicht mal ausreichend versorgen können, existiert in Ostpreußen keine einzige Anlage für Verarbeitung des Holzes zu Holzschliff oder zu Zellstoff! — Dabei stellt sich der Preis des Fichtenholzes in Sachsen auf 11—13 Mark pro rm loko Fabrik, während Holz gleicher Qualität franko Bahn oder Schiff Königsberg mit 4,50—5 Mark pro rm geliefert wird, so daß nicht allein die nächstgelegene pommersche Zellulosefabrik zu Varzin den Bezug von dort vorteilhaft findet, sondern ostpreußisches Fichtenholz jetzt via Rotterdam, rheinaufwärts an die große Zellstoffabrik nach Waldhof bei Mannheim geht, wo es trotz der 8—9 Mark pro rm betragenden Fracht und Spesen mit den Hölzern aus den badischen und württembergischen Forsten ebenso konkurriert wie in den schottischen Zellstoffabriken mit skandinavischem und kanadischem Holze. Selbst für die nächstgelegene deutsche Zellstoffabrik zu Varzin beträgt die Fracht nahezu gleichviel wie der Preis des Holzes ab Königsberg und da 1 Raummeter Fichtenholz rund 100 Kilogramm Ia Zellulose liefert, so könnte eine in Ostpreußen an geeigneter Stelle betriebene Fabrikation das fertige Produkt lediglich durch Ersparung unnötiger Rohstoffrachten um 4 resp. um 7—8 Mark pro 100 Kilo billiger herstellen, als die Konsumenten ostpreußischer Hölzer in Varzin oder in Mannheim. Da nun endlich die Ausfrachten von Königsberg nach englischen und andern Nordseehäfen keinenfalls höher sind als die Frachten, welche binnenländische norddeutsche und süddeutsche Fabriken für ihr exportiertes Produkt haben und ebenso Kohlen und Chemikalien in Königsberg den mittleren Preis in Deutschland nicht übersteigen, so liegt es auf der Hand, wie günstige lokale Bedingungen sich der Zellstoffindustrie in Ostpreußen bieten; eine besondere Illustration erfährt aber diese Tatsache noch dadurch, daß neben den schlesischen Fabriken auch die von Waldhof bei Mannheim und von Wolfach in Württemberg bei irgend günstigen Rubelkursen sehr bedeutende Mengen ihrer, aus teuerstem Rohmaterial hergestellten Zellulose, an russische und polnische Papier-Fabriken liefern, obgleich die Fracht für das fertige Produkt von Süddeutschland nach Warschau oder Petersburg mindestens 4 Mark pro 100 Kilo beträgt. Auch in dieser Beziehung würde aber Ostpreußen einen bedeutenden Vorsprung haben und Königsberg, welches früher den Hauptstapelplatz für den Export russischer Lumpen bildete, würde, nachdem dieses Geschäft durch die Zelluloseindustrie geschmälert ist, den Debit von Zellstoff nach Rußland als Ersatz dafür erhalten. –

Wäre nun die Zellstoffindustrie etwa wie die Staßfurter Kalifabrikation ein Monopol Deutschlands, so könnte man die durch weite Verfrachtung von Rohmaterial und fertigem Produkt erwachsenden Spesen, wenn solche auch vom Gewinn der Fabrikanten abgehen, doch als einen den bezüglichen deutschen Transportgewerben zuwachsende Einnahme und mithin als keinen direkten Ausfall am Gesamterwerbe und Nationalvermögen betrachten. Für diesen, freilich an sich schon etwas schwachen Trost, bietet aber die wirkliche Sachlage absolut keinen Anhalt. Die rasche und im Anfange sehr günstige Entwicklung der deutschen Holzstoff- und Zellstoffindustrie hat auch andere waldreiche Länder zur Etablierung gleicher Fabriken mächtig angespornt. Ganz abgesehen von Kanada und den Vereinigten Staaten sind namentlich in Schweden, Norwegen, Finnland und den russischen Ostseeprovinzen, welche sämtlich große Fichtenwaldungen und billige Wasserkräfte haben, in den letzten Jahren vielfach unter Mitwirkung englischer und anderer fremder Kapitalien eine große Menge bedeutender Holz- und Zellstoffabriken entstanden.

Nach der letzten Statistik beträgt die Zahl derselben

für Schweden	Holzschleifereien	87,	Zellulosefabriken	37,
für Norwegen	,,	62,	,,	14,
für Finnland	,,	19,	,,	7.

In den russischen Ostseeprovinzen sind in den letzten beiden Jahren ebenfalls 5 Zellulosefabriken gebaut, so daß also in diesen, nördlicher als Ostpreußen belegenen Gebieten, welche abgesehen von den großen Wasserkräften, die sie besitzen, sowohl in politischer und wirtschaftlicher Beziehung, wie auch betreffs der Kommunikationsverhältnisse in ungünstigerer Situation sind, als Ostpreußen, die Zellstoffindustrie mit 63 Fabrikanlagen die deutsche der Zahl nach beinah schon erreicht hat und sie bald überholen dürfte, obgleich sich der Holzpreis in Schweden mit durchschnittlich 4 Kronen = 4,5 Mark pro rm loko Fabrik bereits auf gleiche Höhe stellt wie der Preis in Königsberg.

In bezug auf Holzschliff ist Deutschland von Skandinavien bereits überholt; im Jahre 1890 betrug die Ausfuhr von Norwegen allein

an nassem Holzschliff mit 50 % Wasser	158 740	tons,
an trocknem „	24 469	tons,
an feuchtem Zellstoff	8 955	tons,
an trocknem „	24 469	tons,

zu einem geschätzten Gesamtwert von 11 Millionen Kronen = zirka 12,37 Millionen Mark erreichte, also nahezu den Wert des deutschen Exports an Holzschliff und Zellstoff und bereitete der deutschen Industrie nicht allein auf den auswärtigen Märkten, sondern betreffs des Holzschleifstoffes, auch in Deutschland selbst eine empfindliche Konkurrenz.

Was so von Norwegen bereits statistisch ermittelt ist, trifft auch für Schweden und Finnland zu, beide Wirtschaftsgebiete haben für ihre bedeutende Produktion an Papierhalbstoffen im Inlande keine Verwendung und treten daher als Konkurrenten des deutschen Exports nach England, Frankreich, Italien jetzt um so mehr auf, als die Vereinigten Staaten neuerdings zunächst den Import von Holzschliff durch hohe Zölle prohibiert haben.

Billiges Holz, niedrige Löhne und reiche Wasserkräfte führen aber die Fabrikanten dieser nordischen Länder naturgemäß dazu, mit der Verarbeitung des Holzmaterials nicht beim Halbstoff stehen zu bleiben, der heftige Konkurrenzkampf, welchen ihr Eintritt auf den Märkten hervorrief, hat sie vielmehr bereits dazu gedrängt, fertiges Papier lediglich aus Holzstoff und Zellulose herzustellen, welches für viele Zwecke, wie Zeitungs- und gewöhnlichen Buchdruck, Tapeten und Packpapier, Pappen und Kartonnagen und selbst für geringe und mittlere Schreibpapiere, die früher mit Zusatz von Lumpen erzeugten Stoffe ausreichend ersetzt. In Norwegen allein sind in 1890 die Papiermaschinen der Zahl nach von 16 auf 26 erhöht und in bezug auf Leistungsfähigkeit mehr als verdoppelt, Schweden hat in derselben Zeit etwa

40 neue Papiermaschinen aufgestellt, und Finnland hat seine Fabrikation in gleicher Weise vermehrt. Fast alle diese, zum Teil mit Hilfe von englischem Kapital aufgestellten Maschinen, arbeiten für den englischen Markt und dessen Ausfuhr nach andern europäischen und überseeischen Ländern, die Klage der deutschen Papierindustrie über erschwerten und wenig lohnenden Export findet in diesen Verhältnissen, welche kaum als vorübergehende betrachtet werden können, volle Erklärung und Begründung. —

Unter solchen Umständen läge es für unsere Papierfabrikanten eigentlich nahe, deutsche Gebiete, welche wie Ostpreußen betreffs der Rohmaterialien, Arbeitspreise und teilweise auch bezüglich der vorhandenen Elementarkräfte ähnlich günstige Verhältnisse bieten, wie die so gefährliche nordische Konkurrenz, selbst für ihre Industrie heranzuziehen und zu erschließen, wie dies seinerzeit von den Zinkerzfabrikanten der Provinz Sachsen mit ebensoviel Energie als Erfolg in Posen und Westpreußen geschah. Leider ist diese Erkenntnis bisher bei der Papierindustrie noch nicht durchgedrungen. Die Furcht vor den Anfangsschwierigkeiten, welche der Pionier auf industriellem Gebiet ebenso zu überwinden hat wie der Kolonist, der mit dem Pflug neuen Boden für den Landbau erschließt, sodann aber auch ein mehr oder minder berechtigter Lokalpatriotismus ließen es rätlicher und bequemer erscheinen, unter bekannten, wenn auch engen Verhältnissen weiter zu arbeiten, als neue Wege zu öffnen. Es darf aber auch nicht unerwähnt bleiben, daß auch die Bevölkerung Ostpreußens industriellen Unternehmungen bisher wenig Entgegenkommen und Vertrauen zeigte, weil einzelne mit ungenügendem Verständnis, namentlich aber auch mit zu geringer Kapitalkraft und Ausdauer unternommene industrielle Anlagen zu Mißerfolgen führten, es mag als hier einschlägig nur auf das Erliegen der Natronzellulosefabrik in Danzig hingewiesen werden, für welche aber nachweislich nur die bei der ersten verfehlten Anlage begangenen Sünden und der spätere Mangel an Geldmitteln die Schuld tragen, da die Natronzellulosefabrik zu Altdamm bei Stettin, trotz der jetzt durch das neuere und bessere Sulfitzellulose-Verfahren erwachsenen Konkurrenz noch beständig den Betrieb erweitert und hohe Dividenden gibt. —

Der Unterzeichnete, welcher die Verhältnisse in Finnland und Schweden aus persönlicher Anschauung kennt und dort wie in Deutschland beim Bau zahlreicher Zellulosefabriken mitwirkte, hat selbst für eine Königsberger Firma das Projekt für Anlage einer

Zellulosefabrik bearbeitet und auch die Erteilung der Konzession für das Unternehmen erlangt, da es ihm möglich war, den Nachweis zu führen, daß die früher mit dem Betriebe verbundenen Unzuträglichkeiten und Belästigungen bei dem jetzigen Stande der Technik völlig vermieden werden.

Zu einer Zeit wo in Berlin und an vielen andern deutschen Plätzen Geld für die prekärsten exotischen Unternehmungen reichlich zu haben war, ist es aber dem im übrigen als durchaus respektabel anerkannten Königsberger Hause nicht gelungen, die für eine solide Fabrikanlage nötige Beteiligung von Kapitalisten zu finden. Das landläufige Vorurteil, daß in Ostpreußen industrielle Betriebe keinen Erfolg haben, wurde noch durch einige Papierfabrikanten gefördert, welche von dem Unternehmen abrieten, um nicht eine durch billiges Rohmaterial gefährliche inländische Konkurrenz aufkommen zu lassen. Diese Herren haben es in ihrem kleinlichen Egoismus übersehen, daß sie das gesamte deutsche Papiergeschäft und damit schließlich auch sich selbst schädigen, wenn sie der naturgemäßen Entwicklung einer Industrie in Ostpreußen Hemmnisse bereiten, welche in andern nordischen Wirtschaftsgebieten ohne Rücksicht auf Privatinteressen einzelner deutscher Fabrikanten und zum dauernden Nachteil der gesamten deutschen Papierproduktion um so kräftiger erwächst. Es ist schon vorher auf den weiteren Blick der Rübenzuckerfabrikanten hingewiesen, welche, indem sie die Ausbreitung ihrer Industrie selbst in die Hand nahmen, Wohlstand der Besitzer und lohnende Beschäftigung der arbeitenden Bevölkerung in weitere Bezirke des Ostens trugen. Auf dem Londoner Markt, der so große Massen von deutschem Rohzucker aufnimmt, ist aber der Preis des deutschen Zellstoffs mit Lst. 12.— 14 per ton ebenso hoch wie der von gutem Rübenzucker und das Rohmaterial für den Zellstoff, die Fichte, gedeiht auf Böden und unter klimatischen Bedingungen, welche den Zuckerrübenbau nicht mehr gestatten! Die Fichtenwälder Ostpreußens nehmen mit 220 000 Hektar ein größeres Areal ein, als sämtlicher rübenfähige Boden der östlichen Provinzen — Ost- und Westpreußen und Posen — beträgt. — Die rationelle Ausnutzung der ostpreußischen Wälder muß nicht allein zahlreichen Arbeitern jahraus jahrein lohnende auskömmliche Beschäftigung geben, sondern auch auf andere gewerbliche Gebiete wie auf Handel und Schiffahrt befruchtend wirken. Was in Norwegen und Schweden, in Finnland und den russischen Ostseeprovinzen möglich ist, sollte doch auch dem alten deutschen

Kulturlande, dem Stammlande des preußisch-deutschen Staates erreichbar sein! —

Im Falle die Hohe Königliche Regierung, welche neben ihrer Sorge für Gedeihen und Wohlfahrt der Provinz auch als Besitzerin ausgedehnter Forsten ein spezielles Interesse an dem Entstehen einer auf diesem Besitz basierenden Industrie hat, nach Prüfung meiner Ausführungen, deren weitere Erörterung für angezeigt halten sollte, so stelle ich mich für diesen Zweck gern zur Verfügung. Behufs näherer Orientierung gebe ich noch den Abdruck einiger bereits früher von mir publizierten Arbeiten über den Gegenstand hier bei.

Hochachtungsvoll

Charlottenburg, den 4. August 1891.

Dr. Adolf Frank.

II. Ueber Zellstoffabrikation.

Vortrag gehalten im Verein zur Beförderung des Gewerbfleißes am 2. 1. 1888 von Dr. Frank, Charlottenburg.

Der Verein zur Beförderung des Gewerbefleißes hat dem von mir gestellten und von der Abteilung für Chemie und Physik adoptierten Antrage, betreffs Ausschreibung eines Preises für Untersuchung der bei der Zellstoffbereitung stattfindenden chemischen Prozesse, seine Zustimmung erteilt. Da die Industrie, welcher diese Förderung von Ihnen zugewendet wurde, eine unser jüngsten ist, trotzdem aber schon für Technik, Handel und Forstwirtschaft eine große Bedeutung gewonnen hat, so wird eine Darstellung ihrer bisherigen Entwicklung und ihrer weiteren Ziele, auch für solche Kreise, welche nicht speziell der Papierfabrikation angehören, von Interesse sein, um so mehr, als das Endprodukt der Zellstoffbereitung, Papier, in der einen oder anderen Form, im geistigen wie im wirtschaftlichen Leben eines jeden eine Rolle spielt. —

Der letztere Gesichtspunkt bestimmt mich, mein Thema mit einem kurzem Überblick auf die Geschichte der Papierfabrikation einzuleiten, weil dadurch auch das Verständnis für die neue Phase, in welche sie jetzt eingetreten ist, wesentlich erleichtert wird.

Das älteste Schriftmaterial, der Papyrus Ägyptens, war kein Papier in unserem Sinne, d. h. kein durch Zusammenfilzen einzelner Fasern gewonnener Stoff. Die Papyrusblätter wurden vielmehr in der Weise hergestellt, daß man von dem Mark der Papyrusstaude (Cyperus Papyrus L.) Streifen schnitt, diese nebeneinander legte und durch die Klebstoffe der mit Nilwasser befeuchteten Masse vereinigte. Fabrikation und Verbrauch des Papyrus muß aber trotz der damaligen niedrigen Arbeitslöhne nur eine beschränkte gewesen sein, was sich schon aus dem hohen Preise der Papyrusblätter im Altertum erklären läßt, welcher nach A. F. Didot's Untersuchungen für ein Blatt von 27×30 cm auf etwa 4 Mark unseres Geldes stellte, während eine mit Wachs überzogene Schreibtafel derzeit nur 3 Mark kostete. Die Papyrusfabrikation, deren Bestand durch aufgefundene Papyrusrollen schon im 16. Jahrhundert vor Christi nachgewiesen ist, hat etwa bis zum 11. Jahrhundert unserer Zeitrechnung angedauert, ist dann aber verschwunden, obwohl ihr Material, die Papyrusstaude, noch jetzt wie zur Zeit der Pharaonen wächst.

Ein Zweig der hierbei geübten Technik hat sich indes im fernen Osten noch bis heute bei der Herstellung des sog. chinesischen Reispapieres erhalten, dasselbe wird aus einer Efeuart der Aralia papyrifera durch einfaches Zusammenpressen des in feine Streifen geteilten Markes hergestellt.

Die Papierfabrikation in unserem Sinne, d. h. die Bildung eines Blattes oder Bogens durch Zusammenfilzen einzelner, vorher isolierter Fasern, stammt soweit die bisherigen Forschungen ergeben, aus China, und zwar haben die Chinesen merkwürdigerweise vor Jahrhunderten gleich das Material zum Ausgangspunkt gewählt, mit dem unsere Industrie sich jetzt erst zu beschäftigen anfängt; sie machten ihr Papier nicht aus Lumpen, sondern direkt aus dem Zellstoff der Pflanzensubstanz und zwar das Bambusrohres und des Papiermaulbeerbaumes Broussonetia papyrifera. Das Aufschließen der Faser bewirkten sie durch eine Reihe höchst einfacher und sinnreicher Operationen, indem sie Dämpfen, Behandlung mit Ätzkalk, Faulen (Rotten), Kochen mit Aschenlage, Waschen und Stampfen aufeinander folgen ließen. Vielleicht gleichzeitig mit den Chinesen haben auch die Japaner die Papierfabrikation aus dem Baste des Maulbeerbaumes und ähnlichem vegetabilischen Material begonnen und üben sie noch jetzt in ursprünglicher Weise bei Herstellung ihres, wegen seiner Festigkeit und Verwendbarkeit für die verschiedensten Zwecke so hochgeschätzten Papieres. Die Papiermacherei ist in Japan noch heute Hausindustrie, oder vielmehr landwirtschaftliches Gewerbe, wie sie es seit Jahrtausenden war und hat deshalb nur unwesentliche Veränderungen erlitten, die Produktion ist eine geringe geblieben, und als mit Einführung europäischer Wissenschaft und Kultur der Papierkonsum in Japan stieg, sah man sich gezwungen, Maschinen neuester Konstruktion aus den Vereinigten Staaten zu beziehen und wirkliche Papierfabriken zu errichten. Es ist dort also derselbe Prozeß eingetreten, der sich auch in unserm wirtschaftlichen Leben noch täglich wiederholt. Die chinesische Papiermacherei ist weniger stationär geblieben, da sie bald neben den vorerwähnten, erst mühsam zu isolierenden Rohstoffen auch die von der Natur bereits als nahezu reine Zellulose gelieferte Baumwolle zur Verwendung zog. Die Fabrikation des Papiers aus Baumwolle und möglicherweise auch schon aus alten baumwollenen Geweben (Lumpen) ist von China nach Samarkand verpflanzt, und von dort haben sie die Araber weiter getragen, welche jedenfalls schon Lumpen verschiedener Gewebe mit verwendeten.

Lumpen sind eben weiter nichts als eine Zellulose, die vorher versponnen und verwebt war, und die durch das Tragen schon eine gewisse Aufschließung erlitten hat; sie ist daher weicher und mürber und läßt sich leichter verarbeiten, ihre Heranziehung zur Papierfabrikation war also eine sehr naheliegende Idee, aber dadurch wichtig, weil darauf die europäische Papierfabrikation sich aufbaute. Die Kreuzzüge brachten die Papierfabrikation nach Europa, und im 13. Jahrhundert sind die ersten deutschen Papierfabriken etabliert worden. Im 14. Jahrhundert war bereits in Deutschland eine fabrikmäßige Herstellung von Papier eingerichtet; indem die Zerkleinerung des Stoffes mittelst Handarbeit durch die Anwendung von Elementarkraft (Papiermühlen) bewirkt wurde. Von Ulman Stromer in Nürnberg 1390 wird zuerst die Anwendung der Stampfen berichtet. Ein weiterer Fortschritt trat ein, indem man um 1670 anstatt der Stampfen das Zerkleinern mit dem Holländer einführte. In Deutschland wurden weitere Verbesserungen durch die politischen Verhältnisse gehemmt. Es bestanden namentlich für die Papierfabrikation strenge Absperrungen; die sogenannten Lumpenreviere und Lumpenmonopole, die sich als Ausfuhrzölle noch lange Zeit im Zollverein erhielten, galten damals für jedes kleinere und kleinste Ländchen, diese Schranken des Binnenverkehrs fielen erst durch die Kriege zu Anfang dieses Jahrhunderts. Ein wichtiger technischer Fortschritt war dann die

1784 durch Scheele in Stralsund erfolgte Entdeckung des Chlors, welche 1785 bereits durch Berthollet für die Papierfabrikation als Chlorbleiche ausgenutzt wurde. Die erste Papiermaschine wurde 1799 durch Robert in Essonne bei Paris gebaut; nachdem sie durch Donkin in England (1804) verbessert war, kam sie 1815 wieder nach Frankreich zurück und 1819 nach Deutschland; 1822 hat die Seehandlung in Preußen bez. in Berlin zuerst eine Papiermaschine in der sog. Patentpapierfabrik aufstellen lassen. Die Anwendung der Harzleimung an Stelle des bis dahin ausschließlich benutzten tierischen Leims datiert auch erst seit Anfang dieses Jahrhunderts. Sie wurde 1806 von Illig zu Erbach im Odenwald erfunden. Es bestanden 1821 in Deutschland 770 Papierfabriken, die damals nur mit Bütten arbeiteten. 1846 waren bereits 150 Maschinen neben 1071 Bütten vorhanden. Die vierziger Jahre bilden gewissermaßen einen Wendepunkt in der Papierindustrie, weil von da aus die Erbauung der Eisenbahnen und die Einführung der Rotation- und Schnellpressen datiert, welche einen rasch steigenden Bedarf an Papier hervorriefen. 1860 waren bereits 276 Maschinen neben 550 Bütten im Betriebe. 1878 belief sich die Zahl der Papiermaschinen auf 782 neben 300 Bütten, und endlich 1886 auf 891 Papiermaschinen, heute kann man ihre Zahl wohl mit 900 annehmen. Daneben existieren noch einige Hand- nebst Büttenpapierfabriken, die aber nur das Material für einzelne Wertpapiere und das durch die Mode neuerdings mal wieder hervorgesuchte „stilvolle" Schöpfpapier mit zerfasertem Rande machen, von Sembritzki ist für diesen Zweck aber auch schon eine Schöpfmaschine konstruiert. Nach ungefährer Schätzung wurden in Deutschland 1840 22 Millionen kg Papier konsumiert; 1878 dagegen 238 Millionen kg; davon kamen auf Briefpapier 1840 6 600 000 kg; 1878 71 400 000; auf Buch- und Kupferdruck 1840 zirka 11 000 000 kg; dagegen 1878 zirka 119 Millionen kg. Auf Tapeten, Packpapier 1840 $2^3/_4$ Millionen; 1878 dagegen 29 750 000; auf Pappe, Preßspahn 1840 1 650 000, dagegen 1878 17 850 000 kg.

Es wird Sie vielleicht interessieren, auch eine allgemeine Schätzung über die Verteilung des Verbrauchs auf die verschiedenen Geschäftszweige zu erhalten. Es stellt sich der Verbrauch der Staatsverwaltung 1840 auf 3 300 000 kg; 1878 dagegen auf 28 560 000 kg. Für die Schulen 1840 auf 1 980 000, 1878 auf 28 560 000 kg. Für Bücher, Zeitschriften 1840 8 800 000, dagegen 1878 auf 123 760 000 kg. Für die Industrie 1840 2 200 000, 1878 auf 19 040 000 kg. Für den Handel und Verkehr 1840 auf 3 960 000, 1878 auf 23 800 000. Für den Privat- und Postverkehr 1840 auf 1 760 000 und 1878 auf 14 280 000 kg. Nach ferneren Schätzungen beträgt jetzt der Papierkonsum pro Kopf der Bevölkerung

in England	6	kg
„ Deutschland	5,6	„
„ Nordamerika	5,0	„
„ Frankreich	4,0	„
„ Österreich-Ungarn	2,5	„

Die jetzige Leistung der deutschen Papierfabrikation kann man ohne Berücksichtigung der geringen Mengen Büttenpapier bei zirka 900 Maschinen mit einer durchschnittlichen Produktion von 300 000 kg per Jahr auf 270 000 000 kg oder 270 000 tons im ungefähren Werte von 200—220 Millionen Mark annehmen, und ist Deutschland heute nicht bloß der bedeutendste Papierproduzent der Welt, sondern auch der bedeutendste Exporteur. Die Steigerung des Exports in den letzten Jahrzehnten ist eine sehr günstige; unsere Ausfuhr betrug 1878 an Papier, Pappwaren und Tapeten 33 300 tons im Werte von 25 Millionen Mark gegen eine Einfuhr derselben Warenklassen von 7 690 tons im Werte von 6 430 000 Mark. 1883 betrug die Ausfuhr derselben Kategorien 71 000 tons im Werte von 62 200 000 Mark, wovon auf Papier allein 59 000 tons im Wert von 42 400 000 Mark entfallen. Die Einfuhr war im gleichen Jahre 3 500 tons im Werte von 4 900 000 Mark. Die letzte Feststellung für 1886 ergibt 74 900 tons im Werte von 66 750 000 Mark. Davon Papier allein 64 000 tons im Werte von 50 788 000 Mark. Die Einfuhr betrug 1886 2 950 tons im Werte von 4 119 000 Mark.

Wir haben uns also auf der Debet- und Kredit-Seite verbessert, die Einfuhr hat abgenommen, die Ausfuhr zugenommen. Um diese Zahlen mit denen anderer Länder zu vergleichen, führe ich folgendes an: England hatte 1878 17 300 tons Papier ausgeführt im Werte von 18 500 000 Mark, gegen 33 000 tons, die wir ausgeführt haben. 1883 betrug die englische Ausfuhr 29 900 tons im Wert von 26 100 000 Mark; im Jahre 1886 37 000 tons im Wert von 27 100 000 Mark, gegenüber 64 000 tons, die Deutschland exportierte. Der Papierverbrauch ist natürlich in England auch wie bei uns gestiegen; er hatte 1861 noch 100 000 tons betragen und stieg 1871 auf 200 000 tons, wovon im Lande

160000 tons fabriziert wurden. Relativ ähnliche Steigerungen der Papierproduktion haben natürlich auch in anderen Industrieländern stattgefunden, und so wird es Ihnen erklärlich sein, daß bei einer so rasch wachsenden Produktion die Beschaffung von Rohstoff, d. h. von Lumpen, damit nicht Schritt halten konnte, denn die Verwendung von Spinnstoffen hat lange nicht in dem Verhältnisse zugenommen, wie die von Papier. Man hat sich daher schon lange nach Ersatzstoffen für Lumpen umgesehen, und diese Bestrebungen datieren schon aus dem vorigen Jahrhundert. Bereits 1770 machte ein Superintendent Schäffer in Regensburg interessante und gelungene Experimente, um aus Moos, Stroh, Nessel und Holz Papier herzustellen; indessen war die Technik damals kaum noch imstande, daraus großen Nutzen zu ziehen. Ähnliche Versuche machte Koops in England, und seitdem hat fast jedes Jahr jede technische Zeitschrift neue Vorschläge gebracht, die aber in ihrer Mehrzahl schon an dem Grundfehler laborieren, daß die betreffenden Erfinder mit den Anforderungen der Industrie nicht recht bekannt sind. Als Ersatz für Lumpen kann zwar jede Pflanzensubstanz dienen, welche Zellfasern enthält, die Frage ist nur, ob letzterer Stoff in genügender Menge in der Pflanze vorhanden ist, und weiter, ob das Pflanzenmaterial für den Bedarf der Industrie in ausreichender und regelmäßiger Weise zu beschaffen ist; denn was heute für Unkraut gilt, wird in demselben Moment, wo die Industrie ein Auge darauf wirft, ein wertvoller Artikel, schon hieraus ist die Unausführbarkeit der meisten Vorschläge begründet. Es kommt weiter noch hinzu, daß alle Fasermaterialien, die zugleich als Spinnstoffe verwertbar sind, zunächst der Textilindustrie zugeführt werden, welche dafür einen höheren Preis anlegen kann, und sie erst, nachdem sie diesen Turnus durchgemacht haben, der Papierindustrie in Form von Lumpen überläßt. Es braucht hier wohl nicht erörtert zu werden, daß die mineralischen Füllstoffe, die von der Papierfabrikation in großem Maßstabe angewendet werden, wie Ton, Schwerspat, Gips usw., kein Lumpenersatz sind, sondern nur zum Verdichten und Beschweren des Papiers dienen, man kann aber deshalb ihre Anwendung doch nicht für eine unberechtigte oder gar unreelle erklären, wie das von Laien öfter geschieht. Mode und die besondere Verwendung erfordern häufig Material, das in bezug auf Oberfläche und Beschaffenheit bestimmten Bedingungen entsprechen muß. Ich erinnere an das Cream laid Papier, das lange Zeit in dem Schreibtisch keiner Dame fehlen durfte und das man nur durch Einführung großer Massen von Gips, Kreide und Ton in den Papierstoff herstellen konnte. Die Papierfabrikation aller Länder ist darum auch an dem Verbrauch dieser Beschwerungs- und Füllstoffe gleichmäßig beteiligt und bei deren ausgedehntem Vorkommen im Mineralreich, nie wegen ihres Bezuges in Verlegenheit gewesen. Die Zahl der brauchbaren, wirklichen organischen Ersatzstoffe für Lumpen ist dagegen eine kleine geblieben, denn von den vielen bisher für diesen Zweck empfohlenen und erprobten haben nur Holz, Stroh und Esparto (Alfa) den bereits früher erwähnten Erfordernissen ausreichend genügt. Eine Mittelstellung zwischen den mineralischen Füllstoffen und den eigentlichen Zellstoffen nimmt der sogenannte Holzschliff ein. Das Holz besteht im wesentlichen aus zweierlei Gebilden, die zwar nach ihrer chemischen Zusammensetzung, d. h. prozentisch, keine große Verschiedenheit zeigen, dagegen in morphologischer Beziehung wie in bezug auf ihre Bedeutung für Leben und Ernährung des Baumes und in ihrem Verhalten gegen chemische Agentien weit voneinander abweichen. Das eigentliche feste Gerippe des Holzes, die fertige Zelle wird von der Zellulose oder dem Zellstoff gebildet, einem Körper von genau bestimmter, gleichmäßiger chemischer Konstitution, der, nachdem er sich im Pflanzenkörper gebildet und diesen verholzt hat, keinen weiteren Wandlungen mehr unterliegt; diese Grundmasse der Zellen ist aber mit einer Anzahl anderer organischer Stoffe bedeckt und verkleidet, die man in ihrer Gesamtheit als inkrustierende Substanzen bezeichnet, im einzelnen aber noch nicht genau isoliert hat, da sie den Lebensprozeß und die Ernährung der Pflanze vermitteln und deshalb, im Gegensatz zu der fertigen Zellulose, in einem steten Umbildungsprozeß begriffen sind. Es würde zu weit führen, hier auch nur das Wenige, welches wir über die sog. inkrustierende Substanz bisher wissen, zu erörtern, für das vorliegende Thema genügt es, daß dieselbe gegen chemische Einwirkungen wenig widerstandsfähig ist und keine feste und organisierte Form besitzt, wie die eigentliche Zellmasse, sondern dieser von außen und innen aufgelagert ist.

Bei unserm heimischen Spinnstoffe, dem Flachs, reinigen wir die Zellfasern von den Inkrusten durch das Rotten und Rösten, und die Chinesen üben, wie vorhin erläutert, bei ihrer Papierfabrikation den gleichen Prozeß, um aus dem Bambus den weißen Zellstoff frei zu legen. Wird dagegen die Holzmasse nicht auf diese Art, also gewissermaßen chemisch gereinigt, sondern nur mechanisch zerkleinert und zerfasert, so erhält man aus ihm nur Holzschliff, ein Material von geringer Verfilzbarkeit und ebenso geringer chemischer Beständigkeit. Die mit Zusatz großer Mengen Holzschliff hergestellten Papiere sind deshalb auch wenig fest und dauerhaft, verändern sich durch die Einwirkung von Licht und Luft rasch, wobei sie brüchig werden und sollten deshalb nur für solche Papiere benutzt werden, welche keine lange Dauer erfordern, immerhin ist auch dieser Verwendungskreis schon ein sehr ausgedehnter und kann es deshalb nicht überraschen, daß die erst 1845 von Keller in Hainichen erfundene und später von Voelter in Haidenhaim verbesserte Darstellung des Holzschliffs, als Papierstoffsurrogat, eine große Ausdehnung gewonnen hat. Die Fabrikation ist eine sehr einfache, sie besteht im wesentlichen darin, daß das vorher geschälte Holz, von dem man die weichen und hellen Sorten mit Vorliebe verwendet, mechanisch gegen große rasch rotierende Schleifsteine gedrückt wird, welche es zerfasern, das so zerkleinerte Material wird dann auf besonderen Stoffmühlen, unter stetem Wasserzufluß weiter gemahlen und die flüssige Masse über Siebe geführt, welche den Stoff nach der Feinheit sortieren.

Wirtschaftliche Vorbedingung für diese Industrie sind billiges Holz und billige Kraft, da eine Pferdekraft pro Stunde nur zirka ½ kg fertigen Holzschliff liefert. Bei uns finden sich diese Verhältnisse an vielen Stellen unserer Mittelgebirge, die für andere Industrien weniger geeignet sind, und da die Anlage auch kein übermäßiges Grund- und Betriebskapital erfordert, so haben sich in Deutschland allein etwa 470 Holzschleifereien aufgetan, die mit ungefähr 25 000 Pferdekraft betrieben, jährlich zirka 80 000 tons Holzschliff als geringes Lumpensurrogat für das Inland wie für den Export herstellen. Ich lege Ihnen hier Proben von Holzschliff in den verschiedenen Stadien der Fabrikation, sowie eine Anzahl daraus hergestellter Pappen und Papiere vor. Der qualitative Nachweis von Holzschliff im Papier ist durch zahlreiche Reagentien sehr leicht zu erbringen, dagegen ist es den Chemikern bisher noch nicht gelungen, eine Methode zur sicheren quantitativen Bestimmung des Zusatzes aufzufinden; bis dies möglich ist, wird man daher gut tun, bei Papieren, die für Urkunden oder wertvolle literarische Erzeugnisse bestimmt sind, die Beimischung von Holzschliff ganz zu vermeiden.

Einen Übergang von dem mechanisch hergestellten Holzschliff zu dem chemisch isolierten Zellstoff bildet das seit 1867 von Komm.-Rat Behrend in Varzin eingeführte Verfahren, das Holz durch Dämpfen aufzuschließen. Für diesen Zweck wird das Holz in verschlossenen Kesseln mit Dampf von 4 Atmosphären Druck behandelt und dadurch eine teilweise Zersetzung und Lösung der inkrustierenden Substanz, eine Art Karbonisation bewirkt, welche aber nicht so weit gehen darf, daß sie auch die Zellensubstanz angreift. In den Kochlaugen findet sich dabei, als Zersetzungsprodukt der Inkrusten, Ameisensäure und Essigsäure vor. Die Veränderung, welche das Material erleidet, ist auch an den hier vorliegenden Proben zu erkennen. Das gedämpfte braune Holz läßt sich mit geringem Kraftaufwand auf Kollergängen zermahlen, und die daraus erhaltene Faser liefert, ohne Lumpenzusatz, die festen braunen Packpapiere, welche früher als eine Spezialität der Engländer galten, jetzt aber von hier in großen Massen gerade nach England exportiert werden.

Für Herstellung von reinem Zellstoff genügt aber das Dämpfen nicht, da abgesehen davon, daß die Lösung der Inkrusten dabei nicht vollkommen ist, auch die dunkle, durch keinen Bleichprozeß zu beseitigende Färbung des erhaltenen Materials, seine Verwendung für bessere Papiere nicht gestattet. Um die Zellulose aus dem rohen vegetabilischen Material vollkommen freizulegen, genügt die Anwendung von Druck und Hitze nicht, der Aufschließungsprozeß muß vielmehr durch Zusatz chemischer Agentien befördert und reguliert werden. Es gelang dies zuerst beim Stroh, welches als dünnwandiges, röhrenförmiges Gebilde die günstigsten Vorbedingungen für die Aufschließung bietet. Die Gewinnung reinen Zellstoffes aus Stroh durch Behandlung des Rohmaterials mit Natronlauge unter Druck und hoher Temperatur verdanken wir Piette und Mellier, während Lahousse, Thode und Kaufmann das Verfahren später so vervollkommneten, daß man aus Strohzellstoff jetzt ein schönes, weißes, dem Fabrikat aus Lumpen nahezu gleichkommendes Papier herstellt. Wie weit die Ansicht, daß Strohpapier weniger fest und zähe sei als Lumpenpapier, berechtigt ist, läßt sich bei der durch Witterung, Boden usw. bedingten großen Ungleichmäßigkeit des Strohes selbst, so wie bei seiner verschiedenen Bearbeitung in den Fabriken kaum entscheiden, dagegen ist der Einwand, daß die Beschaffung ausreichender Mengen von Stroh oft große Schwierigkeiten hat, wohl begründet. Bei uns galt es früher als Beweis schlechter Wirtschaft, wenn der Landmann Stroh verkaufte, anstatt es im Dünger den Feldern wieder zuzuführen, und den Domänenpächtern war der Strohverkauf sogar kontraktlich verboten, erst in den letzten Jahrzehnten nach Einführung künstlicher Düngemittel wurde der Verkauf des bei intensiver Wirtschaft auch reichlicher produzierten Strohs für den Landwirt unbedenklich. Ganz abgesehen von den schwankenden Ernten, würde aber der Verbrauch größerer Massen von Stroh seinen Preis in der Nähe der Fabriken rasch in die Höhe treiben, da es als sperriges Gut — 1 cbm wiegt nur etwa 100 kg — auf weitere Entfernungen schwer zu transportieren ist und aus demselben Grunde, sowie wegen seiner Feuergefährlichkeit die Anhäufung großer Vorräte bei den Fabriken schwierig ist. Die Verarbeitung von Schilfstroh, welche zuerst in Amerika aufgenommen und dann von dem bekannten belgischen Papierfabrikanten de Naeyer in Willebrock mit bestem Erfolg durchgeführt wurde, ist durch das an wenige Lokalitäten gebundene Massenvorkommen des Rohmaterials noch mehr beschränkt. Solche Gründe mögen auch in England, wo man ebenso wie bei uns die Strohverarbeitung im großen Maßstabe betrieb, die Veranlassung gegeben haben, andere Papiermaterialien heranzuziehen, und als dort Anfang der sechziger Jahre Routledge die große Verwendbarkeit der Esparto, auch Alfa genannten Faser für die Papierindustrie erprobt hatte, nahm deren Verbrauch so rasch zu, daß 1871 bereits 144 000 tons davon nach England importiert wurden. Seit 1871 hat aber die Zufuhr von Esparto wieder abgenommen, denn obgleich das Material sowohl in Spanien als in Nordafrika wild wuchert und die französische Regierung die allein in Algier mit der Espartopflanze — Stipa tenacissima L. — bedeckten Flächen auf 5 Millionen ha, mit einer Ertragsfähigkeit von 1000—1500 kg per ha schätzt, so bietet die Einsammlung und der Transport des Materials auf den sonnendurchglühten Ebenen des Innern von Algier doch große Schwierigkeiten, und wo dasselbe nahe der Küste vorkommt, hat man die sehr langsam wachsende Pflanze durch schonungslosen Raubbau auf lange verwüstet. Eine besondere Erschwerung für den Transport des Alfa liegt darin, daß es auch sehr sperrig ist, 1 ton nimmt ungepreßt 6 cbm Raum ein und erfordert selbst nach der Verpackung mittelst hydraulischer Pressen noch 3 cbm. Die Verfrachtung von so leichtem Gute in Seeschiffen ist schwierig und teuer und kann nur dadurch verbilligt werden, daß die Schiffe noch gleichzeitig Schwergut behufs Ausnutzung ihrer vollen Ladefähigkeit mit aufnehmen. Für England bieten nun die von Spanien und Algier dorthin bezogenen Erze eine lohnende Beiladung, während für Deutschland eine gleich günstige Transportkombination nicht existierte und die deutsche Papierindustrie schon aus diesem Grunde bei der Konkurrenz im Bezuge der Alfa im Nachteil war. Auch ein anderer Ersatzstoff von mehr untergeordneter Bedeutung, die für Spinnzwecke unbrauchbaren Wurzelenden der Jutepflanze — Jute-buts — welche jetzt als Material für die sog. Manillapapiere dienen, gelangte nicht an den deutschen Markt. War nun die deutsche Papierindustrie betreffs dieser im Vergleich zu Stroh wertvolleren Lumpenersatzstoffe bis vor wenigen Jahren im Nachteil, so hat sich das Verhältnis neuerdings, durch die Gewinnung von Zellstoff aus Holz, in einer Weise günstig für uns geändert, daß wir heute bereits einen bedeutenden Vorsprung gewonnen haben, um so mehr, als der Holzzellstoff aus den bei uns verbreiteten Nadelhölzern am vorteilhaftesten hergestellt werden kann. Deutschland ist ein ziemlich waldreiches Land, da von seiner zirka 54 Millionen ha betragenden Gesamtfläche zirka 13 900 000 ha 25,7 % Forst sind. Von der geographischen Verteilung des Waldes gibt die kürzlich erschienene Forstkarte von Preußen, welche das vom Ministerium für Landwirtschaft ressortierende Forsteinrichtungsbureau mit großer Sorgfalt bearbeitet hat, ein Bild, welches auch für das gesamte Deutsche Reich typisch ist, obwohl im Königreich Preußen nur 23,39 % der Gesamtbodenfläche bewaldet sind. Ich habe diese hochinteressante Karte hier ausgehängt; um jedoch über die Größe der Forsten in den einzelnen deutschen Staaten und über die Hauptbestandsarten derselben einen klaren Überblick zu bieten, lasse ich die bezüglichen im Jahre 1883 gemachten statistischen Erhebungen hier folgen. (Siehe umstehende Tabelle.)

Wie aus dieser Tabelle ersichtlich, sind von der rund 13 900 000 ha betragenden Waldfläche Deutschlands zirka $^2/_3$, das heißt über 9 Millionen ha mit Nadelhölzern bestanden, welche sich wieder mit zirka 6 Millionen auf Kiefern und 3 Millionen ha auf Fichten verteilen. Die hervorragende Verwendbarkeit der Nadelhölzer für die Zellstoffabrikation gewinnt aber noch durch den Umstand einen besonderen Wert, daß dieselben zu den in bezug auf Boden und Klima bescheidensten Bäumen gehören. In erster Linie ist die Kiefer der Baum unseres armen norddeutschen Sandbodens, die Fichte ist schon etwas anspruchsvoller, sie verlangt bei ihrer flachen Bewurzelung einen etwas reicheren Boden und namentlich günstige klimatische Verhält-

Statistik der Forsten und Holzungen des Deutschen Reiches.

Bearbeitet vom Kaiserlichen Statistischen Amt 1883.

1.	2.	3.	4.	5.	6.	7.	8.	9.	10.	11.
Staaten und Landesteile	Im Jahre 1883 waren bestanden mit					Von je 100 ha der gesamten Forstfläche entfielen daher auf				
	Laubholz überhaupt	darunter Buchen	Nadelholz überhaupt	darunter Kiefern (Föhren)	darunter Fichten und Tannen	Laubholz überhaupt	Buchen	Nadelholz überhaupt	Kiefern	Fichten und Tannen
	Hektar	Hektar	Hektar	Hektar	Hektar					
Provinz Ostpreussen	135 333	25 063	526 734	305 822	220 499	20,4	3,9	79,6	46,2	33,3
„ Westpreussen	73 122	39 113	461 826	444 489	17 246	13,7	7,3	86,3	83,1	3,2
„ Brandenburg und Berlin	96 866	29 354	1197 828	1172 656	25 107	7,5	2,3	92,5	90,6	1,9
„ Pommern	165 528	73 706	429 301	397 162	31 913	27,8	12,4	72,2	66,8	5,4
„ Posen	72 099	6 327	511 810	500 687	10 634	12,3	1,1	87,7	85,9	1,8
„ Schlesien	156 332	14 945	1000 509	810 944	187 114	13,5	1,3	86,5	70,1	16,2
„ Sachsen	156 748	58 681	359 702	294 880	62 453	30,4	11,4	69,6	57,1	12,1
„ Schleswig-Holstein	87 379	53 105	32 311	15 539	16 441	73,0	44,4	27,0	13,0	13,7
„ Hannover	256 452	131 288	363 709	257 225	104 376	41,4	21,2	58,6	41,5	16,8
„ Westfalen	416 107	157 268	150 087	70 014	77 047	73,5	27,8	26,5	12,4	13,6
„ Hessen-Nassau	464 932	301 406	172 592	97 472	71 592	72,5	48,5	27,5	15,5	11,4
„ Rheinland	657 156	212 326	173 709	93 427	76 255	79,1	25,6	20,9	11,2	9,2
„ Hohenzollern	16 870	14 169	21 263	3 459	17 507	44,2	37,2	55,8	9,2	45,9
Königreich Preussen	2744 824	1120 807	5401 336	4463 812	918 184	33,7	13,8	66,3	54,8	11,3
Die 3 Reg.-Bez. Franken	287 892	119 662	517 299	302 952	210 353	35,8	14,9	64,2	37,6	26,1
Übriges Bayern rechts des Rheins	170 471	51 411	1297 648	340 522	946 184	11,6	3,5	88,4	23,2	64,4
Bayern links des Rheins	128 210	70 458	108 212	91 176	10 432	55,4	30,4	44,6	39,4	4,5
Königreich Bayern	586 573	241 531	1918 159	734 650	1166 969	23,4	9,6	76,6	29,3	46,6
Königreich Sachsen	59 887	9 760	349 133	127 435	220 620	14,7	2,4	85,3	31,1	53,9
Württemberg	250 694	134 631	349 282	53 992	295 168	41,8	22,5	58,2	9,0	49,2
Baden	300 644	133 424	252 122	70 053	180 235	54,4	24,1	45,6	12,7	32,6
Hessen	145 759	98 162	94 935	82 469	11 601	60,6	40,8	39,4	34,3	4,8
Mecklenburg-Schwerin	86 233	40 455	140 330	123 215	15 606	38,1	17,9	61,0	54,4	6,9
Sachsen-Weimar	35 853	18 024	57 335	33 719	23 392	38,5	19,3	61,5	36,2	25,1
Mecklenburg-Strelitz	21 597	11 610	39 514	38 055	1 126	35,3	19,0	64,7	62,3	1,8
Oldenburg	35 029	11 290	23 872	21 007	2 564	59,5	19,2	40,5	35,7	4,3
Braunschweig	70 303	53 214	39 592	7 825	31 548	64,0	48,4	36,0	7,1	28,7
Sachsen-Meiningen	25 237	11 580	78 079	29 263	48 267	24,5	11,2	75,5	28,3	46,7
Sachsen-Altenburg	6 050	921	30 602	21 199	9 386	16,5	2,5	83,5	57,8	25,6
Sachsen-Koburg Gotha	16 026	7 492	42 707	8 490	32 379	27,3	12,7	72,7	14,5	55,1
Anhalt	17 342	3 644	37 649	31 879	5 689	31,5	6,6	68,5	58,0	10,3
Schwarzburg-Sondershausen	11 711	7 987	14 267	3 454	10 802	45,1	30,8	54,9	13,3	41,6
Schwarzburg-Rudolstadt	7 240	2 773	34 107	10 725	23 193	17,5	6,7	82,5	25,9	56,1
Waldeck	32 951	28 021	9 780	3 228	5 965	77,1	65,6	22,9	7,5	14,0
Reuss ältere Linie	189	42	11 214	5 016	6 198	1,7	0,4	98,3	44,0	54,3
Reuss jüngere Linie	1 354	382	29 744	4 251	25 449	4,4	1,2	95,6	13,7	81,8
Schaumburg-Lippe	6 277	2 216	1 414	481	924	81,6	28,8	18,4	5,6	12,0
Lippe	27 587	20 331	6 483	2 360	3 880	81,0	59,7	19,0	6,9	11,4
Lübeck	2 877	1 048	1 057	800	251	73,1	26,7	26,9	20,3	6,4
Bremen	228	30	—	—	—	100,0	13,1	—	—	—
Hamburg	834	250	619	420	198	57,4	17,2	42,6	28,9	13,6
Elsass-Lothringen	306 620	83 507	137 225	43 764	93 391	69,1	18,8	30,9	9,9	21,0
Deutsches Reich	4800 065	2043 132	9100 557	5921 516	3132 985	34,5	14,7	65,5	42,6	22,6

Gesamtfläche des Deutschen Reiches 54 052 184 ha: davon Wald: 13 908 398 ha = 25,7 %
Acker: 26 312 000 ha = 48,7 %.

nisse in bezug auf Feuchtigkeit und Temperatur, aber sie krönt doch einen großen Teil unserer deutschen Gebirge und zieht bis in die nördlichen preußischen Provinzen in dichten Beständen hinauf. Entsprechend ihren höheren Anforderungen an den Boden ist die Fichte aber auch schnellwüchsiger wie die Kiefer, d. h. sie produziert in dem gleichen Zeitraum eine größere Menge von Holzmaterial. Kann die Kiefer auf Boden mittlerer Klasse bei 60 jährigem Umtrieb und Vollbestand einen jährlichen Ertrag von 4,4 Festmeter, und bei 80 jährigem Umtrieb von 4,64 Festmeter Derbholz per ha liefern, so stellt sich dagegen der Ertrag der Fichte im Mittel der II. und III. Klasse und Vollbestand bei nur 60 jährigem Umtrieb auf 7 Festmeter Derbholz per ha und Jahr. Da nun ein Festmeter Fichtenholz ungefähr 450 kg wiegt, so entsprechen obige 7 Festmeter 3150 kg reiner Holzmasse, während von dem zur Papierfabrikation am meisten benutzten, minder reinen Roggenstroh im Mittel auch nur 4000—4500 kg organischer Substanz per ha Ackerland erzielt werden, die sich aber durch Abfälle beim Reinigen und Sortieren und durch die schon zuvor bei Transport und Aufbewahrung entstehenden Verluste, noch wesentlich reduzieren. Holz kann dagegen mit einfachsten Mitteln überallhin transportiert und mit geringem Risiko aufgestapelt werden.

Zur Herstellung von 1000 kg = 1 ton reinem Zellstoff, braucht man von den bisher erwähnten Rohstoffen etwa

2100 kg	Esparto,	welche kosten	300	Mark
2400 „	gutes Stroh	„ „	120	„
6 fm	Fichtenholz	„ „	96	„

Es ergibt sich hieraus, daß auch nach dieser Richtung hin Holz das günstigste Material ist. Im Vergleich mit Stroh als Rohstoff kommt aber noch als besonders wichtiges Moment die vorzügliche Beschaffenheit der Nadelholzzellen hinzu, dieselben sind in bezug auf Festigkeit, Länge und Gesamttextur am besten zur Verfilzung geeignet. Namentlich Fichtenholzzellen haben eine Länge bis zu 9 mm, das ist etwa ein Drittel von der Länge kurzstaplicher Baumwolle. Die Zellen der Laubhölzer sind ungleich kürzer als die der Nadelhölzer und ergaben die Messungen bei Pappelholz z. B. nur 0,4 mm, ebenso ist der Gesamtertrag des Nadelholzes an reinem Zellstoff mit zirka 33 % ein günstiger.

Zur Gewinnung der reinen Zellstoffe aus dem Holzmaterial dienen im wesentlichen zwei Methoden; das basische sog. Natronverfahren und das saure sog. Sulfitverfahren. Das ältere Natronverfahren ist von Burgess und Watt, sowie von Houghton Ende der fünfziger Jahre patentiert und hat mit der Mellierschen Methode der Strohstoffbereitung vieles gemeinsam. Das Holz wird dabei, nachdem es geschält und durch besonders konstruierte Hackmaschinen senkrecht zur Faser in dünne Scheiben oder Spähne zerteilt ist, in Kesseln unter hohem Druck mit Ätznatronlauge behandelt. Die Lauge löst hierbei die inkrustierende Substanz und legt den Zellstoff frei, der, nachdem er gewaschen und, wenn nötig, gebleicht, ein dem feingemahlenen Lumpenstoff vollkommen gleichwertiges Material bildet. Man benutzt für das Natronverfahren meist das bei uns reichlicher vorkommende Kiefernholz, da die Harzbestandteile desselben sich leicht in der Ätzlauge lösen, während die beim Kochen flüchtigen Harzöle noch aufgefangen und als Kienöl benutzt werden.

Der gewonnene Zellstoff läßt sich am besten im frischen, feuchten Zustande zu Papier verarbeiten; da das Material aber häufig auf weite Entfernungen versandt wird, so läßt man die auf der Naßpresse abgeschiedene Masse behufs Verminderung der durch ihren hohen Wassergehalt verursachten Frachtspesen über Trockenwalzen gehen, wobei es freilich an seiner Verfilzbarkeit etwas einbüßt.

Ich verdanke der Freundlichkeit unseres Mitgliedes, Herrn Wartenberg, Besitzer der Zellulosefabrik Wolfswinkel, eine die ganze Fabrikation, vom rohen Holz bis zur fertigen Zellulosepappe veranschaulichende Suite von Proben, die Ihnen die einzelnen Stadien des Prozesses noch leichter als meine Beschreibung verdeutlichen werden, gleiche Proben lege ich Ihnen von der Fabrik in Aschaffenburg — Direktor Dessauer — hier vor.

Die Fabrikation der Natronzellulose hat in den letzten Jahren große Fortschritte gemacht, einesteils durch die bedeutende Reduktion des Sodapreises, welche der Solvay'sche Ammoniaksodaprozeß herbeigeführt, andernteils durch die Wiedergewinnung der Soda aus den abgehenden Kochlaugen. Bei letzterem Punkte möchte ich etwas verweilen, da er eine eigentümliche Entwicklung zeigt, die sich in der Industrie vielfach wiederholt.

Bereits bei der Verarbeitung des Strohes mit Anwendung von schwachen Natronlaugen waren in England laute Klagen erhoben, daß die damals in die Flüsse abgelassenen Kochlaugen das Wasser verdürben. Es hat strenger polizeilicher Maßregeln bedurft, um die Fabrikanten zu zwingen, die Kochlaugen einzudampfen und die wertvolle Soda daraus wiederzugewinnen. Heute bildet dieses, Anfangs mit so großem Widerstreben eingeführte Verfahren den Hauptstützpunkt der Natronzellulosefabrikation, da es im Anschluß daran auch gelungen, die Kosten der Laugenbereitung noch dadurch weiter zu reduzieren, daß man nach dem Vorschlage von Dahl beim Eindampfen das jetzt sehr billige schwefelsaure Natron (Sulfat oder Glaubersalz) zusetzt, aus dem beim Kalzinieren der Masse Schwefelnatrium entsteht, welches ebenso lösend wirkt wie Ätznatron. Durch die so erzielte große Ersparnis an Chemikalien ist der Natronprozeß der neueren Methode der Sulfitzellulosefabrikation gegenüber konkurrenzfähig geblieben.

Das Sulfitverfahren beruht im Gegensatz zu dem vorbesprochenen auf der Behandlung der Holzmasse und Lösung der Inkrusten mit Säuren, und zwar hat man dafür jetzt, nach vielen vorhergehenden Versuchen mit den verschiedenen Mineralsäuren, die schweflige Säure und deren saure Salze von Kalk und Magnesia als die geeignetsten erkannt. Das Sulfitverfahren wurde zwar bereits vor etwa 20 Jahren von einem Amerikaner, Tilghman vorgeschlagen und patentiert, aber nie ausgeführt, so daß, als der eigentliche Erfinder und Schöpfer desselben, Professor Alexander Mitscherlich, der Sohn unseres berühmten Berliner Chemikers Eilhardt Mitscherlich, bezeichnet werden muß. Mitscherlich hat das Sulfitverfahren zuerst im großen durchgearbeitet und es zu einer wirklichen und leistungsfähigen Industrie gestaltet. Das Patent, welches er in Deutschland für sein Verfahren erlangt hatte, mußte ihm zwar wieder abgesprochen werden, als der Nachweis erbracht wurde, daß dasselbe in seinen wesentlichen Teilen schon vor langer Zeit durch Tilghman publiziert war, aber auf das bezügliche unserm Patentgesetz vollkommen entsprechende Urteil des Gerichts paßt auch das alte Wort: Summum jus, summa injuria. Das eigentliche und größte Verdienst bei der Einführung des Sulfitverfahrens wird Mitscherlich nie zu bestreiten sein. Neben und nach ihm sind dann von Ekman, Graham, Ritter-Kellner und Pictet Veränderungen der Methode eingeführt, die aber alle auf gleicher Basis beruhen und von denen ich nur den noch im Stadium des Experiments befindlichen, wie es scheint mehr interessanten, als praktischen Vorschlag Pitets erwähnte, die jetzt im großen Maßstabe aus den Rauchgasen verschiedener Hüttenprozesse dargestellte reine komprimierte schweflige Säure an Stelle der sauren Sulfitlaugen zu benutzen.

Für Herstellung von Sulfitzellstoff ist das Fichtenholz am geeignetsten, dasselbe wird, nachdem es geschält, von Astknoten durch Ausbohren befreit und entsprechend zerkleinert ist, in große Kessel gefüllt und dort mit der Lösung von sauren schwefligsauren Salzen unter hohem Druck bis zu seiner vollkommenen Aufschließung gekocht. Die Hauptschwierigkeit für Ausführung dieser Operation bestand in der Herstellung von Kochgefäßen, die neben hohem Druck auch der Einwirkung der schwefligen Säure, welche das Eisen stark angreift, Widerstand zu leisten vermochten. Man hat diese Aufgabe gelöst, indem man die ausreichend starken eisernen Kessel innen mit einer Lage von Blei doublierte, welches Metall von schwefliger Säure nicht aufgelöst wird. Die innere Bleiverkleidung wird dicht an die Kesselwände angelegt, nochmals besonders zusammengelötet und durch Phosphorbronzeschrauben oder verbleite Spannringe, oder auch durch eine Ausmauerung mit säurefesten Steinen festgehalten; vielleicht wird diese noch immer ungenügende Verbleiung in Zukunft durch die elektrische Lötung nach B e r n a d o ' s Verfahren ersetzt. — Die hier vorliegende Reihe von Proben, welche ich den Herren v. d. B e e k e, K l a g g e s & R e u t h e r in Wildshausen verdanke, zeigt den Fabrikationsprozeß in all seinen Stadien, vom rohen Stammholz bis zur schneeweißen Sulfitzellulose, wie solche ohne besondere Bleichung direkt aus dem Kocher erhalten wird, es liegt hierin sowie in der von Natur längeren Faser des Fichtenholzes ein Vorzug der Sulfitzellulose gegenüber dem aus Kiefernholz hergestellten Natronzellstoff. Die fertig gekochte Sulfitzellulose geht, nachdem sie im Holländer gewaschen und zerfasert ist, über den Knotenfänger nach der Preßmaschine, auf welcher sie zu der hier ebenfalls vorliegenden feuchten oder trockenen Zellulosepappe verarbeitet und so zum Versand an die Papierfabriken fertig gemacht wird. So weit ist alles an diesem Verfahren sehr schön und gut, dasselbe hat aber auch Mängel, welche sich für die Fabriken selbst wie für deren Nachbarschaft in den gasförmigen Ausströmungen von schwefliger Säure bei Bereitung der Sulfitlösung und beim Ablassen der Kochlaugen recht empfindlich geltend machen. Was zunächst die Sulfitlaugen betrifft, so ging bei der durch Abrösten von Kiesen oder durch Verbrennen von Schwefel hierfür früher üblichen Herstellung von schwefliger Säure, große Mengen derselben teils unabsorbiert fort, teils wurden sie, namentlich beim Kiesofenbetriebe gleich zu Schwefelsäure (SO_3) oxydiert, beides auf Kosten des Fabrikanten, dessen Schwefelgebrauch dadurch unnütz erhöht wurde, und zum Nachteil der Umgebung, in welcher die Säureausströmungen nicht nur Menschen und Tiere arg belästigten, sondern auch die Vegetation oftmals erheblich schädigten. Bei den Untersuchungen über die Beschädigung der Vegetation durch Rauch, welche auf Veranlassung des Preuß. Landwirtschaftsministeriums durch Dr. J. v. Schroeder-Tharand und Oberförster Karl Reuß-Goslar, angestellt und 1883 in dem hier vorliegenden Quartbande im Verlage von Paul Parey-Berlin publiziert wurden, hat sich ergeben, daß unter allen gas- und staubförmigen Emanationen der Hütten und Fabriken die schweflige Säure die für den Pflanzenwuchs weitaus nachteiligste ist, da schon ein Millionstel davon der Luft zugemischt ausreicht, um bei längerer Einwirkung die Vegetation zu töten. Das genannte Werk zeigt in einer Reihe sehr sorgfältig ausgeführter Abbildungen das sukzessive Absterben von Waldbäumen durch schweflige Säure. -- Menschen und warmblütige Tiere werden, wie die Versuche, welche von Ogata auf Pettenkofers Veranlassung gemacht wurden, zeigen, zwar durch schweflige Säure auch stark belästigt, können aber verhältnismäßig große Mengen davon ohne dauernden Schaden ertragen, dagegen sind die Kiemenatmer (Fische usw.) gegen die Einwirkung der in Wasser gelösten schwefligen Säure in hohem Grade empfindlich. Nach den von Dr. C. Weigelt auf der Kaiserlichen Versuchsanstalt zu Rufach im Elsaß ausgeführten sorgfältigen Versuchen genügt schon ein Gehalt von $^1/_2$ Millionstel freier schwefliger Säure im Wasser, um starke Fische rasch zum Absterben zu bringen. Die Fische und anderen Kiemenatmer entnehmen bekanntlich den für ihre Respiration nötigen Sauerstoff aus dem Wasser, welches große Mengen davon gelöst enthält, in ausgekochtem oder auf andere Art luftfrei gemachtem Wasser können sie nicht leben, ich glaube deshalb die Erklärung für die sehr geringe Widerstandsfähigkeit dieser Tierspezies gegen schweflige Säure darin zu finden, daß diese den im Wasser enthaltenen Sauerstoff unter Oxydation zu Schwefelsäure sehr rasch absorbiert und das Wasser dadurch luftfrei und zur Unterhaltung des Respirationsprozesses ungeeignet macht. Die Schwefelsäure ist weniger giftig, da nach Weigelt's Versuchen Fische in sonst normalem Wasser, welches bis $^1/_{10000}$ davon enthielt, nicht abstarben. Die vorstehenden Angaben werden den ausreichenden Beweis liefern, daß sowohl das eigene Interesse des Sulfitzellulose-Fabrikanten, als auch die berechtigten Ansprüche der umliegenden Bewohner und Besitzer, dringend darauf hinweisen, die Ausströmung von schwefliger Säure auf das geringste Maß zu beschränken.

Ich habe mich mit dieser für die Entwicklung der wirtschaftlich so wichtigen Zelluloseindustrie höchst bedeutsamen Frage seit Jahren eingehend beschäftigt, und ist es mir zunächst gelungen, den Verlust an schwefliger Säure bei der Sulfitlaugenbereitung derart zu reduzieren, daß, während früher in vielen Fabriken nur 50—60 % des verbrannten Schwefelmaterials in Form von schwefliger Säure für die Fabrikation nutzbar gewonnen wurden, in den von mir konstruierten Apparaten 95—96 % desselben ausgenutzt werden und ein Entweichen von schwefliger Säure bei Bereitung der Sulfitlösungen ganz fortfällt. Die weiteren Untersuchungen, welche ich über den während der Kochung des Holzes vorgehenden chemischen Prozeß anstellte, haben nun gezeigt, daß von 100 Teilen der in den Kocher gebrachten schwefligen Säure nur etwa 29 Teile für die Aufschließung des Holzes verbraucht, 17 in Form von unlöslichem und unschädlichem Kalksalz abgeschieden, dagegen 54 Teile mit den ausströmenden Dämpfen und mit der abfließenden Kochlauge in die Atmosphäre und in die Gewässer gelangen. Die Frage, ob die durch solche massenhaften Ausströmungen entstehenden Schäden ohne übermäßige Belastung der Industrie zu beseitigen sind, kann ich nach den Resultaten meiner Versuche nicht nur bestimmt bejahen, sondern sogar den rechnungsmäßigen, durch eine bereits nach meinem System projektierte große Anlage demnächst auch praktisch zu erhärtenden Beweis erbringen, daß diese Wiedergewinnung der schwefligen Säure für die Sulfitindustrie in ähnlicher Weise direkten Nutzen schaffen wird, wie die vorhin erwähnte, anfangs auch nur mit Widerstreben eingeführte Wiedergewinnung der Soda aus den Abwässern der Natronzellstoffbereitung.

Die Ausströmungen gasförmiger und gelöster schwefliger Säure, denen mein Verfahren auch zum finanziellen Nutzen der Fabrikanten ein Ende machen soll, nehmen nun zwar unter den gegen die Sulfitzellulosefabriken erhobenen Beschwerden stets die erste Stelle ein, es sind jedoch in den Kochlaugen auch einige andere Stoffe enthalten, welche Grund zu berechtigten Klagen bieten können. Als solche für Pflanzen und Tiere unter Umständen schädlichen Bestandteile der Kochlaugen sind namentlich eine Anzahl von Stoffen zu bezeichnen, die, wie ich gefunden habe, meist nur bei Gegenwart von freier Säure und von Bisulfiten in Lösung gehen. Diese Körper, hauptsächlich Spaltungs-

und Zersetzungsprodukte der Gerbsäuren, Harze usw., darunter auch Aldehyde und Ketone, scheiden sich als klebrige Massen aus, sobald die SO_2 durch Kochen oder durch Oxydation beseitigt ist. Den gleichen Vorgang kann man beim Vermischen ungereinigter Laugen mit fließendem lufthaltigen Wasser beobachten. Diese Ausscheidungen, obwohl für das organische Leben lange nicht so gefährlich wie die schweflige Säure, können doch, indem sie Zellen und Schleimhäute verkleben, mannigfachen Schaden stiften und auch die Brauchbarkeit des Wassers für technische Zwecke beeinträchtigen. Immerhin ist der Prozentsatz dieser schädlichen Laugenbestandteile ein kleiner, und die Beseitigung derselben ist, wie meine Versuche gezeigt und die Gutachten hervorragender wissenschaftlicher Autoritäten bestätigt haben, ohne große Kosten und Schwierigkeiten möglich. Nach Entfernung dieser Stoffe und der schwefligen Säure aus den Kochlaugen enthalten dieselben dann neben etwas löslichem äther-schwefelsaurem Kalk noch die von der Aufschließung der eigentlichen inkrustierenden Substanz und Spaltung der Glykoside herrührenden bedeutenden Mengen von Kohlenhydraten: Zucker, Amyloide usw., sowie einen großen Teil der Aschenbestandteile des Holzes: Kali, Phosphorsäure usw. Alle diese Körper dürfen nicht nur als vollkommen unschädlich bezeichnet werden, vielmehr habe ich bei genauerer Betrachtung die Überzeugung erlangt, daß dieselben durch geeignete Verwendung eine große Bedeutung für unsere Landwirtschaft gewinnen können und werden.

Der Beweis für diese im ersten Moment etwas eigentümlich erscheinende Behauptung läßt sich unschwer erbringen: Es ist allgemein bekannt, daß viele Tiere mit Vorliebe die jungen Schößlinge der holzartigen Pflanzen fressen. Der Nährstoff, welchen die Tiere aus diesen Pflanzenteilen und selbst aus Heu und Stroh entnehmen, ist nun n i c h t d i e f e r t i g g e b i l d e t e Z e l l u l o s e, sondern es sind die Körper, welche wir als inkrustierende Substanz bezeichnen, während die Zellulose zum allergrößten Teil unverdaut mit den Exkrementen wieder abgeht. Es findet also im Tiermagen ein ähnlicher Aufschließungsprozeß statt, wie ihn der Zellulosefabrikant in seinem Sulfitkocher vornimmt, der Unterschied besteht nur darin, daß bei der Zellulosegewinnung die abgelösten Inkrusten als wertlos fortgelassen werden, während der Tierkörper gerade die leichter lösliche Substanz der Inkrusten für seine Ernährung verwertet und die unverdaute Zellulose wieder auswirft. Bei Analyse und Bewertung von Futterstoffen bezeichnen deshalb die Agrikulturchemiker die schwer verdauliche Zellulose kurzweg als Rohfaser und stellen ihre Menge nach denselben Methoden fest, die auch für Isolierung der reinen Zellulose für technische Zwecke dienen. Betrachtet man nun die Aufschließung des Holzes zu Zellulose und zu in der Kochlauge gelösten Inkrusten von diesem Gesichtspunkt, so zeigt sich die Möglichkeit, letztere nach Entfernung der ihr beigemischten, den Tieren weniger zusagenden Stoffe als Ernährungsmittel, gewissermaßen als „Holzbouillon", zu benutzen, sehr klar. Die gereinigte Kochlauge würde danach bei der Fütterung etwa eine ähnliche Verwendung finden, wie früher die Melassenschlempe der Brennereien, vor letzterer sogar durch höheren Gehalt an Zucker und geringeren Salzgehalt noch einen Vorzug haben. Durch Eindampfen der gereinigten Kochlauge habe ich daraus einen wohl etwas kratzend, aber doch süß schmeckenden Syrup hergestellt, der, vollkommen zum Trocknen gebracht, 16—18 % Zucker enthielt. Es wird nun zwar nur wenige Zellulosefabriken geben, welche die Kochlauge in solcher Weise selbst bei der Viehhaltung verwerten können, und auch die Abgabe an andere Landwirte mag zunächst noch auf Schwierigkeiten stoßen, da die dünne Kochlauge den Transport kaum lohnt und das Vieh, selbst wenn die Lösungen durch Eindampfen konzentrierter und damit transportfähiger gemacht werden, sich erst an den neuen Futterstoff gewöhnen muß. Ich werde jedenfalls bemüht sein, die landwirtschaftlichen Versuchsstationen für die betreffenden Experimente zu interessieren.

Eine zwar weniger intensive, dafür aber auch an vielen Orten ohne Schwierigkeit und mit geringen Vorbereitungen ausführbare landwirtschaftliche Verwertung der g e r e i n i g t e n K o c h l a u g e n, welche zugleich die bei vielen Fabriken für den Abfluß bestehenden Schwierigkeiten in einfachster Weise hebt, bietet sich in der Verwendung der von schwefliger Säure und harzartigen Stoffen befreiten Laugen zur Berieselung von Wiesen und Feldern. Dabei werden nun freilich die Kohlenhydrate, Zucker usw., die im Vergleich zu ihrem hohen Futterwert nur einen geringen Düngungswert haben, wenig ausgenutzt, dagegen kommen die in der Kochlauge gelösten Aschenbestandteile des Holzes direkt dem Pflanzenwuchs zugute. Ein Kubikmeter Fichtenholz wiegt zirka 450 kg und liefert 4—5 kg Reinasche, welche etwa 20—25 kg gewöhnlicher, unreiner Holzasche entsprechen, es wird hiernach jedem, der den überaus günstigen Erfolg einer Holzaschen-Düngung für Futterkräuter und namentlich für saure Wiesen kennt, der Vorteil einer rationellen Berieselung klar sein, und sind von mir auch nach dieser Richtung bereits Versuche angeregt; gelingen dieselben in der Weise, wie dies nach ihrer richtigen theoretischen Grundlage wohl zu erwarten, so wird uns die Zellulosefabrikation aus dem Holz der Wälder nicht allein das für unsere geistige Nahrung erforderliche Papier, sondern auch die für leibliche Ernährung nötigen Produkte des Pflanzen- und Tierreichs zugänglicher machen.

Ganz abgesehen von dieser landwirtschaftlichen Verwertung ist dies Verfahren aber für alle solche Fabriken anwendbar, welche jetzt wegen des Abflusses der Kochlauge Schwierigkeiten haben, da die von ihren direkt schädlichen Bestandteilen und auch von Proteïnstoffen befreite Lauge schon aus letzterem Grunde zu Gärungs- und Fäulnisprozessen wie zur Algenbildung weniger Anlaß bietet und selbst bei mäßiger Verdünnung in kleinen fließenden Gewässern durch den Sauerstoff der Luft und des Wassers rasch eine vollkommene Oxydation und Selbstreinigung erfährt, welche durch Gegenwart von schwefliger Säure verhindert oder doch sehr verlangsamt wird. Außerdem erfordern die 0,6 bis 0,75 % schweflige Säure enthaltenden ungereinigten Kochlaugen, nach den vorerwähnten maßgebenden Versuchen von Dr. Weigelt-Rufach, beim Einlassen in zur Fischzucht benutzte Gewässer eine Verdünnung, welche etwa dem 1500fachen ihres eigenen Volums entspricht. Für eine Kocherfüllung von 22 cbm müßten daher, um diesen Ansprüchen zu genügen, 33 000 cbm Wasser disponibel sein, ein Quantum das kleinere Flüsse nicht überall und zu jeder Jahreszeit bieten. Da hier nur die allgemein wirtschaftliche Seite der Abwasserfrage interessiert, so unterlasse ich es, die weiteren technischen Vorteile, welche mein Verfahren bei erfolgreicher Durchführung für den Fabrikbetrieb selbst schaffen wird, zu erörtern, ein so spezielles Eingehen auf Details der Fabrikation ist hier nicht am Ort. Erwähnen will ich dagegen noch, daß auch Mitscherlich eine Benutzung abgehender Kochlaugen für Gewinnung von Gerbstoff und von Essigsäure empfohlen hat, daß indes über Durchführung dieser ihm patentierten Idee bisher nichts verlautete, wie auch alle Versuche, die Kochlaugen zum Gerben von Häuten zu verwenden, bisher resultatlos blieben, da die im Holz tatsächlich vorhandenen Gerbstoffe durch den Kochprozeß derart gespalten werden, daß sie in Zucker und in solche Gerbsäuren übergehen, die nicht mehr gerbend auf die tierischen Häute wirken.

Nachdem ich die Technik der Zellstoffabrikation geschildert, erübrigt es noch, Ihnen die Ausdehnung und wirtschaftliche Bedeutung, welche diese ganze Industrie bei uns bereits gewonnen hat, mit einigen Worten zu skizzieren. In Deutschland bestehen jetzt 60 Fabriken, welche täglich etwa 2000 Festmeter — entsprechend 3000 Raummeter — Holz zu Zellstoff verarbeiten und damit einen Jahresumsatz von zirka 30 Millionen Mark bewirken, von dem ungefähr 10 Millionen den Forstkassen zufließen. Das obige Tagesquantum von 2000 Festmeter erfordert die Abholzung einer Waldfläche von 6—8 ha. Nach den mir von kompetentester Seite gegebenen Auskünften kann man für Deutschland, bei 60jährigem Umtriebe, die mittlere Jahresausnutzung an Derbholz bei Kiefern auf 3,1 fm, bei Fichten auf 4,9 fm annehmen, so daß für den 600 000 fm betragenden Jahresbedarf unserer Zellstoffabriken bereits der regelmäßige Ertrag einer Waldfläche von 150 000—160 000 ha voll in Anspruch genommen wird. Da für Sulfitzellstoff Fichtenholz besonders geeignet ist, so sind die Preise dieses Holzes, welche früher wegen seiner geringeren Qualifikation für Nutzholz hinter denen des Kiefernholzes zurückstanden, rasch gestiegen, und die umsichtige preußische Forstverwaltung hat diesem Umstande bereits durch vermehrte Anpflanzung der schnellwüchsigen Fichte derart Rechnung getragen, daß zur Zeit von den im Staatsbesitz befindlichen 274 416 ha Fichtenwald

auf	100 jährige	Bestände	. .	8 308	ha
	„ 81—100	„	„	.	17 727	„
	„ 61—80	„	„	.	30 752	„
	„ 41—60	„	„	„	48 413	„
	„ 21—40	„	„	„	65 616	„
und	„ 1—20	„	„	„	92 675	„

entfallen. Die so erhöhte Kultur der Fichte, welcher auch die im Privatbesitz stehenden Forsten folgen werden, ist um so wichtiger, weil wir bei der Zellstoffabrikation mit der Konkurrenz anderer Länder rechnen müssen, welche das Rohmaterial bedeutend billiger haben als wir; in Europa sind das namentlich Schweden und die russischen Ostseeprovinzen, beides für Export sehr günstig gelegene Länder, und in Amerika tritt Kanada mit gleichen Vorzügen jetzt in Mitbewerb.

Die Gewinnung der Zellfaser aus Holz eröffnet freilich noch die andere, zunächst aber wohl noch sehr fernliegende Frage, ob es nicht möglich sein wird, aus unseren heimischen Waldbäumen auch Spinnstoffe für die Textilindustrie zu gewinnen. Wie schon vorhin bemerkt, haben die längsten Fichtenholzzellen nur etwa 1/3 der Länge von kurzstapligen Surat- und Bengalbaumwollen, mit unseren jetzigen Spinnmaschinen dürfte deshalb die Verarbeitung von Fichtenfasern wohl unausführbar sein; es erscheint aber nicht unmöglich, daß die fortschreitende Spinnereitechnik auch für dieses Material, sei es allein oder zunächst in Verbindung mit anderen Spinnstoffen, geeignete Vorrichtungen findet.

Einstweilen können wir uns des bisher schon Erreichten freuen. Die aus unseren Wäldern gespeiste Zellstoffindustrie hat nicht allein der deutschen Papierfabrikation ihre stetig wachsende Ausdehnung gesichert, sie von dem Import fremder Rohstoffe unabhängig gemacht und die Preise der Lumpen in wenigen Jahren um etwa 33 % reduziert, sie ist vielmehr schon jetzt in der Lage, auch die Papierfabriken anderer Länder zu versorgen. Bereits 1883 wurden 25 000 tons solcher Rohstoffe, oder vielmehr Halbzeuge, im Werte von 6 Millionen Mark exportiert, und 1886 war dieses Quantum bereits auf 38 000 tons im Werte von 8 700 000 Mark gestiegen, — 1886 — erhob sich der Betrag unseres Lumpenexports auf 40 400 tons, dem nur eine Einfuhr von 31 800 tons gegenüberstand, so daß die Bilanz auch darin zu unseren Gunsten abschließt.

Von den jetzigen Leistungen der deutschen Papierindustrie nach allen diesen Richtungen geben die hier ausliegenden Musterkollektionen Zeugnis. Ich führe Ihnen davon zunächst die interessante Sammlung vor, welche mir die unter Direktion unseres Vereinsmitgliedes, Herrn Ph. Dessauer, stehende Aktien-Gesellschaft für Maschinenpapierfabrikation in Aschaffenburg freundlichst zur Disposition gestellt hat. Diese Fabrik, welche sich den Natron- und Sulfitzellstoff selbst herstellt, schließt nach mir gewordener Mitteilung die Verwendung von Lumpen bei ihren Papieren prinzipiell aus, um die Fabrikation aus vorgenannten Ersatzstoffen immer mehr zu vervollkommnen. In wie hohem Maße dies gelungen, zeigen die hier vorliegenden Proben, welche vom festesten Leder- und stoffartigen Papier bis zum feinen Billett- und Seidenpapier, alle marktgängigen Sorten einschließen. Ich möchte mir erlauben, Ihre Aufmerksamkeit noch speziell auf ein Fabrikat zu lenken, dessen Herstellung, ebenfalls aus reinem Zellstoff, eine Spezialität der genannten Fabrik ist, es sind die in England allgemein eingeführten Klosettpapiere, welche früher von dort importiert wurden und wegen des dadurch bedingten hohen Preises hier wohl noch nicht die verdiente Verbreitung gefunden haben. Sind diese jetzt hier preiswert und in gleicher Güte hergestellten Papiere schon vom Standpunkt des Komforts und der Hygiene zu empfehlen, so haben sie doch für Berlin und seine Kanalisationsanlagen noch ganz besonderes Interesse, da, so komisch es klingen mag, eine der Hauptschwierigkeiten, welche sich bei Unterbringung unserer Sielwässer auf den städtischen Rieselanlagen bietet, in den großen Massen von Papier besteht, das den Feldern, mit den Fäkalstoffen gemischt, zugeführt wird. Die durch Bewegung in Röhren und Pumpwerken fein verteilte Papiermasse bildet auf den Feldern einen dichten Filz, der die Vegetation von Luft und Licht abschließt. Wie gelegentlich einer Besprechung des Berliner Rieselbetriebes auf der 1886 hier tagenden Naturforscherversammlung angegeben wurde, muß man zur Beseitigung dieses sehr störenden Überzuges besondere Bearbeitung der Felder mit Eggen und Stachelwalzen anwenden. Die Einführung der Klosettpapiere würde dieser Schwierigkeit rasch ein Ende machen. Ich hoffe, daß Sie mir diese kleine Abschweifung verzeihen werden, für die Technik ist ja nichts unbedeutend, was der Gesundheit und dem Leben nützt. — Die von unserer Luxusindustrie in ausgedehntem Maße verwendeten, sehr naturgetreuen Imitationen von Schlangenhäuten, Krokodil- und Kalbleder, Chagrin und Pergament, welche in der Aschaffenburger Fabrik ebenfalls hergestellt werden, lege ich Ihnen ebenfalls in ausgezeichnet festen Proben vor.

Im Gegensatz zu dieser Vielseitigkeit sucht und findet die von Herrn Kommerzien-Rat Behrend betriebene Varziner Papierfabrik des Fürsten Bismarck ihre Force in der Massenherstellung weniger Sorten. Die durch Dämpfen des Holzes hergestellten braunen Packpapiere habe ich schon zuvor erwähnt und lege Ihnen hier noch aus 75 % resp. 50 % Sulfitzellulose mit Zusatz von weißem — ungedämpftem — Holzschliff gearbeitete, sehr schön geglättete und feste helle Packpapiere vor, welche zum Einschlagen feinerer Waren, wie neuerdings auch für feste Briefumschläge ausgedehnte Anwendung finden. Auch diese Papiere sowie das Muster von beinah durchsichtigem Sulfitzellulosepapier von Spiro & Söhne in Krummau, sind ohne jeden Zusatz von Lumpen hergestellt. Dagegen kann ich Ihnen hier als seltene Erscheinung die von Herrn Georg Drewsen in Lachendorf bei Celle aus reinen Lumpen, ohne jeden Zusatz von Ton oder anderen

Beschwerungs- oder Füllstoffen angefertigten Schreibpapiere vorlegen und bitte Sie, damit die aus derselben Fabrik stammenden, mit Zusatz von 25—65 % Sulfit- und Natronzellulose gearbeiteten zu vergleichen, welche auch allen Anforderungen an ein gutes Schreibpapier entsprechen. Selbstverständlich wird die Papierfabrikation der Lumpen für gute Sorten nie entbehren können, aber sie wird in Zukunft imstande sein, den jetzt mit Recht erhöhten Ansprüchen an Qualität und Dauerhaftigkeit ihrer Fabrikate preiswürdig zu genügen; einzelne Mängel, die den aus Zellstoff gefertigten Papieren jetzt noch anhängen, beruhen nicht in dem Material selbst, sondern in Fehlern, die bei der heute noch in der Entwicklung begriffenen und namentlich in ihren wesentlich chemischen Operationen noch sehr ungenügend erforschten Fabrikation gemacht werden. Die vom Verein für Beförderung des Gewerbefleißes gerade in dieser Richtung gestellte Preisaufgabe wird der jungen Industrie hoffentlich reichen Nutzen bringen.

III. a) Sulfitkochlaugen und Futtermangel.

Von Professor Dr. A. Frank, Charlottenburg.

Aus der Papier-Zeitung, 29. Jahrg., Nr. 67 vom 21. August 1904.

Als Folge der anhaltenden Dürre dieses Sommers ist in vielen Ländern Europas und besonders in Deutschland Futtermangel eingetreten, der nicht nur für den wesentlich auf Viehhaltung begründeten Betrieb der Landwirtschaft, sondern für die gesamte Volksernährung bedenkliche Folgen haben kann und jedenfalls große Teuerung der Futtermittel und der landwirtschaftlichen Erzeugnisse herbeiführen wird, da man schon jetzt gezwungen ist, Futterstoffe zu hohen Preisen vom Ausland einzuführen.

Es scheint mir unter diesen Umständen angezeigt, auf den von mir bereits in Nr. 60, 61 und 63 der Papier-Zeitung von 1887 gemachten Vorschlag zurückzugreifen und Versuche zur Verwertung der gereinigten Sulfit-Ablauge als Viehfutter nochmals anzuregen. Meine seinerzeitigen Ausführungen hatten folgenden Wortlaut:

„Nach Entfernung der Aldehyde und Ketone sowie der schwefligen Säure aus den Kochlaugen enthalten diese neben etwas löslichem ätherschwefelsaurem Kalk noch die von der Aufschließung der eigentlich inkrustierenden Substanz und Spaltung der Glykoside herrührenden bedeutenden Mengen von Kohlenhydraten: Zucker, Amyloide usw. sowie einen großen Teil der Aschenbestandteile des Holzes: Kali, Phosphorsäure usw. Alle diese Körper dürfen nicht nur als vollkommen unschädlich bezeichnet werden, vielmehr habe ich bei genauerer Betrachtung die Überzeugung erlangt, daß sie durch geeignete Verwendung große Bedeutung für unsere Landwirtschaft gewinnen können und werden.

Der Beweis für diese im ersten Moment etwas eigentümlich erscheinende Behauptung läßt sich unschwer erbringen: Es ist allgemein bekannt, daß viele Tiere mit Vorliebe die jungen Schößlinge der holzartigen Pflanzen fressen. Der Nährstoff, welchen die Tiere aus diesen Pflanzenteilen und selbst aus Heu und Stroh entnehmen, ist nun nicht die fertig gebildete Zellulose, sondern es sind die Körper, welche wir als inkrustierende Substanzen bezeichnen, während die Zellulose zum allergrößten Teil unverdaut mit den Exkrementen wieder abgeht. Es findet also im Tiermagen ein ähnlicher Aufschließungsvorgang statt, wie ihn der Zellulose-Fabrikant in seinem Sulfitkocher vornimmt; der Unterschied besteht nur darin, daß bei der Zellulosegewinnung die abgelösten Inkrusten als wertlos fortgelassen werden, während der Tierkörper gerade die leichter lösliche Substanz der Inkrusten für seine Ernährung verwertet und die unverdaute Zellulose auswirft. Bei Analyse und Bewertung von Futterstoffen bezeichnen deshalb die Agrikulturchemiker die schwer verdauliche Zellulose kurzweg als Rohfaser und stellen ihre Menge nach denselben Methoden fest, die auch für Isolierung der reinen Zellulose für technische Zwecke dienen. Betrachtet man nun die Aufschließung des Holzes zu Zellulose und zu in der Kochlauge gelösten Inkrusten von diesem Gesichtspunkt, so zeigt sich die Möglichkeit, letztere nach Entfernung der ihr beigemischten, den Tieren weniger zusagenden Stoffe als Ernährungsmittel, gewissermaßen als „Holzbouillon“, zu benutzen, sehr klar. Die gereinigte Kochlauge würde danach bei der Fütterung etwa eine ähnliche Verwendung finden wie früher die Melassenschlempe der Brennereien, vor dieser sogar durch höheren Gehalt an Zucker und geringeren Salzgehalt einen Vorzug haben. Durch Eindampfen der gereinigten Kochlauge habe ich daraus einen wohl etwas kratzenden, aber doch süß schmeckenden Sirup hergestellt, der, vollkommen zum Trocknen gebracht, 16—18 % Zucker enthielt. Es wird nun zwar nur wenige Zellulosefabriken geben, welche die Kochlauge in solcher Weise selbst bei der Viehhaltung verwerten können, und auch die Abgabe an andere Landwirte mag zunächst noch auf Schwierigkeiten stoßen, da die dünne Kochlauge den Transport kaum lohnt und das Vieh auch jedenfalls erst an das neue Futter gewöhnt werden muß. Immerhin möchte ich empfehlen, diese Sache, die ich selbst auch weiter verfolgen werde, nicht als bloße Zukunftsmusik anzusehen, sondern mit intelligenten Landwirten darüber Rücksprache zu nehmen und diese Herren event. zu Versuchen anzuregen."

Obgleich meinen damaligen Vorschlägen bisher keine Folge gegeben wurde, und ich selbst mangels genügender Beachtung derselben von seiten der Zellstoff-Fabrikanten, Landwirte und Agrikulturchemiker nicht in der Lage war, die Sache auf dem allein gangbaren Wege praktischer Fütterungsversuche weiterzuführen, so habe ich doch auch nirgends eine Widerlegung meiner Ansichten gefunden. Die Menge der in der Sulfitkochlauge gelösten und mit ihr in die Flüsse geschickten organischen Substanz ist — mäßig gerechnet — ebenso groß, wie die Gesamtmenge des in den Fabriken gewonnenen Zellstoffs, würde daher nur in Deutschland etwa $2\frac{1}{2}$—3 Millionen Doppelzentner vollkommen trockner Masse ergeben.

Die Eindampfung und Konzentration der gereinigten Sulfitablauge ist nach dem heutigen Stande der Technik nicht mehr so schwierig und kostspielig wie früher, da man inzwischen gelernt hat, die Austrocknung derartiger Massen durch Vermischen mit anderen nährenden oder doch unschädlichen porösen Stoffen, wie z. B. Häcksel, Kaff, Rübenschnitzel oder Torfmull, zu beschleunigen.

Mit Rücksicht auf die Eingangs erwähnten Umstände möchte ich die Frage wieder hervorholen und den Fabrikanten von Zellstoff anempfehlen, sich dieserhalb mit den landwirtschaftlichen Versuchsstationen in Verbindung zu setzen. Technik und Wissenschaft haben, wie ich glaube, ein gleiches Interesse daran, für diese großen Mengen organischer Substanz angemessene und lohnende Verwertung zu schaffen.

b) Verwertung der Sulfitkochlaugen als Futtermittel.

Von Prof. Dr. A. Frank, Charlottenburg.
Aus der Papier-Zeitung, 29. Jahrg., Nr. 91 vom 13. November 1904.

In Nr. 67 der Papier-Zeitung vom 21. August 1904 hatte ich unter dem Titel „Sulfitkochlaugen und Futtermangel" einen Aufsatz veröffentlicht, in welchem ich unter Bezugnahme auf meine früheren Untersuchungen darauf hinwies, daß die sehr großen Mengen organischer Stoffe, welche bisher noch immer mit den Sulfitkochlaugen den Flüssen zugeführt werden, vorteilhafte Ausnutzung in der Landwirtschaft finden könnten.

Die hiermit gegebene Anregung hat zwar in der Zellstoff-Industrie bisher noch keinen Anklang gefunden, wurde aber von der Landwirtschaft und von Agrikulturchemikern mit Interesse aufgenommen und hat zu Anknüpfungen geführt, über die ich hier um so lieber berichte, als ich wohl hoffen darf, nunmehr auch bei den Zellstoff-Fabrikanten Verständnis und Förderung für meine Vorschläge zu gewinnen.

Da die Lösung der bei meinen Arbeiten noch offen gebliebenen Frage nur auf dem Wege der Praxis, also durch Fütterungsversuche bei Tieren zu erreichen war, so wandte ich mich an Herrn Professor Franz Lehmann in Göttingen, der als wissenschaftlicher Leiter der landwirtschaftlichen Station die dort bereits von seinem hochverdienten Vorgänger, Professor Henneberg, eingeleiteten Versuche über die Ernährung der landwirtschaftlichen Haustiere mit großem Erfolg weiterführt. Zu meiner Freude fand ich bei Professor Lehmann nicht nur sehr bereitwilliges Eingehen auf meine Ideen, sondern erhielt von ihm die mir noch wertvollere Mitteilung, daß er selbst sich mit dieser Frage seit langer Zeit beschäftigte und damit in bezug auf vollkommenere Verwertung der Strohsubstanz schon zu einem sehr befriedigenden Erfolg gelangt sei, wie er denn an Hand dieser Resultate auch die Benutzung von Sulfitablauge für sehr aussichtsvoll erachte und gern bereit sei, die bezüglichen Arbeiten im Verein mit mir weiter zu führen und dafür die in dem landwirtschaftlichen Institut gebotenen Hilfsmittel zur Verfügung zu stellen.

Für den 9. September 1904 hatte die Landwirtschaftskammer für die Provinz Hannover eine Einladung zu dem Besuch der Domäne Coldingen ergehen lassen, um die dort von Amtsrat

Köster in Betrieb gesetzte Anlage zur Aufschließung von Stroh zwecks besserer Ausnutzung desselben als Futtermittel zu besichtigen. Bei dieser Versammlung, an der eine große Anzahl hervorragender Landwirte und Vertreter landwirtschaftlicher Lehranstalten und Vereine teilnahmen, gab Professor Lehmann eine Begründung des von ihm eingeführten Verfahrens, aus welcher ich hier diejenigen Stellen mitteile, welche auch für die Papier-Industrie zutreffend sind. Sie lauten wörtlich:

„Das Verfahren der Strohaufschließung bezweckt eine Erhöhung der Verfütterung von Stroh, und zwar dadurch, daß die organische Substanz des Strohes höher verdaulich gemacht wird. Zweierlei wird hiermit erreicht. Durch den Aufschließungsprozeß wird die Ballastmenge vermindert, die Tiere können von aufgeschlossenem Stroh mehr aufnehmen als von gewöhnlichem, und durch den Aufschließungsprozeß wird zweitens die Menge der verdaulichen Substanzen erhöht. Beide Wirkungen gehen nach derselben Richtung, und der Gesamteffekt des Aufschließungsprozesses ist der: es gelingt, aus dem Stroh und dem darin liegenden Kapital ungenutzter Nährstoffe das 3 bis 4 fache von dem herauszuziehen, was heute daraus genutzt wird. Ich denke, die Aufgabe ist wert, bearbeitet und auch von den hohen Behörden beachtet zu werden, und erinnere nur daran, daß Getreidestroh und ähnliche Abfälle, welche hiermit nutzbar gemacht werden können, ein Kapital von rund 2 Milliarden repräsentieren.

Will man ein Futtermittel höher verdaulich machen, dann müssen die Maßnahmen gerichtet sein auf den Teil der Futterbestandteile, welche vom Darmkanal nicht verdaut werden können. Das ist eigentlich selbstverständlich, aber die einschlägigen Versuche älteren Datums liefen alle darauf hinaus, den verdaulichen Teil des Futters zu verändern. Nun wissen wir, daß Wiederkäuer von den Kohlehydraten, Zucker, Stärke und dazu im Gegensatz zu anderen Tieren, z. B. den Schweinen, auch Zellstoff verdauen. Den Kräften des Verdauungsprozesses unzugänglich bleibt nur ein Körper, das ist das Holz. Die Bestandteile des Holzes sind ihrerseits verdaulich, nur die Verbindung untereinander ist unverdaulich. Wenn man also ein Holz verdaulich oder ein holzhaltiges Futtermittel höher verdaulich machen will, muß man das Holz in seine Bestandteile zerlegen. Auf diesem Prinzip beruht die Aufschließung des Strohes.

Die Ausführung dieser Holzsprengung ist uns nichts Neues, die moderne Papierfabrikation beruht darauf. Sie stellt aus Stroh und Holz reinen Zellstoff dar, genau auf dem hier vorgezeichneten Wege dadurch, daß sie den Körper Holz in seine Bestandteile zerlegt. Sie benutzt nur den einen davon, eben den Zellstoff, die anderen entfernt sie in Form einer Lauge und durch späteres Auswaschen. Von diesen Verfahren der Holzzerlegung habe ich eins hier ausgewählt, das Kochen mit Ätznatron. Natürlich mußte das Verfahren abgeändert werden, denn es sollte nicht ein einzelner Bestandteil aus dem Stroh gewonnen werden, wie in der Papierfabrikation, sondern das ganze Stroh sollte ohne Verlust oder doch tunlichst ohne Verlust in ein neues und zwar höher verdauliches Futtermittel umgewandelt werden.

Der anscheinend so naheliegende Gedanke führte auch ebenso rasch zu einer Lösung im günstigsten Sinne. Als wir Haferstroh und in einem anderen Falle Weizenspreu längere Zeit mit Ätznatron kochten, erhielten wir ein Futter, welches so hoch verdaulich war wie Kleie. Aber hiermit war auch der Erfolg erschöpft. Das Futter wurde von den Tieren nicht gern gefressen. Der ganze Prozeß hatte wohl etwas theoretisches Interesse, praktischen Wert hatte er nicht. Er erhielt dies erst, als die Bedingungen der Aufschließung eingehend studiert und systematisch verfolgt wurden. Der nächste Fortschritt bestand darin, daß wir eines Tages ein Futter erzeugten, welches nun auch in großen Mengen und gern von den Wiederkäuern gefressen wurde. Mit diesem scheinbar geringfügigen Erfolge wurde das Verfahren aber nun lebensfähig. Wir wissen jetzt auch die Erklärung für diese plötzliche Qualitätsverbesserung. Erhitzt man holzhaltige Substanzen mit Wasser längere Zeit unter Druck, dann spalten sich daraus Säuren ab. Dieser Prozeß hat mit dem Aufschließungsprozeß nicht das geringste zu tun, ja er steht im Gegensatz dazu, aber die Säure bildet sich sehr langsam und schädigt die Aufschließung nicht wesentlich. Wenn Stroh mit wässriger Natronlauge unter Druck erhitzt wird, vollzieht sich also zunächst die Aufschließung und Freilegung der Holzsubstanz. Daneben entwickelt sich eine von Stunde zu Stunde wachsende Menge Säuren. Diese Säuren neutralisieren das Ätznatron, und so entsteht ein den Tieren zusagendes, auch mit einem eigenartigen Aroma behaftetes Futter. Die Bildung dieses Aromas stammt übrigens wohl aus einem dritten Prozeß, der etwa mit der Karamelisierung zuckerartiger Kohlehydrate zu vergleichen ist. Das Futter wird nun in ebenso großen Mengen von Wiederkäuern gefressen, wie Heu."

Wie ohne weiteres ersichtlich, findet sich in obigem der gleiche Gedankengang, dem auch ich folgte. Herr Professor Lehmann hat mir aber auch weiter direkt berichtet, daß er neben der Aufschließung mit Ätznatron auch die mit Sulfitlauge bereits in Betracht gezogen hätte, dabei aber auf einige Schwierigkeiten gestoßen sei, welche er jedoch nunmehr im Verein mit mir zu überwinden hoffe. Auf Grund weiterer Beratungen mit Herrn Professor Lehmann glaube auch ich, daß man bei richtiger Durchführung der Versuche mit der in der Sulfitkochlauge enthaltenen organischen Substanz gleich günstige Fütterungsresultate erzielen kann wie mit dem durch Ätznatron löslich und verdaulich gemachten Stroh, bei welchem ein Nährwert gewonnen wird, welcher dem von gutem Wiesenheu nahezu gleichkommt.

Professor Lehmanns Verfahren, welches in Deutschland und anderen Ländern patentiert ist, wurde von einer größeren Anzahl bedeutender landwirtschaftlicher Betriebe erworben, und diese haben die dazu erforderlichen Kochapparate bereits in Auftrag gegeben.

Ist auch die Menge der in den Sulfitkochlaugen enthaltenen Futterstoffe nicht so groß wie die durch Verwendung von Stroh gebotene, so hat dagegen die landwirtschaftliche Nutzung der Sulfitkochlauge für die Zellstoff-Industrie noch ein sehr wesentliches Interesse, da hierbei neben der von mir bereits früher durchgeführten Wiedergewinnung der schwefligen Säure noch viele von den Schwierigkeiten beseitigt werden, welche jetzt bei Anlage, Betrieb und Vergrößerung von Zellstoff-Fabriken Hindernisse schaffen und bereits zur Außerbetriebsetzung mehrerer Fabriken genötigt haben. Außerdem kann in einzelnen Gegenden, in welchen die Futterpreise dauernd hoch sind, durch die landwirtschaftliche Verwertung der Kochlaugen den Zellstoff-Fabriken sogar direkter Nutzen erwachsen.

Die Lösung aller dieser und anderer einschlägiger Fragen läßt sich aber durch theoretische Untersuchung kleiner Proben im Laboratorium nicht erlangen, praktisch brauchbare und dabei vollkommen zuverlässige Ergebnisse sind vielmehr nur auf dem Wege des Tierversuches, d. h. der Verfütterung größerer Mengen während eines längeren Zeitraumes zu gewinnen. Als Probetiere werden, wie gewöhnlich, so auch in diesem Falle, Hammel dienen können, doch müssen zur Erlangung eines Ausgleiches und sicheren

Durchschnittes immer mehrere Tiere für den laufenden Versuch eingestellt werden.

Die für einen Versuch nötige Menge von Kochlauge beträgt 250—300 Liter, von bereits gereinigter und durch Eindampfen konzentrierter Kochlauge entsprechend weniger.

Mit Rücksicht auf die Bedeutung der Sache darf ich wohl hoffen, daß sich einige Zellstoff-Fabriken finden werden, welche das nötige Material nach Göttingen liefern, und ich bin zu jeder hierauf bezüglichen näheren Auskunft gern erbötig.

Zum Schlusse bemerke ich auf das gegen meine Veröffentlichung vom 21. August d. J. von der Redaktion der Papier-Zeitung erhobene Bedenken betreffs Verfütterung harzhaltiger Pflanzenstoffe, daß bei meinem mit Wiedergewinnung der schwefligen Säure verbundenen Verfahren der Laugenreinigung eine Oxydation und Ausfällung der Harze stattfindet. Übrigens nehmen die meisten Haustiere, und sogar selbst die sehr wählerischen Pferde die jungen, aromatischen und sehr harzreichen Fichtenschößlinge, wenn auch vielleicht nur als Magenstärkung, gern an.

Charlottenburg, im November 1904.

Mosaik- und Glasindustrie.

Auch auf dem Gebiet der keramischen Industrie hat Frank durch selbständige Arbeiten bahnbrechend gewirkt. Hier ist es besonders der Vortrag über die Mosaikindustrie, der auch heute noch sehr lesenswert erscheint. Der Bericht Franks über die Herstellung von Grünglas ist aus dem Grunde wiedergegeben worden, weil Frank lange Zeit hindurch eine Glashütte geleitet hat und weil außerdem in seinem Vortrag auf einen wichtigen modernen Fortschritt hingewiesen ist, nämlich auf die Herstellung von Flaschenglas auf mechanischem Wege. Sehr charakteristisch sind hier besonders die Bemerkungen Franks zu der sozialpolitisch so bedeutungsvollen Frage, ob die maschinelle Arbeit in der Glasindustrie als ein Fortschritt anzusehen sei oder nicht.

I. Die Entwicklung der deutschen Mosaikindustrie.

Vortrag gehalten im Verein zur Beförderung des Gewerbfleißes
am 4. 5. 1888
von Dr. Adolf Frank.

M. H., auf der Pariser Weltausstellung im Jahre 1867 erregten die von einem Venezianer Dr. Antonio Salviati ausgestellten Mosaiken das lebhafte Interesse aller Kunstfreunde und namentlich auch das Interesse unseres kunstverständigen Kronprinzen und späteren Kaisers Friedrich.

Die Art, wie Salviati an die Aufgabe der Wiederbelebung der venetianischen Mosaikindustrie herantrat, war eigentümlich. Die Kunst der Mosaiken ist eine sehr alte. Schon die alten Ägypter — möglicherweise selbst die jetzt in den Vordergrund des Interesses gerückten Babylonier — haben Mosaiken hergestellt. Von den Griechen und Römern haben wir noch heute prachtvolle Mosaikkunstwerke. Von dort ging die Mosaikkunst nach Byzanz über und wanderte später von Byzanz nach Venedig. Gerade das Mittelalter hat in dieser Beziehung Kunstwerke von größter Schönheit und nebenbei auch von größter Ausdehnung geliefert. Darf ich Sie erinnern an die Mosaiken im San Marco-Dom, und noch mehr werden jedem, der sie gesehen hat, die Mosaiken vom Mon Reale bei Palermo unvergeßlich sein, sowohl wegen ihrer kunstvollen Durchführung, als wegen der enormen Ausdehnung, die dort die Bilder haben. Es ist im Dom von Mon Reale eine Fläche von 6400 qm mit Mosaiken bedeckt. Es kommt dazu, daß nicht bloß die rein malerische Kunst dort vertreten ist, sondern auch die kunstgewerbliche Verwendung. In Mon Reale sind Kombinationen von Mosaik- und Steinmetzwerken, die einen prachtvollen Eindruck machen und vollendet ausgeführt sind und von denen eine von der Marchschen Fabrik durchgeführte Nachbildung sich in kleinerer Form, aber auch mit vorzüglicher Wirkung hier in der Gnadenkirche am Wedding befindet. Ich habe einige Bilder von Mon Reale aus meiner Sammlung mitgebracht und möchte bitten sie herumzureichen.

Mit dem Ende des 18. Jahrhunderts kam in Venedig die Kunst der Mosaiken in Verfall, derart, daß selbst Goethe in seiner italienischen Reise mit Bedauern an einer Stelle vermerkt: „Die Kunst, welche dem Alten seine Fußböden bereitete, dem Christen seinen Kirchenhimmel wölbte, hat sich jetzt auf Dosen und Armbänder verkrümelt; diese Zeiten sind schlechter als man denkt." Ich darf Sie daran erinnern, daß diese Technik auch für die Kleinkunst verwendet wird. Es ist das die sog. Stiftmosaik durch Zusammensetzung von einzelnen Glasstäbchen hergestellt, die für Ringe und für verschiedene Zieraten benutzt werden. Man bezeichnet dies gewöhnlich als römische Mosaik im Gegensatz zur venezianischen, welche mehr die große Kunst pflegt. Eine Art der Mosaik, die Ihnen auch bekannt ist, ist die Florentiner Mosaik, die als Material Steine verwendet, Marmor- und Schmucksteine in verschiedener Färbung, und zwar in der Weise, daß die ganzen Muster ausgeschnitten und dann zusammengepaßt werden.

Wie sehr gerade in Venedig die Schätze, die dort an musivischen Kunstwerken aufgehäuft waren, in Verfall kamen, trat namentlich hervor bei den Mosaiken von San Marco. Es war nun die Sorge um diesen Verfall und das patriotische Gefühl, welches den Dr. Antonio Salviati, der eigentlich Jurist war, dazu bestimmte, sich der Wiederherstellung der alten musivischen Kunst zu widmen. Es war das Mitte des 19. Jahrhunderts in den Zeiten der tiefsten politischen Depression in Italien. Salviati war ein schwärmerischer Patriot, Anhänger Mazzinis und zugleich frommer Katholik. Anstatt aber, wie andere es dort in jener Zeit taten, sich in stiller oder offener Opposition oder in Verschwörung gegen die Regierung aufzulehnen, zog er es vor, seinen Patriotismus dadurch zu bekunden, daß er die Wiederherstellung des alten Glanzes und der alten Pracht von Venedig sich angelegen sein ließ. Außer seiner Begeisterung brachte er freilich für diese Aufgabe wenig mit; aber die half ihm auch über alle Schwierigkeiten hinweg. Er fand in der alten Glasmacherstadt Murano noch einige alte Glasschmelzer, besonders einen namens Radi, die noch in der Zeit tätig gewesen waren, wo die Mosaikkunst in Venedig betrieben wurde, und die aus jener Zeit noch einzelne von den Traditionen und Rezepten bewahrt hatten.

Ganz abgesehen davon, daß nun diese Traditionen sich ziemlich verwischt hatten, war aber auch die ganze Technik des venetianischen Glases an sich eine sehr mangelhafte, weil man bei den hohen Preisen des Brennmaterials in Venedig — man verwendete ausschließlich Holz zum Heizen der Öfen und zwar das geringe Holz, das von Dalmatien herüber kam — nur Gläser schmelzen konnte, die äußerst weich waren. Es wurden vor allem Bleigläser mit sehr niedrigem Schmelzpunkt verarbeitet, die ja das Gute hatten, daß sie sich sehr leicht formen ließen, weil man sie bei schwachem Feuer noch weich halten konnte, aber den Nachteil boten, daß die Schmelzungen sehr leicht umschlugen und daß namentlich, wo es sich um farbige Gläser handelte, infolgedessen eine große Unsicherheit in bezug auf die Farben sich ergab.

Nun ist es aber selbstverständlich, daß, wenn man Mosaiken billig herstellen will, man zunächst die geeigneten farbigen Gläser dafür sicher haben muß, die Herstellung dieser Farben war aber bei Salviati nahezu ein Spiel des Zufalls. Es kam sehr häufig vor, daß, wenn er rote Gläser machen wollte, er grüne bekam und wenn er gelbe machen wollte, rote usw. Salviati fand sich mit gutem Humor darüber hinweg. Alles, was aus dem Schmelztiegel ihm zufloß, suchte er unterzubringen und so kam er schließlich zu einer Palette von 22 000 Farben, und er und seine Leute — ich habe das erprobt, indem ich aus den wild aufgestapelten Vorräten einzelne Stücke herausnahm — fanden sich darin wunderbar zurecht. Immerhin war mit einem derartigen Betrieb ein finanzieller Erfolg sehr schwer zu erzielen und mit kommerziellen Schwierigkeiten hatte auch Salviati Zeit seines Lebens zu kämpfen. Andererseits hatte er freilich die Genugtuung, daß seine Bemühungen von allen Kunstfreunden hoch geschätzt wurden, und so wurde ihm ein Erfolg hier bei uns dadurch zuteil, daß unser Kronprinz Friedrich sich für ihn auch sehr lebhaft interessierte. Als hier im Jahre 1873 die Siegessäule mit den Bildern nach von Werner Kartons aufgestellt wurde, die unten in der Halle sind, da wurde auf speziellen Wunsch des Kronprinzen Salviati die Ausführung dieser Kartons in Mosaikarbeit übertragen. Salviati führte die Arbeit auch aus; aber die von mir schon angedeuteten Mängel seines Materials traten in unserm rauhen Klima doch sehr rasch hervor. Ich weiß nicht, ob einer von Ihnen die Siegessäule einmal genauer angesehen hat; man kommt ja im Ganzen selten in die Rotunde hinauf. Ich möchte darauf aufmerksam machen, daß gerade die Nordostseite, wo die Mosaikbilder mit dem französischen Adler und dem Napoleonskopf sind, von unseren Winterstürmen am meisten mitgenommen ist. Bei den andern Seiten geht es noch an; dort ist aber eine sehr bedeutende Zerstörung schon wahrzunehmen und diese datiert schon seit ziemlich langer Zeit.

Am Ende der siebziger Jahre wurde ich aufgefordert, die Ursachen der Zerstörung der Mosaiken zu erforschen, und ich habe das damals in Gemeinschaft mit meinem Assistenten, Herrn Dr. Max Müller, dem späteren Professor in Braunschweig, getan, und zwar bot sich dazu zunächst ein ziemlich sicherer Anhaltepunkt mit der Methode, die von Professor Rudolf Weber seinerzeit für Prüfung der Fenstergläser und optischen Gläser auf ihre Dauer ermittelt war. Weber hatte festgestellt, in welcher Art Glas, also zunächst Fensterglas, gegen Witterungseinflüsse eine bestimmte Widerstandsfähigkeit zeigen müsse und daß die Güte der benutzten Gläser dadurch am besten zu erkennen sei, daß man sie längere Zeit den Dämpfen von Salzsäure aussetze. Gläser, die zu weich geschmolzen sind, zeigen dann Trübungen; sie schwitzen Salz aus in Form von Chlornatrium und Chlorkalium, trüben sich und sind infolgedessen nicht geeignet, dem Wetter lange Widerstand zu leisten und klar zu bleiben.

Diese Erscheinungen traten auch bei den Salviatischen Gläsern bei der Salzsäureprobe mit erschreckender Deutlichkeit auf. Wir kontrollierten die Zusammensetzung dieser Gläser sodann durch die Analyse und stellten fest, daß die meisten Schmelzen sehr arm an Kieselsäure und sehr weich geschmolzen waren. Während man für ein gutes Glas als Zusammensetzung ein sogenanntes

Trisilikat verlangt, d. h. 6 Atome Kieselsäure auf ein Atom Kalk oder Blei und ein Atom Alkali, enthielten die Salviatischen Gläser meist nur 4 Atome Kieselsäure. Es kam weiter hinzu, daß Salviati nach den alten Venezianer Rezepten zur Trübung des Glases nur diejenigen Materialien benutzt hatte, welche die frühere Zeit kannte, d. h. Arseniksäure und antimonsaures Natron. Auch dies trug natürlich dazu bei, den Kieselsäuregehalt der Gläser herabzudrücken und sie leicht angreifbar zu machen.

Es wurden nun infolgedessen von Dr. Max Müller zunächst Versuche gemacht zur Herstellung ausreichend harter Gläser, d. h. solcher, die den Anforderungen entsprechen, die wir hier bei unserem Klima an ein widerstandsfähiges Glas stellen. Diese Versuche hatten auch ganz hübsche Erfolge. Es gelang ihm, sowohl die Farbenmischungen herzustellen als auch den entsprechenden Glanz des Glases; aber die Fortführung dieser Arbeiten mußte unterbleiben, weil Müller dabei nicht genügende Unterstützung fand. Später wurde er an das Polytechnikum in Braunschweig berufen und mußte die Sache ganz ruhen lassen.

Um die gleiche Zeit hatte unser früheres tätiges Mitglied, Herr Siegmar Elster, der vielen von Ihnen noch in bester Erinnerung sein wird, große Anstrengungen gemacht, um die Mosaikindustrie bei uns einzuführen und zu einer heimischen Industrie zu machen. Aber auch diese Anstrengungen scheiterten nach Aufwendung bedeutender Mittel daran, daß ihm hier nicht das geeignete Rohmaterial zur Verfügung stand und er gezwungen war, die Mosaikpasten von Venedig zu beziehen. Gerade diese venezianischen Gläser waren aber mit den Fehlern behaftet, die ich vorhin schon andeutete.

Da auf diese Art ein Fortkommen nicht zu erzielen war, stellte ich im Jahre 1881 hier im Verein für Gewerbfleiß den Antrag, eine Preisaufgabe über Untersuchung von venezianischen und anderen Mosaikpasten und auch über die Herstellung von brauchbaren Mosaikgläsern zu erlassen. Der Verein genehmigte das, und die Aufgabe wurde von Professor Schwarz in Graz 1885 in vorzüglicher Weise gelöst. Im Bericht von 1885 ist die Lösung dieser Aufgabe mitgeteilt. Es sind dies Arbeiten von großer Genauigkeit und Sorgfalt. Schwarz ging in der Weise vor, daß er zunächst die venezianischen Gläser analysierte und die Kontrolle seiner Analysen in der Weise durchführte, daß er die Gläser synthetisch wieder zusammensetzte, und die Bestätigung seiner

Analyse ergab sich daraus, daß die neuen Schmelzungen sich genau in der Weise präsentierten wie die ursprünglichen.

Die glückliche Lösung dieser Aufgabe bestimmte nun den Verein für Gewerbfleiß zu einer weiteren Verfolgung des Themas. Schwarz wurde beauftragt, eine Reihe von Gläsern und zwar eine vollkommene Farbenskala herzustellen, die nicht der venezianischen Zusammensetzung entsprach, sondern die Zusammensetzung haben sollte, die wir hier auf Grund meiner Vorarbeiten als die für unsere klimatischen Verhältnisse notwendige erkannt hatten, mit anderen Worten also harte Trisilikatgläser zu schmelzen, die aber genau dieselben Farben und denselben Glanz zeigen sollten wie die venezianischen. Des weiteren wurde ihm dann die Aufgabe gestellt, einen anderen Teil dieser venezianischen Pasten, die sogen. fondi d'oro herzustellen. Unter fondi d'oro versteht man Gläser, die aus einer Lage Glas mit darüber gelegtem Goldgrund bestehen, wobei aber dieser Goldgrund noch einmal durch eine dünne Glasschicht gegen äußere Witterungseinflüsse, gegen Staub usw. geschützt ist.

Der Verein setzte für diese Aufgabe den freilich im Verhältnis zur Arbeit sehr mäßigen Preis von 3000 Mark aus. Auch die Lösung dieser Aufgabe erfolgte durch Schwarz in vollendeter Weise und bildet ein Denkmal seines Fleißes wie seines wissenschaftlichen und technischen Könnens. Sie finden darüber in unseren „Verhandlungen" von 1887 einen ausführlichen Bericht. Auch dort sind wieder bis ins kleinste Detail für jede einzelne Farbe die Verhältnisse angegeben, unter denen sie entsteht und sich ändert. Schwarz hat auch den Mut gehabt, alle mißglückten Versuche mit zu berichten und bekanntlich sind es gerade diese, an denen man am meisten lernt. Schwarz scheiterte vorläufig nur an einem Punkte. Bei der Herstellung der fondi d'oro, die auch in Venedig sehr geheimnisvoll betrieben wurde, hatte er sich in der Methode vergriffen. Er ging davon aus, daß man das Gold auf die dicke Platte aufschmelzen und die dünne darüber legen müsse, genau wie man bei den Kupfergläsern, den sog. Rubingläsern, erst ein weißes Glas nimmt und eine sehr dünne Kupferglasschicht darüber gibt und so die feine gleichmäßige Verteilung des dunklen Glases auf dem hellen erreicht. Auf Grund von Arbeiten, die ich früher gemacht hatte, war ich von anderen Voraussetzungen ausgegangen, ich nahm an und wies es auch Schwarz nach, daß der Herstellungsprozeß ein umgekehrter sein müßte, daß man zunächst das Gold auf die dünne Platte auflegen und auf diese mit Gold überzogene dünne Platte die dicke Glasplatte aufschmelzen müsse, und die Versuche, die Schwarz dann anstellte, wie die Proben, die vorgelegt werden konnten, bewiesen, daß diese Herstellungsweise auch die richtige war. So gelang es denn nach wiederholten Experimenten auch diesen sehr schwierigen Teil der Aufgabe mit zu lösen.

Die Farbenskala, die Schwarz nun auf solche Weise gewonnen hatte, unterschied sich auch in anderer Art vorteilhaft von den Salviatischen Arbeitsmethoden. Schwarz hatte entsprechend der Aufgabe, die ihm die Abteilung für Kunst und Kunstgewerbe formulierte, eine Palette geschaffen, die nur 300 Farben enthielt. Aber diese Farben waren so vollendet gleichmäßig und sicher, daß sie allen Ansprüchen der Künstler entsprachen, und andererseits waren sie so festgelegt, daß wir imstande waren, sie genau nach den Mustern der internationalen Farbenskala, wie sie von Radde seinerzeit entworfen ist, zu bezeichnen und zu fixieren, derart, daß man bei jeder einzelnen Schmelze genau angeben kann, welchen Farbenton man — natürlich bei richtiger Behandlung des Materials — erzielt, wodurch dann eine absolute Sicherheit in bezug auf die Gewinnung der Farben gegeben wurde.

Eine weitere sehr wichtige Verbesserung, die Schwarz der Mosaiktechnik zubrachte, lag in der Anwendung der Trübungsmittel, welche die neuere Glastechnik benutzt, nämlich des Kryolits und anderer Fluorsalze. Es wurden bei den Schwarzschen Schmelzen die unbrauchbaren oder minder günstig wirkenden Trübungsmittel, Arseniksäure und Antimonsäure, möglichst ferngehalten und an deren Stelle trat der ganz sicher wirkende Kryolit und die Fluoride der Alkalien. Des weiteren gelang es Schwarz, eine Reihe von Farbmitteln für Glasfarben, welche die alten Venezianer nicht gekannt hatten, weil sie erst in der neueren Zeit der Technik erschlossen wurden, namentlich die Nickel- und Chromfarben, dann das Uran, für die Technik der Mosaiken nutzbar zu machen und auf diese Weise auch wieder die Pracht und den Reiz der Farben zu vermehren. Diese Hilfsmittel ermöglichten es ihm, gerade mit einer verhältnismäßig geringen Anzahl von Farben den weitgehendsten Anforderungen zu genügen.

In bezug auf die fondi d'oro brachte er auch einen weiteren Fortschritt hinein, indem er außer dem Gold auch dünne Schichten von Platin auf den Gläsern aufschmolz und dadurch Effekte erzielte, wie sie hier auch vorliegen: silbergrau und namentlich sehr schöne graue Fleischtöne, auch damit wurde die Palette des

Mosaikisten wesentlich vergrößert. Auch die Verwendung von Legierungen von Silber und Gold, die zwar in Venedig nicht unbekannt, aber doch nicht genügend ausgestaltet war und die es erlaubt, den Gläsern in sich noch einen goldenen Schein zu geben, rührt von Schwarz her.

Die beste Anerkennung, die diese Arbeiten von Schwarz finden konnten, lag wohl darin, daß auch die Venezianer sich derselben bald bedienten, soweit das eben der dortige kalte Gang der Öfen gestattete. Es ist eben nicht möglich, so harte Gläser bei kleinem Feuer zu schmelzen, da Temperaturen von 1100 oder 1200 Grad in Holzöfen nur mit Mühe zu erreichen sind.

Die von Schwarz hergestellte Probesammlung wurde von dem Verein der Technischen Hochschule übergeben und dort der allgemeinen Benutzung freigestellt.

Ich halte mich bei dieser Gelegenheit zu der Bemerkung verpflichtet, daß die Sammlung dort nicht die Würdigung gefunden hat, die sie nach ihrem Werte und nach der Arbeit, welche darauf verwandt ist, beanspruchen konnte, nur einem glücklichen Zufall ist es zu danken, daß Herr Geheimrat Professor Witt sie jetzt unter seine Obhut genommen hat und daß sie dadurch vor weiterem Verfall und Verlust geschützt ist.

In Deutschland fanden die Arbeiten von Schwarz zunächst noch keine direkte Benutzung und es dauerte einige Jahre, bis sich unternehmende und tüchtige Männer fanden, die nach den mißlungenen Versuchen von Elster den Mut und die Energie hatten, aufs neue in Konkurrenz mit den Venezianern zu treten. Es wird Ihnen alles klar sein, daß, wenn auch, wie ich vorhin ausführte, durch die Schwarzschen Arbeiten die Herstellung der Gläser an sich theoretisch festgestellt war, doch der Übergang aus dem kleinen Laboratoriumsbetrieb in die große Praxis immer noch große Mühen kostete, und daß es vor allem für das neu zu etablierende Kunstgewerbe nötig war, auch Besteller und Käufer zu finden. Diesen Schwierigkeiten zu trotzen, erforderte einen Mut und eine Aufopferung, denen man nicht oft begegnet. Zum Glück trafen hier in Berlin am Ende der achtziger Jahre drei Männer zusammen, die Herren Wiegmann, Puhl und Wagner, von denen der erste Maler, der zweite Techniker und der dritte Kaufmann war, die solchen Mut besaßen, aber er wurde auch sehr hart auf die Probe gestellt. Sie hatten lange Zeit zu kämpfen, bis sie ihre Arbeiten zur Geltung brachten, und es gehörte viel Energie und Tüchtigkeit dazu, um all den Schwierigkeiten die Spitze zu bieten und auszuharren. Wiegmann, Puhl und Wagner konstruierten sich zunächst erst geeignete Schmelzöfen, hatten sodann die Arbeiter anzulernen und dann eine ganze Menge mißlungener Versuche, die ja nie ausbleiben, zu überwinden. Nachdem dies alles geschehen war, mußte noch das Mißtrauen der Künstler und der Besteller bekämpft werden. Auch für die richtige Komposition der Bilder mußte man sich erst die Künstler heranziehen. Trotz dieser harten Lehrjahre ist aber das vorgesteckte Ziel jetzt in einer wirklich bewundernswerten Weise erreicht, so daß man heute wohl sagen kann, daß unsere deutsche Mosaiktechnik der venezianischen bereits den Vorrang abgelaufen hat; wenigstens ist die Werkstatt der Herren Puhl und Wagner in Rixdorf, die jetzt noch die Sache zusammen führen, während Herr Wiegmann allein ein Atelier in Charlottenburg hat, in bezug auf die Arbeitsleistung bedeutend weiter ausgedehnt als irgend eine, die ich in Venedig, in Rom, in Petersburg usw. gesehen habe. Namentlich die vatikanische Werkstatt in Rom macht einen nahezu schläfrigen Eindruck. Es sind ganz wenig Arbeiter dort und die Massen von Pasten, die dort aufgestapelt sind — man spricht sogar von 28 000 Farben; andere geben 10 000 an — füllen große Säle; sind jedoch meist verstaubt. Ich bin mit dem Direktor die Säle durchwandert, habe dann und wann einen Arbeiter gesehen, aber von großen Ausführungen sehr wenig, während hier in Rixdorf eine ganz bedeutende Tätigkeit herrscht.

Es war für dieses neubegründete Kunstgewerbe ein besonders glücklicher Umstand, daß sich Freiherr von Mirbach für diese Arbeiten interessierte und auch Seine Majestät den Kaiser darauf aufmerksam machte, so daß die Benutzung der Mosaik für Kirchenbauten sich dadurch bei uns rasch verbreitete. Wir haben jetzt hier in der Kaiser Wilhelm-Kirche eine Mosaikausführung, die in bezug auf Schönheit und Glanz der Farben und auch auf Schönheit der Komposition sich vollkommen ebenbürtig den besten italienischen Mosaikarbeiten zur Seite stellen und sich ihnen auch in bezug auf die Größe der Ausführung anreihen kann: es sind nahezu 2400 Quadratmeter mit Mosaik überdeckt und die Gesamtausdehnung wird dort nach gänzlicher Vollendung zirka 3000 Quadratmeter betragen.

Daß es für so große Aufgaben aber auch nötig ist, große Mittel zu haben, ist wohl klar und auch in dieser Beziehung fand das Streben von Puhl und Wagner die verdiente Unterstützung, indem ein Mitglied unseres Vereins, Herr Geh. Kommerzienrat Arnhold, den Herren die nötigen Mittel in liberalster Weise zur Verfügung stellte, um ihnen die Jahre erfordernde Ausführung dieser großen Arbeiten und Aufträge möglich zu machen. Es sind jetzt etwa 80 Arbeiter in der Fabrik in Rixdorf beschäftigt und die Herren denken jetzt daran, ein eigenes großes Fabrikgebäude in der Nähe von Treptow zu errichten, um noch weitere Arbeitsräume zu schaffen, da die jetzt vorhandenen zu klein werden.

Es sind nun in den letzten 10 Jahren von der Rixdorfer Mosaikanstalt über ganz Deutschland und noch weiter hinaus bis nach Japan hin eine große Reihe sowohl von kirchlichen wie von profanen Bildern ausgeführt worden, und ich werde nachher noch Gelegenheit haben, auf die Technik derselben spezieller einzugehen. Die stetig zunehmenden Bestellungen beweisen, daß nicht bloß die Güte der Arbeit anerkannt wird, sondern daß man auch zu der Erkenntnis kommt, welche Bedeutung gerade die Mosaikkunst für den Schmuck der Bauten mit einem dauerhaften Material gewinnt. Sie alle wissen, wie die al fresco-Wandmalereien, die unserer Witterung ausgesetzt sind, darunter leiden. Ich brauche nur an das alte Museum hier und an zahlreiche andere Fälle, so in München an die Hofgartenarkaden usw. zu erinnern. Gerade für unsere Verhältnisse ist die Anwendung der Mosaik für solche exponierte Flächen beinahe noch mehr angezeigt als für den Süden, und es wird deshalb von besonderem Werte sein, wenn nach dieser Richtung hin die Industrie auch in geschäftlicher Beziehung weitere Fortschritte macht. Es ist ihr durch verbesserte Technik und vergrößerten Betrieb bereits jetzt möglich geworden, die Preise für malerische Ausführungen, die früher für den kleineren Bauherrn unerschwinglich waren, zu ermäßigen. Salviati hat seinerzeit für die Ausführungen an der Siegessäule pro Quadratmeter 1000—1200 Mark bekommen, während in der Rixdorfer Fabrik die Preise sich auf 100 bis 300 Mark stellen, während natürlich bei sehr reicher Ausführung und besonders künstlerischem Schmuck, wie Sie solche an diesem Christuskopf nach Guido Reni sehen, eine entsprechende Erhöhung eintritt. Aber gerade für die zumeist in Frage kommenden dekorativen Arbeiten ist nunmehr die Möglichkeit zur weitesten Benutzung gegeben.

Die Glasflüsse werden, wenn sie aus dem Tiegel herausgenommen werden, indem die verschiedenen Farben verschmolzen sind, in Platten ausgezogen und gepreßt, wie Sie dieselben hier sehen. Die Platten werden gut gekühlt und auf sehr einfache Weise auf einem Amboß mit scharfem Meißel und entsprechendem Hammer in dünne Stücke verteilt, wie solche hier vorliegen. Hier sehen Sie eine vollkommene Farbenskala, die auch den fondi d'oro in den verschiedenen Tönen entspricht, und ebenso ist hier die Vorsortierung für die Herstellung der Gemälde selbst zusammengestellt. Ich bemerke dabei, daß bei dem farbigen Pasten nicht die Oberflächen der Platten benutzt werden, sondern die inneren Bruchflächen, die nicht so rauh und unrein sind.

Die Art, wie die Bilder hergestellt werden, ist jetzt eine gegen die frühere Zeit veränderte. Die alten Mosaikisten stellten das Bild an der Wand selbst her, die sie mit einem Anwurf von Traß oder von gebranntem Marmor und Marmormehl versehen hatten, in welchen Mörtel sie dann die einzelnen Steine einsetzten. Es ist leicht zu ersehen, daß eine derartige Arbeit, namentlich im Freien, aber auch bei hohen Kirchenräumen und dergl. große Schwierigkeiten bot und daß außerdem in solchen Fällen eine Reparatur oder eine Umänderung sehr mühsam ist. Salviati ersann nun aber eine andere Methode, die allen diesen Schwierigkeiten Abhilfe schaffte und die Herstellung der Mosaikbilder in der Werkstatt ermöglichte. Er ließ die Kartons für die Bilder in der entsprechenden Farbe auf grobes Papier auftragen und nun wurden in der Werkstatt selbst auf das Papier, das auf dem Boden oder auf einer Platte lag, die einzelnen Steinchen genau nach den vorgeschriebenen Farben aufgesetzt. In derselben Weise etwa wie bei der Gobelinweberei der Künstler nur die Rückseite des Bildes vor sich hatte, wurde auch hier die Schauseite auf das Papier aufgesetzt und jedes derartige Steinchen mit einem eigentümlich zusammengesetzten Leim aufgeklebt. Natürlich konnte man das Bild so in einzelne Teile zerlegen, die genau zusammenpaßten. Es wurden solche Teile entsprechend der Größe der Bilder oder entsprechend den Konturen gemacht. Das mit den Steinchen belegte Papier wurde dann in flache Kisten verpackt und zu der Baustelle transportiert und nun klatschte man das ganze Material an die vorher mit dem nötigen Zement oder ähnlichem Bindemittel versehene Wand an. Nachdem der Mörtel abgebunden hatte, wurde der Papierkarton einfach durch Befeuchten und Abwaschen mit Wasser entfernt, und das Bild war nun in voller Schönheit fertig vorhanden, nachdem es in allerkürzester Zeit und unabhängig von äußeren Hindernissen angebracht war.

In solcher Art sind auch die Bilder hergestellt, die ich der Freundlichkeit der Herren Puhl und Wagner und des Herrn Wiegmann verdanke. Sie finden hier die allerverschiedensten Stilarten und von der ältesten Form an: hier Ausführungen im romanischen Stil, hier in Renaissance- und auch ganz moderne Ausführungen bis zum Genrebild, hier auch eine nach altbyzantinischer Art. Weiter ist ein Teil des Ornaments, das auf Befehl Seiner Majestät auf der Wartburg ausgeführt wird, hier aufgestellt. Sie werden erkennen, daß die jetzige Technik imstande ist, sich allen Anforderungen und Bedingungen anzupassen, und was die Hauptsache ist, daß die ausgeführten Bilder auch die volle Sicherheit und Garantie bieten, daß sie dauernd erhalten bleiben und auch in Zukunft den Intentionen der Künstler und Bauherren entsprechen.

Es hat sich eben auch in diesem Falle wieder bestätigt, daß das Kunstgewerbe erst dann und nur dann gedeihen kann, wenn es das Material, mit dem es arbeitet, vollständig beherrscht. Solange wir darauf angewiesen waren, von auswärts die farbigen Pasten zu beziehen, war es nicht möglich, eine wirkliche Mosaikkunst in Deutschland zu gründen. Jetzt, seitdem gerade durch Anregung des Vereins zur Beförderung des Gewerbfleißes das Rohmaterial für den Künstler und für den Kunstgewerbetreibenden geschaffen ist, können wir mit Befriedigung und Sicherheit erwarten, daß auch dieser Zweig des Gewerbes sich bei uns nicht bloß einbürgert, sondern sich zur weiteren Blüte noch entwickeln und so zum Schmuck und zur Zierde von Kirche und Haus beitragen wird!

II. Ueber den gegenwärtigen Stand der Grünglasfabrikation.

Von Dr. A. Frank.

Aus der Zeitschrift des Vereins deutscher Ingenieure, Band XXXIV (1890), Seite 741.

Die Entwicklung der Flaschenfabrikation zu einer die Fortschritte der Feuerungstechnik wie der Chemie voll ausnutzenden Großindustrie hat sich in Deutschland erst in den letzten Jahrzehnten vollzogen, nachdem der früher meist in waldreichen

Gegenden ansässige Glashüttenbetrieb infolge Knappwerdens des Holzes zur Verwendung fossiler Brennstoffe übergehen mußte und hierdurch gezwungen war, seine Tätigkeit nach solchen Plätzen zu verlegen, welche sowohl für Bezug von Kohlen und Rohstoffen, als für den Vertrieb des Massenfabrikates die günstigsten Verhältnisse boten.

Bei Auswahl der Rohstoffe und deren Schmelzung war man früher rein nach Erfahrungssätzen vorgegangen; nachdem man jedoch über die chemische Zusammensetzung des Glases Klarheit gewonnen hatte, lag es nahe, die Resultate wissenschaftlicher Forschung auch auf die Fabrikation anzuwenden. Ist auch das Glas als eine chemische Verbindung im engeren Sinne, wie es die kristallisierten Silikate sind, nicht zu betrachten, so geht man bei der chemischen Berechnung der Glaskompositionen jetzt doch von gewissen Normalsätzen aus, welche sich im wesentlichen darauf stützen, daß dauerhafte Gläser Doppeltrisilikate sein müssen, in welchen einerseits ein Atom Kali oder Natron, andererseits ein Atom Kalk oder Bleioxyd mit je drei Atomen Kieselsäure verbunden sind. Man fand auch bald, daß ein Teil der Kieselsäure durch Tonerde, ein Teil der Basen durch Magnesia, Eisenoxyde und Manganoxyde ersetzt werden konnte, ohne daß dadurch die Widerstandsfähigkeit des so erzeugten, namentlich für Flaschengläser brauchbaren Materials beeinträchtigt wurde. Schon die alten Glasmacher hatten in ihren sogenannten Naturglasgemengen leicht schmelzbare Mineralien, namentlich Lehm, vielfach mit angewendet; doch bildeten damals die Grundlagen der Glasmischungen neben Sand (Kieselsäure) fast immer reinere chemische Verbindungen, wie Holzasche oder Natronsalze neben kohlensaurem oder Ätzkalk. Nun findet sich aber in der Natur eine große Menge von Kieselsäureverbindungen, z. B. Feldspat, Porphyr, Granit und andere mehr, welche ebenfalls Trisilikate der Alkalien und Erden enthalten, in denen sich aber an Stelle des Kalkes meist Tonerde als Basis vorfindet, und die infolgedessen selbst nach Zusatz einer größeren Menge von Basen schwer schmelzbar sind, so daß ihre Verarbeitung in den weniger heiß gehenden mit Holz gefeuerten Öfen der alten Glasmacher schon aus diesem Grunde nicht möglich war. Nachdem man jedoch heißer gehende Öfen unter Hinzuziehung von konzentriertem Brennstoff oder von Gasfeuerung konstruiert und sich, wie vorhin erwähnt, über die Zusammensetzung der Gläser bessere Kenntnis verschafft hat, bilden die vorgenannten Mineralien heute das eigentliche Grundmaterial für die Massenerzeugung der geringwertigen gefärbten Gläser, des sogenannten Grünglases, welches zu den jetzt in enormen Mengen für Wein, Bier, Mineralwasser usw. usw. verbrauchten Flaschen benutzt wird und nationalökonomisch, d. h. in bezug auf die Masse und den Gesamtwert der Produktion, beinahe eine bedeutsamere Stellung einnimmt, als die Herstellung der edlen Kristall- und Kunstgläser.

Bis vor wenig Jahrzehnten geschah auch die Schmelzung des grünen Glases stets in Tiegeln oder sogenannten Häfen, deren Herstellung zunächst eine äußerst mühsame war, die selbst bei gutem Gang, und wenn keiner der häufig vorkommenden Unfälle eintrat, nur eine kurze Dauer von 4 bis 6 Wochen zeigten, und die schließlich im günstigsten Falle nur einen Inhalt von etwa 20 Ztr. Glasmasse hatten, da größere Häfen in der Schmelzhitze dem Drucke der darin enthaltenen Glasmasse nicht widerstanden und auch zu viel Zeit zum Blankschmelzen erforderten. Diese Häfen waren in den alten Glasöfen zu beiden Seiten der offenen Feuerung, der sogenannten Schüre, aufgestellt, welche letztere beim Holzglasofen meist gar keine, beim alten Steinkohlenofen nur einen aus Gewölben oder aus Eisenstangen roh konstruierten Rost hatten. Als erster Fortschritt trat dann in bezug auf die Feuerung die Konstruktion des sogenannten Boëtius-Ofens auf, in welchem durch Tieferlegung der zum Teil unter die Bank reichenden Schüre eine Art Halbgasfeuerung hergestellt wurde. Eine vollständige Beherrschung des Feuers und die Möglichkeit, auch sehr geringwertiges Brennmaterial zu verwenden, wurden aber erst durch Einführung der Gasfeuerung geschaffen, welche in Deutschland zuerst von Bischoff angeregt, namentlich aber durch die geniale Tätigkeit der Brüder Wilhelm und Friedrich Siemens zu ihrer jetzigen Entwicklung gefördert ist. Der anfänglich den Gasgeneratoren anhaftende Nachteil, daß darin nur loses, die Gasströmung nicht durch Zusammenbacken oder dichte Lagerung hemmendes Brennmaterial verwertet werden konnte, wurde durch die von Siemens, Lürmann, Pütsch und anderen eingeführten Unterwindgebläse mit der Zeit gehoben, so daß es heute möglich ist, auch die geringsten Brennstoffabfälle mit Vorteil zu vergasen, um so mehr, als man es in der Hand hat, den bei hohem Sauerstoffgehalt der Brennstoffe in bedeutenden Massen gebildeten und die Konzentration bezw. den Brennwert der Gase herabdrückenden Wasserdampf durch Abkühlen der Gase abzuscheiden und in den sogenannten Teervorlagen zu verdichten. Bei Vergasung konzentrierter, sauerstoffarmer Brennstoffe, also namentlich der Steinkohlen, sind einzelne Konstrukteure in bezug auf Länge und Abkühlung der Gasleitungen sogar zu weit gegangen, und es darf wohl als ein Verdienst von Lürmann bezeichnet werden, den hohen Brennwert der sonst in den langen Gasleitungen mitkondensierten Teerdämpfe durch möglichst nahes Zusammenbringen von Generator und Schmelzofen konserviert zu haben. Der letzte und bedeutendste Schritt auf dem Gebiete der Ofentechnik wurde aber durch das zuerst von Siemens in die Technik eingeführte Regenerativsystem gemacht, durch welches auch die bis dahin ungenutzt abgehende hohe Hitze der Öfen noch für die Erzeugung nutzbarer Schmelzwärme dadurch zugute gemacht wird, daß sie, in Regeneratoren aufgespeichert, zum Anwärmen der eintretenden Verbrennungsluft und der Feuerungsgase Verwendung findet. Die etwas phantastischen Zahlen, welche über die Steigerungsfähigkeit der Ofenhitze durch die Regeneratoren manchmal genannt werden, finden aber ihre praktischen Grenzen in der Unmöglichkeit, Öfen zu konstruieren, welche in ihrem eigenen Material solchen Temperaturen widerstehen. Während bei dem Siemens'schen Regenerativsystem Brennluft und Heizgas angewärmt und infolgedessen der Gang der Flamme periodisch gewechselt wird, haben andere Konstrukteure nur eine Vorwärmung der Luft beschafft, und es mag als Typus einer solchen Einrichtung auf die Pütsch'schen Öfen hingewiesen werden, in welchen die stets in einer Richtung strömende Flamme abwechselnd durch zwei Wärmespeicher streicht, von denen der eine, nachdem er vorgewärmt, dazu dient, die zu den Brenngasen im Ofen tretende atmosphärische Luft auf die Entzündungstemperatur der Gase vorzuwärmen. Die Beobachtung, daß bei letzterem Verfahren noch ein Überschuß von Wärme verfügbar blieb, führte dann Lürmann zu der unter seinem Namen bekannten Generatorkonstruktion, bei welcher die Abhitze der Öfen zunächst die retortenförmig gebauten und meist horizontal gelagerten Generatoren umspült und ihren Inhalt derart entgast, daß der von flüchtigen Kohlenwasserstoffen befreite Koksrückstand behufs Verbrennung zu Kohlenoxyd nur noch in die hinter den Retorten angebrachten senkrechten Generatorschächte gewöhnlicher Art geführt zu werden braucht. Nachdem so die erste Abhitze in dieser Weise verwertet ist, wird der verbleibende Rest um ein nach dem sogenannten Rekuperativprinzip aus feuerfestem Material konstruiertes Röhrensystem geführt, in welchem, umgekehrt wie bei den bekannten Kühlvorrichtungen, die einströmende kalte Luft sich durch Berührung mit immer heißeren Röhrenflächen aufwärmt, um auch wieder hoch erhitzt den Brenngasen zuzuströmen.

Nachdem durch die Gasfeuerungen die Erzeugung hoher Hitze und ihre Konzentration gesichert war, konnte man auch von der bislang üblichen Tiegelschmelzerei zum Flammofenbetriebe übergehen; es geschah dies durch Einführung der sogenannten Wannenöfen, d. h. großer Flammöfen, auf deren vertiefter Sohle das Glasgemenge niedergeschmolzen und geläutert wird. Die ersten derartigen Öfen sind meines Wissens in Charlottenburg in Betrieb gewesen; es bestand ihr Herd aus einem eisernen, inwendig mit feuerfestem Material ausgefütterten Kasten. Diese alten Wannenöfen haben einen Inhalt von 40 bis 50 Meterzentner Glas, und ihr Betrieb ist ein intermittierender derart, daß in ihnen das Glasgemenge zunächst blankgeschmolzen und das fertige Glas dann ausgearbeitet wird. Der Umstand, daß hierbei durch das nötige Kaltschüren und durch die Einwirkung der Flamme auf das bloßgelegte Ofenfutter sowohl die Ausnutzung des Feuers als auch das Material des Ofens sehr beeinträchtigt wurden, führte dann S i e m e n s zur Erfindung der kontinuierlichen Wannen, deren Grundprinzip darin besteht, daß der ebenfalls wannenförmig gebaute Schmelzraum derartig verlängert und ausgedehnt ist, um Schmelzung, Läuterung und Ausarbeitung an den verschiedenen infolge eigenartiger Flammenführung auch verschieden erhitzten Teilen des Ofens vornehmen zu können. Zu diesem Zweck geht die Flamme quer über den Herd, und die ununterbrochene Ausarbeitung des Ofens findet an dem vorderen kühlen Längsende statt, während an der hinteren Wand entsprechende Schmelzgemenge nachgefüllt werden; auf diese Weise ist das Niveau der 1500 bis 2000 Ztr. betragenden Glasmasse stets dasselbe, und die Wände sind vor der Einwirkung des Feuers geschützt. Behufs Läuterung bezw. Filtration der geschmolzenen Glasmasse hatte S i e m e n s zuerst mit Luft gekühlte Brücken eingebaut, an deren Stelle aber jetzt die ebenfalls von ihm erfundenen Schiffchen, welche während des Betriebes ein Auswechseln und eine Erneuerung gestatten, gesetzt sind. Der Siemens'schen kontinuierlichen Wanne dürfte in bezug auf Leistungsfähigkeit für Massenerzeugung wohl der höchste Rang zuzuteilen sein; doch darf man nicht verschweigen, daß hierin für Hütten mit mittlerem Betriebe eine Schwierigkeit liegt, da das Umfärben so großer Massen auf Glas anderer Farbe, also beispielsweise von der grünen Bordeaux- auf die braune Rheinweinflasche, durch die hierbei entstehenden minder brauchbaren Zwischenfarben Umstände und Kosten verursacht. Für solche Hüttenanlagen verdienen meines Erachtens die von Lürmann konstruierten diskontinuierlichen Wannenanlagen, in welchen die von der Schmelzwanne getrennte Arbeitswanne aus dem in ersterer geschmolzenen und geläuterten Glase nach Bedarf gespeist wird, den Vorzug.

Wie weit die in letzterer Zeit aufgetretenen Bestrebungen, aus den durch die Wannenöfen reichlich zu beschaffenden großen Mengen geschmolzener Glasmasse durch Gießen größerer Werkstücke, wie Säulen usw., herzustellen, Erfolg haben werden, mag hier unerörtert bleiben; doch scheint mir, daß die gesamten physikalischen Eigenschaften des Glases für die Herstellung von zuverlässigen großen Gußstücken besondere Schwierigkeiten bieten. Auf alle Fälle ist die Glastechnik in bezug auf Komposition und Schmelzung jetzt zu einer hohen Entwicklung gelangt, welche sie mit der auf anderen Gebieten der Feuerungstechnik erreichten auf gleiche Stufe bringt.

Um so mehr muß es deshalb wunder nehmen, daß auf dem nicht minder wichtigen Gebiet der Formgebung sich die Glasfabrikation heute beinahe noch in demselben Stadium befindet und dieselben Werkzeuge benutzt, wie wir solche aus den Zeiten der Pharaonen schon auf den Pyramiden abgebildet finden. Mit seiner Lunge als Gebläse und der Glasmacherpfeife stellt der Arbeiter heute wie damals alles her, was an Hohlglas geliefert wird. Es mag bei dieser Gelegenheit von Interesse sein, über die mechanische Leistungsfähigkeit des Menschen bezw. seiner Lunge als Gebläsemaschine einige Daten einzufügen.

Nach den Untersuchungen von Donders entspricht die Evakuationsleistung der menschlichen Lunge beim Saugen bezw. Inspirieren 36 bis 74 mm und im Mittel der Versuche 57 mm Quecksilbersäule, während die Leistung beim Blasen, der Expirationsdruck, 82 bis 100 und im Mittel 87 mm Quecksilbersäule gleichkommt, also weit unter dem bleibt, was man nach der beim starken Blasen ersichtlichen Anstrengung wohl anzunehmen geneigt ist. Die vitale Kapazität der Lungen, d. h. diejenige Luftmenge, welche eine normale Lunge von höchster Einatmung bis zu stärkster Ausatmung ausgibt, beträgt nach Häser's Messungen im Mittel bei Deutschen 3222 ccm, bei Engländern 3772 ccm — nebenbei ein wenig erfreulicher Beweis dafür, daß in Deutschland der körperlichen Ausbildung und Erziehung noch nicht die genügende Aufmerksamkeit geschenkt wird — eine Annahme, die auch dadurch ihre Bestätigung findet, daß nach A r n o l d ' s Untersuchungen die Lungenkapazität bei Soldaten und Seeleuten durchschnittlich 400 ccm größer ist, als bei Studierten. Die höchste vitale Kapazität findet sich bei Individuen im 35. Lebensjahre. Eine Vermehrung der Körperlänge über das Mittel bewirkt auch eine Erhöhung der vitalen Kapazität, während sie durch eine Vermehrung des Körpergewichtes über das Mittel vermindert wird, und zwar für jedes Kilo Gewichtszunahme im Durchschnitt um 37 ccm. Frauen haben selbst bei gleicher Körperlänge und bei gleichem Brustumfange eine im Verhältnis wie 10:7 geringere vitale Kapazität als Männer. Nach Messungen, die ich selbst im Verein mit einem Arzte angestellt habe, übersteigt die Lungenkapazität geübter Glasmacher diejenige von Männern gleichen Gewichts und gleichen Brustumfanges um 25 bis 30 %. Lungenentzündung kommt in den Glashütten äußerst selten vor; dagegen wird bei älteren Glasmachern häufig Lungenemphysem beobachtet.

So wunderbar es ist, daß mit einem so wenig leistungsfähigen Organ durch große Übung und zum Teil vererbte Lungengymnastik Leistungen erzielt werden, die jedem Laien geradezu überraschend sind, so war man doch schon lange bestrebt, die nur in beschränkter Anzahl vorhandenen besonders geschulten Arbeiter durch Maschinen zu ersetzen. Was das Gebläse allein betrifft, so sind hierbei schon früher Erfolge erzielt, indem man, wie beispielsweise die Gebrüder A p p e r t, die Glasmacherpfeife behufs weiteren Ausblasens an das Ventil eines mit maschinell gepreßter Luft gefüllten Behälters drückte[1]). Doch blieb hierbei die schwierige Arbeit der richtigen Entnahme der Glasmenge aus den Schmelzöfen und der Formung noch immer in der Hand des Glasmachers. Ein Versuch zur Konstruktion von Flaschenformmaschinen, der vor längerer Zeit von P ü t s c h gemacht wurde, scheiterte daran, daß dieser Erfinder mit der Maschine genau der Arbeitsweise des Glasmachers zu folgen versuchte; und so ruhte diese wichtige Aufgabe, bis sie vor etwa 3 Jahren von einem englischen Ingenieur H. M. A s h l e y wieder aufgenommen und in ebenso origineller als überraschender Weise durchgeführt wurde. A s h l e y, der von Profession Eisengießer war und von der Glasfabrikation und deren Traditionen nichts wußte, ist für die Durchführung seines Planes von der bisherigen Arbeitsweise vollkommen-

[1]) Z. 1887 S. 395.

abgewichen; denn während man bisher zunächst den Körper der Flasche und dann erst ihren Hals formte, hat er dieses Verfahren im vollen Sinne des Wortes auf den Kopf gestellt; er beginnt

Fig. 1. Fig. 2. Fig. 3. Fig. 4. Fig. 5.

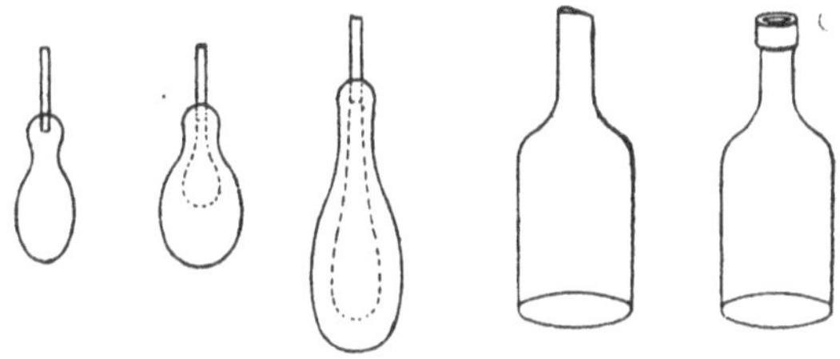

Fig. 6. Fig. 7. Fig. 8. Fig. 9.

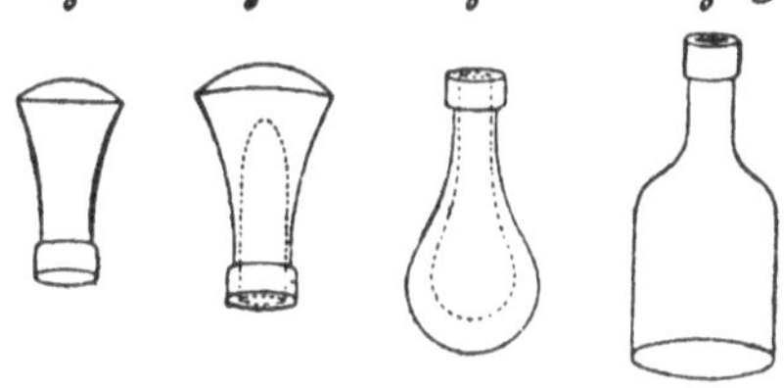

Fig. 10. Fig. 11. Fig. 12.

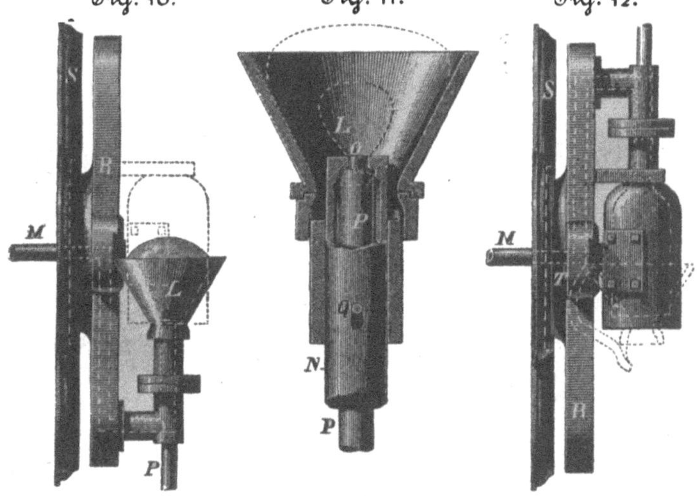

die Flasche am Kopf und Hals, um nachher den Körper anzublasen. Die nebenstehenden Skizzen zeigen in Fig. 1 bis 5 die Formung einer Glasflasche nach alter Art mittels Pfeife und Handarbeit, in Fig. 6 bis 9 die Flaschenformung mittels Maschinen.

Fig. 10, 11 und 12 werden genügen, die Konstruktion und den Betrieb der Ashley-Maschine klar zu machen. Ashley benutzt die alte Glasmacherpfeife überhaupt nicht; das zähflüssige Glas wird vielmehr mit irgend einem geeigneten Werkzeug, einem festen Eisenstab oder einem Löffel, aus dem Ofen geschöpft und in den trichterförmigen Teil der Maschine — Fig. 10 und 11 — gefüllt. Da dieser Trichter für jede anzufertigende Flaschensorte eine bestimmte Größe hat, so entfällt dadurch eine der schwierigsten Arbeiten des Glasmachers: das genaue Abmessen gleich großer Glasmengen mit der Pfeife. Nachdem das zähflüssige Glas in den Meßtrichter L gefüllt ist, wird von unten ein Stempel N in die Glasmasse geführt, der zunächst durch einfache Pressung Mundstück und Rand der Flasche bildet (Fig. 6). In dem oben durchbohrten Stempel N ist das Luftrohr P konzentrisch geführt, welches von der beim Drehzapfen M anschließenden Luftleitung, mit der es durch eine Bohrung der drehbaren Scheibe R in Verbindung steht, maschinell gepreßte Arbeitsluft erhält. Öffnet man nun das Ventil der Luftzuleitung, so tritt durch das bereits fertig gepreßte Mundstück der herzustellenden Flasche Luft in die darüber stehende weiche Glasmasse und bildet, gerade wie bei der Pfeifenarbeit, Fig. 2, ein Külbel, welches nach oben gerichtet an dem Mundstück sitzt. Ist die Arbeit so weit gediehen, so wird die Drehscheibe R mit Trichter L um 180° gedreht, so daß die darin befindliche Glasmasse nun nach unten hängt und durch ihr eigenes Gewicht wie durch langsam gesteigerten Luftdruck die Form wie bei den alten Flaschenmachern annimmt. Sobald dies geschehen, klappt der zweiteilige Meßtrichter L bei Seite und an seiner Stelle legt sich um die vorgeformte Glasblase die eiserne Flaschenform, Fig. 12. Indem man nun durch das Rohr P vollen Luftdruck gibt, wird die Glasmasse genau an die Form gedrückt, und die Flasche ist im selben Augenblick fertig. Man klappt dann sowohl Flaschen- als Mundstückform auseinander und bringt die Flaschen in den Kühlofen.

Daß Flaschen auf diese Weise herstellbar sind, zeigen die hier vorliegenden Muster von englischen Flaschen, die ich selbst gelegentlich meiner Besichtigung von der Hütte zu Castleford mitgebracht habe. Ich habe mich dort auch überzeugt, daß die Fabrikation sich vollständig von gelernten Arbeitern unabhängig gemacht hat. Gerade während ich anwesend war, wurde ein Arbeiter von der Straße genommen, der bereits am zweiten Tage imstande war, eine einigermaßen brauchbare Flasche zu machen.

Die ganze Operation ist eine rein mechanische, und der Vorteil dabei ist, daß die besondere physische Begabung, die bisher für die Arbeit des Glasmachers nötig war, die hoch ausgebildete Lungentätigkeit, ganz von der Maschine übernommen und man damit von besonders geübten Spezialarbeitern unabhängig wird.

Nach dem, was ich in Castleford gesehen habe, stellt sich die Produktion auf der Ashley-Maschine gleich der der Handarbeit. Es waren in 9 Stunden mit der Maschine bis 500 Flaschen gefertigt. Die Gesellschaft bezw. der Erfinder geben eine ungleich höhere Leistungsfähigkeit an und wollen namentlich mit einer rotierenden Maschine bis zu 1000 Flaschen in 10 Stunden machen. Ich halte das, wenn die richtige Glasmischung gewählt wird, nicht für unmöglich. Die höchste Leistung eines tüchtigen Glasmachers für Flaschen wie sogenannte Schoppen oder $^{3}/_{8}$ Bier würde durchschnittlich 50 Stück in der Stunde sein, so daß bis jetzt der Glasmacher mit der Maschine ziemlich Schritt hält; nur liegt der Unterschied darin, daß der Arbeiter damit am Ende seiner Leistungsmöglichkeit ist, während die Maschine, bei der die Luftzuführung keine Schwierigkeit hat, nur ihre Mechanik zu verbessern braucht, um zu weiteren Leistungen zu gelangen.

Die Herstellung komplizierter Formen auf der Maschine wird wohl Schwierigkeiten bieten, und diese treten schon bei solchen Flaschen auf, die, wie man in der Glasfabrikation sagt, ein etwas weites Gewissen, d. h. einen sehr tiefen Einstich am Boden haben, damit wenig Flüssigkeit eine ziemlich groß aussehende Flasche anfüllt. Ist dies bisher noch nicht ganz gelungen, so liefert dagegen die Maschine die sehr komplizierten Halsformen, die neuerdings namentlich bei den mechanischen Flaschenverschlüssen verlangt werden, Flaschen mit Bajonnet oder Schraubenverschluß, in höchst eleganter, nach alter Fabrikationsweise nicht zu erreichender Ausführung. Ein weiterer Fortschritt, der vom Erfinder erstrebt wird, ist, wie bereits erwähnt, der, eine Repetiermaschine zu konstruieren, indem er 4 derartige Apparate auf einer Säule montiert, so daß die verschiedenen Stadien der Flaschenformung gleichzeitig vor sich gehen und die Arbeit noch schneller herzustellen ist. Diese und andere Verbesserungen sind bis heute noch nicht ganz abgeschlossen; immerhin beansprucht dieses rastlose Fortschreiten auf dem neuen Wege großes Interesse, und weitere Erfolge scheinen nicht unerreichbar. Ich kann hier auch bereits eine Flasche vorlegen, die in Deutschland mit der Maschine gemacht ist; sie zeigt, wenn sie auch den höchsten Anforderungen der Glastechnik noch nicht genügt, doch schon eine ganz hübsche Durchführung. Die Schwierigkeit bei derartigen Versuchsarbeiten liegt noch in der Richtung, daß das Glas ungleich heißer verarbeitet werden muß, als bisher an der Pfeife geschah; doch ist das für den Großbetrieb kein Nachteil, weil man dadurch die Öfen rascher ausarbeiten kann.

Man könnte es vom Standpunkt der Humanität vielleicht bedauern, daß durch Ashley's Erfindung ein Gebiet, welches bisher allein der Handarbeit zugehörte, auch der Maschinenarbeit verfällt; aber bei den augenblicklichen Zuständen der Industrie bietet doch ein solcher Fortschritt auch wiederum Vorteile, die von allgemein wirtschaftlichem Standpunkte aus mit Freuden zu begrüßen sind.

Es liegt in dem Vorgehen unserer gesamten Technik ein eigentümlicher Zug, der sich darin kund gibt, daß, während für die feinsten Arbeiten, für die genauesten Teilungen, die schwierigsten Aufgaben des Drehers oder Spinners Maschinen konstruiert sind, welche die Leistung des geschicktesten Arbeiters übertreffen, gerade für die Bewältigung einfacher und wenig Intelligenz erfordernder Handarbeit in unserer erfindungsreichen Zeit noch so wenig getan und geschaffen ist. Wir entbehren bei Arbeiten, die sozusagen nur die tierische Kraft des Menschen erfordern, noch vielfach der Hilfe der Maschine, und so hat es kommen können, daß heute gerade der „unskilled labourer" in den Londoner Docks und Gasanstalten die übertriebensten Forderungen stellen und Handel und Industrie eines ganzen Landes stauen konnte. So wird auch bei uns der Steinträger meist höher gelohnt als der geschickteste Mechaniker oder Kunsthandwerker. Wenn es durch Heranziehung der Maschine gelingt, die gewerbliche Tätigkeit von dem guten oder bösen Willen wenig intelligenter und darum oft mißleiteter Arbeiterschaften unabhängiger zu machen und dadurch eine Sicherheit gegen plötzlich auftretende überspannte Forderungen zu schaffen, so ist damit auch den Arbeitern ein Dienst erwiesen; denn eine Industrie, in welcher durch häufige Lohnstreitigkeiten und Ausstände die Leistungs- und Konkurrenzfähigkeit verloren und die Kapitalkraft des Arbeitgebers ruiniert ist, kann gute Arbeitsleistungen gar nicht und selbst schlechte nur kümmerlich lohnen.

Auch von diesem Gesichtspunkte muß man daher die Erfindung Ashley's willkommen heißen.

Die Verwertung von Küchenabfällen.

Schon zu Beginn des Krieges beurteilte Frank die Ernährungsfrage Deutschlands sehr pessimistisch. Sein Vorschlag über Gewinnung von Futtermitteln aus Küchenabfällen hat seinerzeit wohl ein gewisses Interesse erweckt, ist aber nicht vollkommen zur Verwirklichung gelangt. Immerhin erscheint der von Frank angezeigte Weg auch für die Zukunft bedeutungsvoll.

I. Ueber die Verwertung der Küchenabfälle für Gewinnung von Trockenfutter und Fett durch Ausnutzung der abgehenden Hitze der Gasanstalten sowie anderer industrieller Betriebe.

Von Geh. Regierungsrat Prof. Dr. A. Frank, Charlottenburg.
Aus dem Journal für Gasbeleuchtung und Wasserversorgung 1915.
Nr. 52 vom 25. Dezember.

In Verfolg der durch die jetzige Kriegslage bedingten Absperrung der Zufuhr ausländischer Futtermittel für die Ernährung und Erhaltung unserer Viehbestände und damit auch indirekt unserer Bevölkerung sind Schwierigkeiten entstanden, welche auf eine sorgfältige Verwendung und Heranziehung vieler im Lande selbst gewonnenen und bisher arg vernachlässigten Futterstoffe hinweisen. Ganz besonders gilt dies für die alltäglich und in größten Mengen erhaltenen Haus- und Küchenabfälle der Großstädte.

In einem bereits unterm 27. November 1914 von den Herren Ministern für Landwirtschaft und des Innern publizierten Rundschreiben an die Städte Preußens ist die Bedeutung dieser Aufgabe an Hand von Gutachten Sachverständiger, sowie von Berichten städtischer Verwaltungen eingehend erörtert; dagegen ist bei dem durch die Umstände gebotenen eiligen Vorgehen die Frage der besten Verwertungsart der Küchenabfälle nur im allgemeinen berührt, da hierbei nicht nur örtliche Verhältnisse und

Gewohnheiten eine wesentliche Rolle spielen, sondern auch der für Errichtung geeigneter Anlagen erforderliche Aufwand an Zeit und Geld.

Für den Fachmann, gleichviel ob Landwirt oder Techniker, ist es freilich auf Grund der wissenschaftlichen Anlagen ohne weiteres klar, daß bei den Verhältnissen der Großstädte, auf welch letztere sich vornehmlich der Erlaß bezieht, ein gründlicher und dauernder Wandel der jetzigen Mißstände nur dadurch geschaffen werden kann, daß die aus den verschiedensten Stoffen gemischten feuchten, durch Schimmel und Fäulnis leicht verderblichen Küchenabfälle in geeigneten Anlagen rasch getrocknet und hierdurch gleichzeitig nicht nur desinfiziert und konzentriert, sondern auch zu einem wirklich marktfähigen Kraftfuttermittel umgeformt werden.

Nach dem in dem angezogenen Ministerialerlaß unter Anlage 4 mitgeteilten Gutachten des Herrn Professor Hansen, Königsberg, stellt sich sowohl auf Grund der Analysen, wie längerer Fütterungsversuche der Stärkewert des durch Trocknen von Küchenabfällen hergestellten sog. „Abfallmehls" mit 67,3 % resp. 68,3 % gegenüber dem von Futtergerste mit 67,9 % durchaus gleich und übertrifft den von Weizenkleie, welche trotz hohen Eiweißgehalts von 9,8 % nur einen Gesamtstärkewert von 42,8 % hat, um mehr als 50 %.

Diese Zahlen gewinnen erst ihre volle Bedeutung, wenn man in Betracht zieht, daß Deutschland im letzten Friedensjahre 1913 zur Erhaltung seines Viehstandes 30 Mill. dz Futtergerste und 14 Millionen dz Kleie neben 33 Millionen dz anderem Kraftfutter im Gesamtwert von mehr als M. 1 Milliarde einführen mußte.

Außer dem Futterwert der getrockneten Abfälle hat dann auch der Direktor des Hygienischen Instituts der Tierärztlichen Hochschule in Berlin, Herr Geheimrat Prof. Dr. Frosch, die vollkommene Sterilisation und Unschädlichkeit des durch den Trockenprozeß erzielten Materials festgestellt, wie auch beide Herren die vorteilhafte Verwendung solcher Futtermehle sowohl für Milchvieh als für Mastvieh ausdrücklich betonen.

Wenn trotz dieser sehr günstigen Versuchsresultate, die auch von der Praxis durch immer wachsende Nachfrage und durch Bewilligung eines bereits in normalen Friedenszeiten gern gegebenen Preises von M. 11 pro dz, der jetzt auf nahe das Dreifache gestiegen ist, bestätigt wurde, die Anlagen für Massenherstellung dieses Futtermehls nur langsame Fortschritte machten, so lag der Grund hierfür in dem Mangel an Verständnis und gutem Willen, welchen die Hausbesitzer und besonders die Hausfrauen der Sache entgegenbrachten, wie auch in den gerade hierdurch erhöhten Kosten der Anfuhr und sachgemäßen Trennung der brauchbaren Abfälle von dem übrigen Hausmüll (Asche, Scherben, Papierreste usw.); nicht minder stellten sich aber bei der hierdurch bewirkten unregelmäßigen Fabrikation auch die Betriebskosten, wie der Aufwand des für die Trocknung nötigen Brennmaterials übermäßig hoch.

Der so nötige Wandel zum Bessern ist aber gerade jetzt durch die schwierigen Zeitverhältnisse herbeigeführt. Zunächst wurde durch allgemein gültige Bestimmungen die sorgfältige Trennung der für Fütterungszwecke verwertbaren Küchenabfälle von dem übrigen Hausmüll usw. obligatorisch gemacht, wie auch diese Verordnung durch das Wirken gemeinnütziger Vereine dem Verständnis des einzelnen näher gebracht wurde.

Als noch wichtiger und bedeutsamer dürften sich aber die in der Technik der Abfallmehl- und Futtermehlherstellung eingeführten Verbesserungen erweisen, welche nicht nur eine vollkommene Ersparnis des für die Trocknung bisher nötigen Aufwandes an Brennmaterial, sondern auch einen weiteren sehr wesentlichen Vorteil durch gleichzeitige Gewinnung des in den Küchenabfällen in großen Mengen enthaltenen Fettes ermöglicht.

Diese beiden günstigen Resultate werden dadurch erzielt, daß für Beheizung und Trocknung anstatt der jetzt dafür verwendeten besonderen Feuerungen, die bisher völlig unbenutzt durch den Schornstein entweichende Abhitze großer Betriebe, und zwar ganz besonders bei den Gasanstalten ausgenutzt werden soll, wie auch die so gewonnene Hitze in gleicher Art dazu dient, das in den Küchenabfällen reichlich noch vorhandene Fett durch vorheriges Behandeln derselben mit heißem Wasser von den festen Bestandteilen abzuschmelzen resp. zu trennen. Geheimrat Professor Rubner beziffert die Menge des in den Städten täglich mit den Abfällen, Abwässern usw. verloren gehenden Fettes auf 20 g pro Kopf und Tag. Setzt man hiervon nur den vierten Teil, also 5 g pro Kopf als aus den Küchenabfällen wieder gewinnbar ein, so repräsentiert dies schon einen sehr bedeutenden Wert, da diese Fette, welche für die Seifenfabrikation und die Herstellung von Schmierölen sehr verwendbar und gesucht sind, schon in normalen Zeiten mit M. 40 bis 50 pro 100 kg bezahlt werden, jetzt aber mehr als den dreifachen Marktwert haben. Ein weiterer sehr wesentlicher Nutzen dieser Vorbehandlung der Küchenabfälle mit heißem Wasser besteht aber darin, daß nicht nur die in denselben oft in großen Mengen enthaltenen, für manche Tiere schädlichen Beimengungen, wie Heringslaken, Pökelbrühen und Salze herausgelöst, sondern daß auch die Metallteile, wie Nadeln, Nägel usw., sowie kleinere Glas- und Tonscherben, deren Mitgenuß für die Tiere direkt gefährlich ist, bei dem Waschprozeß zu Boden sinken und so von den Futterstoffen getrennt werden. Die Konstruktion der für eine solche Vorreinigung dienenden Apparate ist zum Patent angemeldet.

Was die wirtschaftlich bedeutsamste Frage der für die Heiz- und Trockenoperationen nötigen großen Wärmemengen betrifft, so ergibt sich dafür eine sehr einfache, vielleicht aber gerade deshalb bisher übersehene Lösung in der Verwendung der bislang in Gasanstalten und anderen großen industriellen Betrieben durch den Schornstein fortgeführten enormen Wärmemengen, und zwar kommen hierbei die Gasanstalten in erster Reihe in Betracht, weil bei ihrem Betriebe die aus den Retortenöfen resp. Regeneratoren entweichenden Abgase, welche nicht nur ganz frei von Rauch und Asche sind, sondern auch bei nahezu vollkommener Verbrennung nur einen sehr geringen Sauerstoffgehalt haben, noch die hohe Temperatur von 550 bis 650° zeigen und diesen großen Wärmewert bisher völlig ungenutzt ins Freie führen. Als zahlenmäßiger und greifbarer Beweis hierfür mag der Betrieb der städtischen Gasanstalt in Berlin erörtert werden. Die städtischen Werke haben im Jahre 1913 für eine Leuchtgasproduktion von 333 Millionen cbm inkl. Wassergas rund 917 000 tons Steinkohle vergast, aus denen bei rund 70 % Koksproduktion rund 640 000 tons Koks gewonnen wurden, von denen bei dortigem Koksverbrauch von rund 14 % des Gewichts der vergasten 917 000 tons Steinkohle rund 130 000 tons zur Unterfeuerung für die Gasretorten verwendet werden.

Nach vielfachen Feststellungen sind für die Gaserzeugung selbst nur 50 % der aus obigen 130 000 tons Unterfeuerungskoks produzierten Wärme erforderlich, so daß mithin die aus der restlichen Hälfte von 65 000 tons erzeugte Wärme bisher ungenutzt entweicht. Da die Stadtgemeinde Berlin ausschließlich der Vororte jetzt eine Einwohnerzahl von 2 071 000 hat, so würden auch bei einer sehr reichlich angenommenen Produktion von 250 g roher Küchenabfälle pro Kopf und Tag schon die bei schwächstem Betriebe der Gasanstalten in den Sommermonaten bisher ungenutzt entweichenden Mengen von Wärme vollkommen genügen, um durch die Trocknung ein hochwertiges Futtermittel herzustellen.

während die mit dem Herbst einsetzende stark gesteigerte Gaserzeugung auch noch die weitere Möglichkeit bietet, große Mengen von nach Berlin zugeführten Kartoffeln durch Trocknung in dauerhafte und für menschliche und tierische Ernährung bereits bestens erprobte und anerkannte Kartoffelflocken und Kartoffelschnitzel umzuwandeln. In gleicher Art könnte dann auch durch die Gasanstalten das Trocknen anderer für Nährzwecke dienender gewerblicher Abfälle, von denen ich nur hier die in Berlin in großen Mengen als Rückstände der Brauereien produzierten Biertreber und Malzkeime nenne, in einer für die Gaswerke noch besonders vorteilhaften Weise, also gegen Lohn, geschehen.

Was so für die Stadtgemeinde Berlin gilt, trifft selbstverständlich auch für den etwa 3½ Millionen Einwohner umschließenden Bezirk von Groß-Berlin zu, in welchem neben der englischen Gasanstalt noch eine Reihe anderer Gaswerke betrieben werden, und das gleiche gilt dann auch für alle anderen Groß- und Mittelstädte des Deutschen Reiches, wie ja auch in dem schon eingangs erwähnten Rundschreiben der Preußischen Minister an die Städte Preußens für die über 25 000 Einwohner zählenden deutschen Städte eine Kopfzahl von 20,5 Millionen eingesetzt und daraus eine Produktion von 2½ Millionen dz des aus den Küchenabfällen gewinnbaren Trockenfutters berechnet ist. Was dagegen die Gesamtzahl der deutschen Steinkohlengaswerke betrifft, so stellt sich dieselbe auf 1335 Einzelanlagen, in welchen im vorigen Jahre aus 10 500 000 tons Steinkohlen 3170 Millionen cbm Gas erzeugt wurden, zu dessen Herstellung wiederum rund 1½ Millionen tons Koks verbrannt wurden, von deren Heizwert resp. Wärmeeffekt die Hälfte entsprechend 750 000 tons = 7 500 000 dz Koks bisher ungenutzt bleiben. Wenn nun auch der wesentliche Teil der Gasanstaltsbetriebe auf die vorerwähnten größeren Städte entfällt, und wenn man ferner in Betracht zieht, daß in den kleineren Orten und ihrer ländlichen Umgebung ausreichende Gelegenheit zur Verfütterung resp. Verwertung der rohen Küchenabfälle vorhanden ist, so wird doch die schon erwähnte Benutzung der Abhitze der Gasretortenöfen für Trocknung von Kartoffeln, sowie auch von Rübenschnitzeln und Blättern und anderen landwirtschaftlichen Erzeugnissen wohl auch für viele kleinere Gasanstalten sich als gut lohnend erweisen. Was aber die jetzt und an erster Stelle in Betracht kommenden Gasanstalten der größeren Städte betrifft, so dürfte es durchaus angezeigt sein, daß auch die damit zu kombinierenden Anlagen für Trocknung der Küchenabfälle von der städtischen Verwaltung übernommen werden. Ganz abgesehen davon, daß die für Begründung eines derartigen Unternehmens durch Privatleute nötigen Vorbereitungen, die, mit den Verhandlungen und der Finanzierung beginnend, sowie für Aufsuchen und Erwerb geeigneten Grundstücke, Erlangung der Baukonzession usw. eine sehr lange Zeit in Anspruch nehmen würden, über die wir bei jetzigem dringenden Notstand an Futtermitteln nicht verfügen könnten, sprechen auch zahlreiche und schwerwiegende Gründe für Übernahme der Sache in städtische Regie. Die für die Städte betriebenen Gaswerke disponieren in den meisten Fällen, und dies gilt namentlich auch für Groß-Berlin, über für die Erbauung einer solchen Trockenanlage genügend freie Flächen; ebenso sind bei denselben stichhaltige Einsprüche bezüglich der für die Trockenanlagen erforderten Bauerlaubnis nicht zu erwarten, und schließlich ist die Lage der Gasanstalten in vielen Fällen nicht bloß für die Zufuhr des aus der Stadt kommenden Rohmaterials, sondern auch infolge der bestehenden Bahn- und Wasserverbindungen der Anstalten auch für die Verwertung, wie für Anfuhr und Abfuhr von Rohmaterialien und erzielten Fertigprodukten eine günstige.

Weiter kommt dann noch in Betracht, daß die städtischen, resp. Gaswerksverwaltungen für einen solchen Betrieb über ein geschultes Personal verfügen und daß ebenso die mit dem Versand und Verkauf der Produkte beauftragte Verwaltung leicht und ohne weiteres den vorhandenen Amtsstellen angeschlossen werden kann, wie sie auch anderseits den Käufern der erzeugten Futtermittel eine Garantie für gute und sorgfältig kontrollierte Qualität der Produkte gewährt. Als nicht minder wichtiges Moment kommt zugunsten einer städtischen Verwaltung dann aber noch hinzu, daß diese in der Lage ist, im Wege ortspolizeilicher Bestimmungen auch die strikte Durchführung der Verordnungen zu sichern, welche für richtige Separation der Küchenabfälle von dem anderen Hausmüll zu erlassen sind, während, wie es die Erfahrung zeigt, der Privatunternehmer gegenüber der Indolenz und dem Unverstand des Publikmus in dieser Beziehung vollkommen machtlos ist.

Wie aus den gemeinsam mit der Firma A. Borsig in Tegel aufgestellten Kostenanschlägen und Ertragsberechnungen hervorgeht, darf bei derartigen Anlagen ein lohnendes Ergebnis des darauf verwendeten Kapitals auch nach Wiedereintritt des Friedens für die Gasanstalt erwartet werden. Bei den finanziellen Schwierigkeiten, mit welchen die Gasindustrie gerade jetzt sowohl infolge der Erhöhung der Kohlenpreise, wie infolge der steigenden Konkurrenz der Elektrizitätswerke zu kämpfen hat, dürfte ein solches wirtschaftliches Resultat besonders willkommen zu heißen sein. Nicht minder bedeutsam erscheint es aber für die Großstadt, daß eine Ausdehnung der Kommunalverwaltungen auf dieses nicht bloß für die Ernährung der städtischen Bevölkerung, sondern auch für unsere gesamte Landwirtschaft so wichtige Gebiet der inländischen Futterbeschaffung nicht nur dazu beitragen wird, die drückende Abhängigkeit, in welcher sich Deutschland bis jetzt betreffs der Einfuhr von Futtermitteln vom Auslande befindet, zu mindern, sondern sie wird auch gleich wünschenswerte nahe Berührungspunkte zwischen Stadt und Land und damit ein besseres Verständnis für deren gemeinsame Interessen schaffen!

Technische Reisenotizen und Erinnerungen.

Eigentliche Reiseerinnerungen hat Frank zwar nicht veröffentlicht, wohl aber einige technisch-wirtschaftliche Berichte über die Entwicklung der Industrie im Ausland. Besonders charakteristisch erscheinen hierunter die Mitteilungen über die Weltausstellung in Chicago, über die Borsäuregewinnung in Toskana und seine Reisenotizen aus Süditalien. Historisch von besonderem Interesse sind endlich noch seine Mitteilungen über Ammoniaksoda und Ammoniakgewinnung in der Kokerei aus dem Jahre 1879.

I. Mitteilungen von der Weltausstellung in Chicago.

Vortrag im Verein zur Beförderung des Gewerbfleißes am 2. 10. 1893, gehalten von Dr. A. Frank, Charlottenburg.

Es war mir vom Verein für Gewerbfleiß der ehrenvolle Auftrag geworden, bei meinem Besuch der Ausstellung in Chicago und meinen weiteren Reisen in den Vereinigten Staaten Studien über das Salinenwesen, die chemische Großindustrie und die Düngerfabrikation anzustellen, um Ihnen darüber Bericht zu erstatten. Diese Aufgabe ist eine so vielseitige, daß ich das zusammengebrachte reiche Material bislang noch nicht ordnen konnte und mich bei der heutigen kurz bemessenen Zeit, welche nur für kleinere Mitteilungen Raum läßt, darauf beschränken muß, Ihnen über sonstiges Neue aus dem Gebiet der chemischen Industrie, sowie über andere dort gewonnene Erfahrungen, welche sich teilweise auf die eigenen Arbeiten unseres Vereins beziehen, zu berichten.

Für einen deutschen Chemiker, der nach Chicago ging, stand es auch ohne Überhebung im voraus fest, daß er dort wesentlich Neues kaum erfahren oder sehen würde, weil bei uns sowohl die wissenschaftliche als die technische Chemie auf einer Höhe steht, an welche die Amerikaner bis heute noch nicht heranreichen und zu der sie auch wohl in nächster Zeit noch nicht gelangen werden. Man kann eben bei uns in Deutschland, wo ein Doktor der Chemie für geringeren Lohn arbeitet als drüben ein Karrenschieber, wissenschaftliche Arbeiten leichter und billiger durchführen, denn im Gegensatz zu unserer Betriebsweise ist es bei der amerikanischen Industrie Grundsatz, mit der menschlichen Arbeit zu sparen und mit dem Material splendide zu wirtschaften. Nachdem meine Voraussetzung, daß in Chicago auf rein chemischem Gebiet nicht viel zu holen sein würde, ihre Bestätigung gefunden hatte, wandte ich mich einer Seite der Ausstellung zu, auf der wir von den Amerikanern eher Neues und Überraschendes erwarten, der Anwendung der Elektrizität auf dem Gebiete der Chemie, aber auch hier erschien die Ausbeute zunächst gering. Elektrolytische Apparate für Metallscheidungen und Herstellung chemischer Präparate waren auf der Ausstellung wenig zu finden, und das Wenige war nicht neu. Ziemlich verstimmt ging ich in der sonst hochinteressanten Abteilung für Berg- und Hüttenwesen weiter und fand endlich auf einer der Galerien einen kleinen Schrank mit eigentümlich leuchtenden Kristallen, welche mit dem mir bisher unbekannten Namen K a r b o r u n d bezeichnet das so lange gesuchte Novum zu bieten schienen. Als Erfinder des Karborunds war ein Herr A t c h e s o n genannt, an diesen wandte ich mich und erhielt von ihm über die Geschichte und die Benutzung seiner Erfindung bereitwillig Auskunft, welche mir doppelt interessant war, weil sie auch die eigenartige Weise des amerikanischen Erfinderwesens, die von unserem vollkommen abweicht, prägnant demonstriert; während wir zunächst und zwar womöglich bis auf die fünfte Dezimale wägen und dann wagen, geht der Amerikaner bei seinen Erfindungen genau so wie bei seinen Eisenbahnbauten erst mal frisch und fröhlich auf das Endziel los und verspart sich die nachträgliche genaue Bearbeitung und Klärung der Zwischenstationen auf die Zeit, in welcher der Haupterfolg gesichert ist, so ist A t c h e s o n auch vorgegangen; derselbe ist überhaupt kein Chemiker, sondern Mechaniker und Elektriker, er hatte bei seinen Präzisionsarbeiten oft große Not mit den von ihm als Schleifmaterial benutzten verschiedenen Sorten von Schmirgel und Korund und kam dadurch auf die Idee, sich einen für seine Zwecke geeigneteren, dem Diamant möglichst nahe kommenden Körper zu schaffen, der also zwischen der als Korund kristallisierten Tonerde und als Diamant kristallisierten Kohle stehen sollte. Zur Herstellung dieses Körpers verwendete er ein Gemisch von reiner Retortenkohle und von gewöhnlichem Ton, also kieselsaurer Tonerde, welches Gemenge er in einem kleinen elektrischen Ofen mit Hilfe des Lichtbogens zu schmelzen versuchte. Dieser Ofen war ähnlich konstruiert, wie die uns hier früher demonstrierten, welche zur Herstellung von Aluminium dienen; er bestand aus einem kleinen, mit Kohle ausgefütterten eisernen Gefäß, in welches die Mischung von Ton und Kohle eingefüllt wurde, setzte man dann in letztere einen als Elektrode dienenden Kohlenstaub, während man das eiserne Gefäß mit dem anderen Pol der Elektrizitätsquelle verband, so entstand ein kräftiger Lichtbogen, der die eingetragene Masse zum Schmelzen brachte; als man dieselbe dann, nachdem der Strom unterbrochen war, aus dem Ofen herausnahm und zerschlug, zeigten sich darin kleine Splitter von hohem Glanz und großer Härte. Nachdem diese Kristalle von der übrigen Masse getrennt waren, versuchte man dieselben als Schleifmaterial zu verwenden, indem man sie ähnlich wie feine Diamantsplitter (sogenannte Diamantbort) in Kupferscheiben einhämmerte. Obgleich nun dieser Versuch mißlang, weil die Kristalle, wenn auch äußerst hart, doch für den Gebrauch als Schleifmittel viel zu spröde waren, so ermutigte der erste Erfolg doch zu dem Bau eines größeren und geeigneteren elektrischen Ofens, in welchem man durch längere und langsamere Einwirkung besser getemperte Kristalle zu erzielen erwartete. A t c h e s o n stellte diesen Ofen aus feuerfestem Ton her mit einem Schmelzraum von etwa 12 Zoll Länge bei 4 Zoll Breite und 4 Zoll Höhe. Der elektrische Strom wurde durch 2 als Elektroden dienende Kohlenstäbe von beiden Längsseiten des Herdes eingeführt und der Lichtbogen durch entsprechende Entfernung dieser Elektroden reguliert, das hierbei erzielte Resultat entsprach auch den Anforderungen, da man größere und weniger spröde Kristalle erhielt, die sich als Schleifmaterial völlig geeignet erwiesen und von A t c h e s o n den Namen Karborund erhielten, weil er nach seiner ursprünglichen Theorie ein Mittelding zwischen Diamant und Korund hergestellt zu haben glaubte. Nachdem das Ziel so weit erreicht war, erkannte der Erfinder aber doch, daß er für die Durcharbeitung der Sache eines Chemikers bedürfe und zog hierfür einen Deutschen, Herrn Dr. M ü h l h ä u s e r, hinzu. Die von letzterem angestellte chemische Untersuchung des Materials ergab nun das überraschende Resultat, daß die ganze Theorie, auf welche A t c h e s o n seine erfolgreiche Erfindung gebaut hatte, eine irrige war, da der neue Körper von Tonerde nur äußerst geringe Spuren enthielt und sich als eine Verbindung von genau einem Äquivalent Silizium mit einem Äquivalent Kohle, also als ein Silizium-Kohlenstoff erwies, das dafür nötige Silizium war der angewandten kieselsauren Tonerde entnommen, während die Tonerde selbst, auf deren Aktion Atcheson rechnete, gar nichts mit der Bildung der Kristalle zu tun hatte. Nachdem dieses festgestellt war, ergab sich nun auch der geeignete Weg für eine rationelle Fabrikation, an Stelle der kieselsauren Tonerde verwandte man jetzt für das Schmelzgemenge reine Kieselsäure, d. h. weißen Quarzsand, mischte diesen mit der nötigen Menge Kohle und fügte dann noch eine ausreichende Portion gewöhnliches Kochsalz hinzu, welches letztere durch seine leichte Schmelzbarkeit die Einwirkung des elektrischen Stromes beförderte. Man bekam auf diesem rationellen Wege auch größere Mengen der schönen Kristalle, von denen ich Ihnen hier eine Probe vorlege; dieselben zeigen auch in ihrer äußeren Form die Mittelstellung zwischen Diamant und Silizium an und enthalten in reinem Zustand 30 % Kohlenstoff und 70 % Silizium, während aber die beiden Elemente, aus denen der Körper zusammengesetzt ist, beim Erhitzen und namentlich in einem Strom von Sauerstoff sehr leicht verbrennen, ist die Verbindung derselben, das Karborund oder richtiger Korbosilizium so feuerbeständig, daß man sie stundenlang in einem Strom von reinem Sauerstoff glühen und dadurch zugleich etwa noch beigemischten Kohlenstoff entfernen kann, während man die beigemischte Krieselsäure durch Behandlung mit Flußsäure entfernt. Die ersten Versuche Atcheson's datieren nach seiner Angabe bereits aus dem Jahre 1890, an die industrielle Verwertung der Sache ist er jedoch erst später herangetreten und hat zu diesem Zweck eine Gesellschaft gegründet, welche behufs billiger Krafterzeugung ihren Sitz in der Mitte des Kohlenreviers von Pennsylvanien wählte und sich in erster Stelle der Verwertung des Karborunds als Schleifmaterials zuwandte, da der neu gewonnene Körper nicht bloß das bisher gebrauchte härteste Schleifmittel, den Korund schneidet, sondern selbst den Diamantbort beim Polieren von Diamanten zu ersetzen vermag. Die bisher in der Mechanik angewandten Schleifscheiben aus Schmirgel oder Korund werden bekanntlich in der Weise hergestellt, daß man sie in ein geschmolzenes Harzgemisch, welches zumeist aus Schellack besteht, einrührt und dann aus der Masse Scheiben formt. Diese Scheiben, welche sehr schlechte Wärmeleiter sind, erhitzen sich bei der nötigen raschen Rotation so sehr, daß man beim Schleifen Wasser auflaufen lassen muß und selbst dann noch über ein bestimmtes Maß von Arbeitsleistung nicht kommen kann, weil man z. B. die stählernen Werkstücke sonst verbrennen würde; ganz anders kann man bei dem vollkommen feuerfesten und die Wärme gut leitenden Karborund vorgehen, man stellt die Schleifscheiben aus diesem Material in der Weise her, daß man Karborund in den verschiedenen Feinheitsgraden mit Kaolin mischt und die Scheiben dann bei höchster Temperatur brennt. Mit einer so hergestellten Schleifscheibe, welche hier vorliegt, hat Herr Prof. Martens neulich in seiner Werkstatt eine sehr harte Stahlfeile ganz trocken anschneiden lassen, und ist bei derselben, wie Sie hier sehen, nicht mal eine Anlauffarbe erschienen. Die Härte der Feile blieb also vollkommen erhalten. Daß die praktische Benutzung dieser Scheiben sich dadurch vorteilhaft gestaltet, daß man mit ihnen mehr und besseres leistet, wie mit den bisherigen Schmirgelscheiben, beweist die mir von Herrn Atcheson vorgelegte Berechnung eines Fabrikanten, wonach ein Arbeiter, der täglich 1 Dollar 50 Cents Lohn bekommt, bei Verbrauch von $^1/_7$ Unze gleich 4 g das Doppelte leistet als früher mit besten Schmirgelscheiben. Der Fabrikant kalkulierte nun daraufhin weiter, daß ihm durch Anwendung des Karborunds eine tägliche Ersparnis von 2 Dollar 50 Cents erwachsen, da die Generalkosten für die Arbeitsstelle bei jetziger doppelter Leistung dieselben wären wie früher, das etwa teurere Werkzeug sich also sehr gut bezahlt macht, wie es denn überhaupt nicht nur beim amerikanischen Fabrikanten, sondern auch bei den dortigen Arbeitern als Grundsatz gilt, nur bestes Werkzeug anzuwenden, während man bei uns gerade in dieser Richtung eine wenig lohnende Sparsamkeit übt. Außer bei der Metallbearbeitung sind Karborundscheiben auch schon in der Zahntechnik verwendet, man hat für diesen Zweck kleine Scheiben, denen man eine Geschwindigkeit bis zu 18000 Touren in der Minute gibt. Noch interessanter ist die Benutzung des neuen Materials in der Glastechnik. Es ist Ihnen bekannt, daß zwischen Edison und anderen Erfindern über die ersterem patentierte Glühlampe seit langer Zeit bei den Gerichten Prozesse schweben, welche mit wechselndem Erfolg durchgefochten sind. Neuerdings ist es nun durch Benutzung des Karborunds gelungen, eine Glühlampe herzustellen, für welche Edison's Patent nicht gilt; diese Lampen bestehen aus einem Glaskörper, in welchen ein Glasstöpsel eingeschliffen ist, der die Zuleitungsdrähte enthält. Die Herstellung solcher Glühlampen mit absolut luftdicht eingeschliffenen Stöpseln würde sich aber nach dem alten Verfahren der Glashütten so teuer stellen, daß eine Konkurrenz derselben gegen Edison-

Lampen ausgeschlossen bliebe. Die Amerikaner haben diese Schwierigkeit beseitigt, indem sie die Stöpsel mit der Glaspresse in durchaus gleichmäßigen Größen fabrizieren. Bei meinem Besuch der Atterbury Glashütte in Pittsburg habe ich die Ausführung im großen gesehen; es werden dort in eine Glaspresse, welche 24 Formen enthält, zunächst die Platindrähte hineingehängt, sodann wird das geschmolzene Glas aufgefüllt, welches sich beim Niedergehen der Presse um die Platindrähte legt und so mit einem Druck die 24 Stöpsel mit eingeschmolzenem Platindraht fertig liefert, man hat sie dann nur noch auseinanderzunehmen und in die ebenfalls auf mechanischem Wege passend gemachte Öffnung des Lampenkörpers einzuschleifen, wozu man sich eben des Karborunds als leistungsfähigsten und feinsten Schleifmaterials bedient. Die nötigen feinen Sorten des Karborundpulvers werden dadurch erhalten, daß man die bereits durch feinste Siebe getriebene Masse mit Wasser aufschlemmt und das sich hieraus ausscheidende Pulver nach der Zeit, die es zum Absetzen gebraucht, sortiert. Das sich nach 6 Minuten Absetzende, von welchem ich Ihnen hier Probe vorlege, ist das Gröbste, während die nach 12, 18 und mehr Minuten niederfallenden Sorten bis beinahe zu unfühlbarer Feinheit gewonnen werden, dabei aber ihre volle Härte behalten, so daß man damit beim Schleifen einen scharfen Schnitt neben höchster Politur erzielen kann. Selbstredend können diese Stöpsel nach etwaigem Zerbrechen der Lampenkörper auch wiederholt benutzt werden. Neben dieser interessanten Neuerung hat sich auf dem Gebiete der Glühlampen-Fabrikation noch eine andere Umwälzung vollzogen, welche ebenfalls durch äußere Verhältnisse bewirkt wurde. Nachdem es bekannt geworden war, daß die Elektriker große Massen von Platin für Glühlampen und andere Apparate gebrauchen, bildete sich in London vor einigen Jahren ein Spekulations-Konsortium, welches alle Vorräte von Platin, sowie die neu an den Markt kommenden geringen Posten aufkaufte und einsperrte und dadurch den seit lange gültigen Preis von etwa 1 Fr. per Gramm gleich zirka 800 Mark per Kilogramm auf 2000 bis 2400 Mark per Kilo heraufschraubte. Diese enorme Verteuerung zwang die Elektriker, ihren Platinverbrauch möglichst einzuschränken. Während bei den Glühlampen im Jahre 1888 Platindrähte von 0,78 bis 0,63 mm Stärke angewandt wurden, ist man jetzt auf solche von 0,30 bis 0,25 mm Dicke herabgegangen, noch 1888 wog der für eine Glühlampe nötige Platindraht bei der Sawyer Man Lampe

130 mg und bei der Edison-Lampe 65 mg, während jetzt für eine Edison-Lampe nur noch 7 mg Platin nötig sind. Neuerdings soll Sawyer Man eine Glühlampe ganz ohne Platin patentiert erhalten haben, ich konnte jedoch in Chicago kein Exemplar davon finden. Gelegentlich dieser Feststellung über den Platinpreis gelangte ich noch zu einigen anderen interessanten Zahlen. Der Platinverbrauch der amerikanischen Elektriker wird jetzt auf etwa 1200 kg jährlich geschätzt, den nächst größten Bedarf an Platin hat dann aber die in Amerika sehr bedeutende Fabrikation der künstlichen Zähne, diese bestehen nämlich in den besseren Sorten aus einer eigenartigen, sehr harten Porzellanmasse, in welche behufs Befestigung der Zähne an die eigentliche Platine oder den künstlichen Gaumen Metallstifte mit eingebrannt sind, und zwar kann man für diesen Zweck nur Platinmetall gebrauchen, da sich dies allein in die Porzellanmasse der Zähne wie in die Glasmasse der Edison-Lampen ohne Spannung einschmelzen läßt; obgleich nun die für einen Zahn nötige Platinmenge nur 50 mg beträgt, so stellt sich der Platinverbrauch der amerikanischen Zahnfabrikation auf jährlich 1088 kg, entsprechend etwa 21 Mill. Stück künstlicher Zähne, hierzu tritt aber noch der englische Verbrauch für den gleichen Zweck mit etwa 775 kg Platin, so daß nur in diesen beiden Ländern etwa 40 Millionen Stück künstlicher Zähne produziert werden. Der Platinbedarf für die chemische Industrie ist in Amerika wesentlich geringer wie bei uns und wird nur auf etwa 279 kg pro Jahr geschätzt, zu magnetischen Uhren für Elektriker wird dort jährlich etwa 1 kg, für elektrische Zünder $2^1/_2$ kg verbraucht. Die vorher erwähnte Hausse-Spekulation in Platin hat übrigens wie alle solche Ringe nur einen vorübergehenden Erfolg gehabt, da bei den exzessiven Preisen nicht nur der Platinverbrauch, wie schon erwähnt, auf das Möglichste eingeschränkt wurde, sondern auch alles, was sich in Fabriken und bei Händlern als Bestand von alten Platingeräten und Schmucksachen vorfand, plötzlich an den Markt kam, so daß sich der Preis rasch wieder auf etwa 1100 Mark reduzierte. Ein besonderes Glück war es da noch für die chemische und elektrische Industrie, daß neben den älteren Fundorten des Platins mehrere neue sehr hoffnungsvolle entdeckt wurden; als solche auch auf der Ausstellung in Chicago durch Proben vertretene will ich zuerst das merkwürdige Vorkommen in Kanada auf den neuen Sudbury Nickelgruben anführen. Der Nickelstein von Copper Cliff bei Sudbury enthält nach Emmers 0,20 % Platin und in einem Gange

der Mac Donellmine in Denison-Ontario fand Dewy von Spuren bis zu 0,53 % Platin. Die Produktion von Kanada hat zwar 1891 erst 65 kg Platin betragen, wird aber bei dem enormen Fortschritt der Nickelgewinnung sicher steigen. Ein noch neuerer Aufschluß von Platinerzen ist in British Columbia am Tulameeriver gemacht, welcher nach den darüber veröffentlichten Berichten sehr bedeutend sein soll. Im Anschluß an meine Mitteilungen über die Platinbefunde auf den Sudburygruben möchte ich Ihnen dann noch über das Hauptprodukt des dortigen Bergbaus, das Nickel, berichten. Die Nickelgewinnung wird in Amerika schon seit langer Zeit lebhaft betrieben; die Nickelgruben von Lancaster Gap in Pennsylvanien lieferten 1876 200 000 Pfund und im Jahre 1882 281 000 Pfund, also etwa ebensoviel, wie die alten Werke in Schweden und Norwegen. Weitere Nickelerz-Funde in den Vereinigten Staaten sind in Arkansas, Kolorado, Connecticut, Jova, Massachusetts, Missouri (Lamotte-Grube), Nevada, North-Karolina und in Oregon gemacht, und sollen namentlich letztgenannte Aufschlüsse sehr reiche sein. Das erste massenhafte Vorkommen von Nickelerzen war jedoch das 1867 von Garnier in der französischen Strafkolonie Neu-Kaledonien gefundene; der Abbau begann dort 1874, kam aber nur langsam vorwärts, da der Versuch der französischen Regierung, die Sträflinge in den Bergwerken zu verwenden, sich als undurchführbar erwies, und auch die Einführung von chinesischen Kulis keine besseren Erfolge lieferte, da der Transport der Erze in den unwegsamen Gebirgen nahezu unüberwindliche Schwierigkeiten bereitete, obgleich man nur die allerreichsten Erze, meist solche mit 10 % Nickelgehalt an die Schmelzhütten in England und Frankreich versandte. Die französischen Unternehmer schritten deshalb zunächst zur Verbesserung der Wege und Transportmittel und zwar mit solchem Erfolge, daß der Export von 5200 tons Erz in 1885 auf 19 700 tons in 1889 und auf 35 000 tons in 1891 stieg. Ende der 80er Jahre trat aber das damals neu erschlossene Nickelvorkommen von Sudbury in Kanada in den Vordergrund, da die dortigen Erze, wenn auch nicht so reich wie die kaledonischen, doch leichter zu gewinnen und zu verarbeiten sind. Es wurden 1890 in Kanada bereits 1 435 000 Pfund Nickel als Nickelspeiß gewonnen, 1891 4 626 000 und 1892 4 164 000 Pfund. Von den in 1892 geförderten 72 300 tons Erzen wurden verschmolzen 61 900 tons und daraus etwa 6200 tons Nickelstein gewonnen. Infolge dieser neuen Aufschlüsse hat sich die Gesamtnickelproduktion der Welt von

4186000 Pfund in 1889 auf 10307000 Pfund in 1891 gehoben und sind die Preise der Metalle dementsprechend gesunken; welche Bedeutung das Nickel in den letzten Jahren für die große Technik, namentlich für die Herstellung sehr fester Legierung von Nickel und Eisen gewonnen hat, ist von Ihnen selbst dadurch anerkannt, daß Sie eine besondere Kommission für Nickellegierungen geschaffen und mit reichen Mitteln ausgestattet haben, aber auch die Amerikaner sind auf diesem Gebiete sehr tätig gewesen. Auf der Ausstellung in Chicago hatte die Bethlehem Iron Co. Panzerplatten aus Nickelstahl von $10^1/_2$ Zoll Stärke; an diesen Panzerplatten waren 8 zöllige Geschosse von 250 Pfund Gewicht, welche bei 1700 Fuß Endgeschwindigkeit mit 25400 Fuß-Tonnen Energie aufschlugen, zerschellt, während die Platte selbst nur mäßige Eindrücke, aber keine tiefergehende Beschädigung zeigte. Auch von anderen Hütten waren kleinere, sehr schöne Gußstücke von Nickelstahl ausgestellt, da die Vereinigte Staaten-Marine bei ihren neuen Schiffsbauten den Nickelstahl jetzt vielfach für Maschinenteile benutzt, wie man auch drüben, ebenso wie bei uns, eine Legierung von 20 Teilen Nickel und 80 Teilen Kupfer für die Mäntel der Langgeschoße bei kleinkalibrigen Gewehren verwendet. Eine ganz andere Bedeutung als das Nickel hat aber das andere „weiße Metall", um welches sich alle Interessen des wirtschaftlichen Lebens in Amerika drehen: das Silber. Neben der Ausstellung in Chicago und weit über dieselbe hinaus hat die Silberfrage alle wirtschaftlichen und politischen Kreise der Vereinigten Staaten auf das Gewaltigste erregt, und die vom Präsidenten Cleveland angeregte und jetzt auch nach langen harten Kämpfen vom Repräsentantenhaus und vom Senat beschlossene Aufhebung der Shermanbill ist ein Ereignis, welches weit über die Grenzen der Vereinigten Staaten hinaus seine Wirkung üben wird. Wir haben ja in Deutschland auch eifrige Verfechter des sogenannten Bimetallismus, zum Glück für uns hat sich der darüber geführte Streit nur auf akademischem Boden bewegt, da unsere Regierung an der glücklich durchgeführten Goldwährung unerschütterlich fest hielt, und wer die Zeit des Silberkrachs und die dadurch angerichteten wirtschaftlichen Störungen und Verwüstungen drüben mit erlebt hat, der wird es doppelt preisen, daß wir davon wenigstens nicht direkt berührt werden. Uns interessiert hier nur die technische Frage der Edelmetall-Gewinnung, und mit Bezug darauf möchte ich einige Zahlen und Tatsachen anführen, welche, wie ich glaube, den Beweis liefern, daß sich der Wert des Silbers infolge enormer Produktionserhöhung tatsächlich vermindert hat und vermindern mußte, und die von den Vertretern der Silberwährung aufgestellte Behauptung, daß nicht etwa das Silber billiger, sondern das Gold teurer geworden sei, eine irrige ist. Die Silberproduktion der Welt betrug noch 1881 2 592 000 kg und ist auf diesem Punkt bis etwa 1887 stehen geblieben, von da ab datierte aber infolge der Auffindung der mächtigen mexikanischen Lager, der Sierra Mojada und der großen Silbervorkommen in Kolorado und Montana eine enorme Produktionssteigerung, welche dazu führte, daß im Jahre 1891 4 479 000, 1892 sogar 5 935 000 kg Silber auf den Weltmarkt geworfen wurden. Die Goldproduktion der Welt betrug dagegen in 1881 158 000 kg und blieb bis zu der in 1888 erfolgten Auffindung der südafrikanischen Goldlager stationär, stieg aber im genannten Jahre auf 185 000 kg und hat im Jahre 1892 196 000 kg erreicht; zu letzterem Ergebnis hat aber auch die Verhüttung goldhaltiger Silbererze in den Vereinigten Staaten mit beigetragen und wurde mir beispielsweise auf der Grant und Omahahütte in Denver, welche täglich 400 tons silberhaltige Bleierze aus Gruben in Kolorado und Mexiko verschmilzt, die durchschnittliche monatliche Goldgewinnung auf 10 000 Unzen à 31,1 g, freilich neben 1 123 000 Unzen Silber angegeben. Was speziell die Vereinigten Staaten anbetrifft, so produzierten dieselben im Jahre 1872 692 000 kg Silber, 1885 1 240 000 kg und 1892 2 018 000 kg, während beispielsweise die deutsche Silberproduktion trotz der Einfuhr großer Mengen überseeischer Silbererze in 1891 nur 441 000 kg betrug. Da nun die Verwendung des Silbermetalls immerhin eine beschränkte ist, weil dasselbe außer zu Münzen nur zu Luxusgegenständen und wenigen Chemikalien gebraucht wird, so konnte es nicht ausbleiben, daß die gewaltige Mehrproduktion von Silber ein erhöhtes Angebot und damit eine Verminderung des Wertes erzeugte, welche auch durch gesetzgeberische Maßregeln ebensowenig geändert oder gehemmt werden konnten, wie die Preisstellung jeder anderen Ware. Im Jahre 1870 war das Wertverhältnis von Gold zu Silber so wie 1 zu 15,56, d. h. man mußte im Austausch für 1 Pfund Gold 15,56 Pfund Silber geben; diese Relation bestand auch noch, als Deutschland in den 70er Jahren zur Goldwährung überging, aber bereits 1880 hatte sich der Wert des Silbers infolge erhöhter Produktion so vermindert, daß man für 1 Pfund Gold 18 Pfund Silber geben mußte und in 1889 fiel der Wert des Silbers auf 22 Pfund Silber für 1 Pfund Gold. Um diesen rapiden Preissturz aufzuhalten, wurde dann in den Vereinigten Staaten, welche als derzeit größte Silberproduzenten ein wesentliches Interesse dabei hatten, daß die Silberpreise nicht weiter fielen, die vielgenannte Shermanbill passiert, durch welche das Schatzamt in Washington ermächtigt wurde, monatlich $4^1/_2$ Mill. Unzen Silber aufzukaufen, um dieselben teils auszumünzen, teils als Unterlage für auszugebendes Papiergeld aufzuspeichern.

Diese Maßregel, durch welche ein bedeutender Teil des ausgebotenen Silbers aus dem Markte genommen wurde, hatte dann auch den Effekt, daß sich der Wert des Metalles wieder etwas erhöhte, so daß man in 1890 für 1 Pfund Gold nur 19,76 Pfund Silber zu geben brauchte und auch unsere Silberfreunde schon in hellen Jubel über die kommende Wiedereinsetzung des Silbers in seine alte Wertrelation ausbrachen; aber die Freude war nur von kurzer Dauer, weil eben die Silberproduzenten aus der Shermanbill erst recht Anlaß nahmen, die Silbergewinnung noch weiter zu steigern, so daß bereits 1892 der Silberpreis noch unter dem von 1889, d. h. auf 23,73 Pfund Silber für 1 Pfund Gold herabgegangen war. Da es unter diesen Umständen den Vereinigten Staaten nicht möglich war, den Silberdollar im Umlauf zu erhalten, die ausgegebenen Silbermünzen vielmehr in die Staatskasse zurückströmten und bei den monatlichen Neueinkäufen von Silber, sowie bei den bedeutenden Beständen des Staatsschatzes ein stetig zunehmender Verlust eintrat, sah sich die amerikanische Regierung schließlich genötigt, die Aufhebung der Shermanbill zu beantragen, erregte dadurch aber den leidenschaftlichen Widerspruch der Silber produzierenden Distrikte. Schließlich haben sich aber auch diese der unwiderstehlichen Gewalt der Zahlen und Tatsachen fügen müssen, und kann jetzt der so kostspielige Versuch einer Remonetisierung des Silbers wohl für lange Zeit als abgetan betrachtet werden; glücklicherweise haben wir in Deutschland zu den Kosten dieses Experimentes nichts beizutragen brauchen. Für diejenigen Herren, welche der hier erörterten Frage etwa näher treten möchten, lege ich zum Schluß noch einige Tabellen bei, aus denen genaue Angaben über Produktion und Preisbewegung der Edelmetalle zu entnehmen sind. Gestatten Sie mir, meine Herren, nach dieser Abschweifung auf das wirtschaftliche Gebiet noch mit einigen Worten über den Gesamteindruck zu berichten, den ich als deutscher Industrieller von der Ausstellung in Chicago empfangen habe. Verlauf und Resultat derselben zwingen uns willkürlich eine Erinnerung an die Stimmen auf, welche nach Abschluß der Philadelphiaausstellung von 1876 laut wurden. Damals hieß es, die deutsche Industrie sei im trostlosen Niedergange und es blieben ihr kaum andere Aussichten, als entweder der aufblühenden amerikanischen den Platz zu räumen, oder sie in allen Stücken als Vorbild zu nehmen. Heute gibt es viele Leute, die, in das andere Extrem verfallend, sich durch den unleugbaren Erfolg der deutschen Ausstellung in Chicago zu einer Unterschätzung der amerikanischen Leistungen berechtigt glauben. Das eine ist so falsch, wie es das andere war. Für jeden, der die amerikanische Industrie nicht nur nach dem Bilde einer mangelhaft und ohne System arrangierten Ausstellung beurteilt, sondern das Land und seine Produktionsweise mit Verständnis studiert hat, ist es zweifellos, daß wir an den Amerikanern einen höchst tüchtigen und achtenswerten Konkurrenten auf dem Weltmarkt haben.

Dank der kräftigen Initiative der deutschen Regierung hat die Chicagoer Ausstellung allen Kulturvölkern, namentlich aber den Amerikanern den Beweis geliefert, daß das Deutsche Reich nicht nur in politischer und militärischer, sondern ebenso sehr auch in industrieller Beziehung eine Großmacht ersten Ranges ist. Darauf lassen Sie uns weiter bauen und handeln. Durfte Richard Wagner nach dem Gelingen der Bayreuther Festspiele sagen: Sie sehen, was wir können, wenn Sie wollen, haben wir eine deutsche Kunst, so kann die deutsche Industrie nach dem Erfolge der Chicagoer Ausstellung ebenso stolz verkünden: Wir haben gezeigt, was wir können, wenn Sie wollen, haben wir eine deutsche Weltausstellung.

II. Borsäure-Gewinnung in Toskana.

Vortrag im Verein zur Beförderung des Gewerbfleißes 1906. S. 271—277.

Von Professor Dr. A. Frank, Charlottenburg.

Der Borax und die Borsäure sind zwar viel benutzte, aber bezüglich des Herkommens weniger bekannte Stoffe. Ob das Altertum den Borax überhaupt schon kannte, oder ob das Chrysocoll der alten Goldschmiede aus phosphorsauren Salzen bestand, ist unbestimmt. Jedenfalls kannten die Araber den Borax, wie ja auch der Name aus dem Arabischen stammt. Die Bezugsquelle war ein aus Tibet und Nordindien stammendes Material, das Tinkal genannt wurde. Unter großen Schwierigkeiten wurde es auf dem Rücken von Schafen über den Himalaya nach Ostindien und von dort nach den europäischen Häfen geschafft. Von den Arabern übernahmen die Venetianer nachweislich seit dem 13. Jahrhundert den Import des Tinkals und die Kunst, ihn zu raffinieren. Davon hat sich noch heute der Name „Venetianischer Borax" erhalten. Von den Venetianern ging der Import und die Verarbeitung des Borax auf die Engländer über. Im Jahre 1777 stellte Humbert Hoefer, der als Hofapotheker des Herzogs Leopold von Toskana in Florenz tätig war, fest, daß auch in den heißen Quellen, welche in den Maremmen von Toskana dem Boden entspringen und die schon den Römern als Aquae volateranae bekannt waren, Borsäure enthalten sei. Seine Beobachtung wurde 1779 durch Mascagni bestätigt, der neben der Borsäure auch Ammoniaksalze in dem Wasser fand. Aber erst 1815 wurde die Gewinnung von Borsäure aus diesen Quellen begonnen. Da jedoch der Borsäuregehalt so niedrig war, daß er kaum $^1/_5$ % erreicht, und man die Verdampfung mit Holzfeuer in kleinen Pfannen bewirkte, so war die Produktion unbedeutend und kostspielig. 1818 wurden nur 2500 Kilo rohe Borsäure gewonnen. Erst 1827 kam ein in Florenz wohnender Franzose Franz Larderel auf den glücklichen Gedanken, die reichlich ausströmenden heißen Dämpfe zur Konzentration des Lagunenwassers zu benutzen, und von hier datiert der Aufschwung der Toskanischen Borsäureindustrie, welche 1828 bereits 50 000 Kilo, 1839 700 000 Kilo, 1849 1 000 000, 1859 bereits 2 000 000 Kilo Borsäure produzierte und neben der geringen Zufuhr von Tibetanischem Tinkal den Weltmarkt beherrschte. Dies Monopol und die damit verbundenen hohen Preise hörten aber auf, als zuerst in Kalifornien und dann in anderen Punkten der amerikanischen Westküste reiche Lager von borsäurehaltigen Mineralien und Boraxseen entdeckt wurden, denen fast gleichzeitig ähnliche Aufschlüsse in Kleinasien, bei Suzurlu in der Nähe des Hafens von Panderma, am Marmarameer folgten, während kleinere Vorkommen von Magnesiaborax bereits in Staßfurt gleich bei Beginn des dortigen Salzbergbaues im Jahre 1859 gefunden und als Staßfurtit bezeichnet waren. Die Eröffnung dieser neuen reicheren Fundpunkte bewirkte neben dem raschen Aufschwung der Boraxindustrie auch durch die große Verbilligung des Borax eine rasche Zunahme seiner Verwendung in der Technik, so daß schon im Jahre 1902 die Produktion von Borsäuremineralien in den Vereinigten Staaten (Westküste), Kalifornien und

Oregon 50 000 tons, Chile 15 000 tons, Peru 5000 tons, Bolivia 1500 tons; in Kleinasien (Panderma) 12 000 tons und in Deutschland (Staßfurt) 200 tons betrug, während Italien mit seiner Produktion von rund 2500 tons Borsäure ziemlich stationär blieb, und der Import von indischem Tinkal bis auf 160 tons herunterging. Durch diese Zunahme der Produktion waren aber die Preise des Borax und der Borsäure, welche 1860 noch 3 bezw. 5 Mark pro Kilo betrugen, für Borax auf 0,30—0,32 Mark, für Borsäure auf 0,50 Mark herabgegangen und dadurch die Möglichkeit zu weit ausgedehnterer Verwendung in den verschiedenen Zweigen der Technik geboten. Neben der früher fast ausschließlichen Benutzung bei der Edelmetallverarbeitung und in der Pharmazie dient er jetzt allgemein zum Löten und als Flußmittel, ferner für Emaillen, nicht nur auf Edelmetall, sondern auch auf Blechgeschirre für Küchen und Laboratorien, wie auf Tonwaren und für Glasflüsse. Ausgedehnten Gebrauch findet der Borax für feine Wäsche. Der Borax verhält sich bei seiner alkalischen Beschaffenheit ähnlich der Seife und noch mehr wie Wasserglas, hat aber vor letzterem den großen Vorzug, daß er weniger kaustisch wirkt und deshalb die Haut und die Stoffe lange nicht in dem Maße angreift, wie das Wasserglas und außerdem nicht, wie letztere durch ausgeschiedene Kieselsäure den Stoff hart macht, sondern, da die Borsäure wasserlöslich ist, den Stoff weich erhält, was besonders beim Waschen von Wollwaren hervortritt, wofür der Borax in großen Mengen verwandt wird. Auch die sogenannte Wäsche und Appretur auf Glanz wird mit Stärke und Borax hergestellt. Ferner dient Borax zum Schälen der rohen Seide, wie auch unter dem Namen Kaiserborax als Wasch- und Schönheitsmittel, sodann als Mordant beim Zeugdruck, als Lösungsmittel für Schellack zur Herstellung von Farben und von flüssiger Wichse. Eine ausgedehnte, wenn auch in hygienischer Beziehung nicht unbedenkliche Verwendung findet die Borsäure infolge ihrer antiseptischen Wirkung als Konservierungsmittel für Nahrungsstoffe, Fleisch, Fische usw.

Die Herren werden sich erinnern, daß die Sache gerade 1905 vor den amerikanischen Gerichten eine große Rolle gespielt hat. Es war dabei auch ein hiesiger Gelehrter als Sachverständiger zugezogen. Im ganzen schien man für Borax als Konservierungsmittel nicht günstig gestimmt zu sein. Daß dessen Anwendung hierbei keine allzu knappe ist, geht daraus hervor, daß trotz der angeblich kleinen Mengen, die zur Verwendung kommen, allein in Amerika zur Fleischkonservierung etwa 1000 tons Borsäure jährlich benutzt werden, also schon ein ganz anständiger Posten. Die antiseptische und insektizide Wirkung des Borax ist bei uns nach anderer Richtung seit lange bekannt, so beispielsweise zum Vertilgen der Feuerwürmer. Borsaures Manganoxydul ist die wirksame Substanz im sogenannten Sikkativfirnis. Weitere neue Verwendungen treten den älteren fortwährend hinzu.

Obgleich nun nach den oben gegebenen Zahlen die Borsäuregewinnung von Toskana von den anderen Produktionsstätten weit überholt ist, so bietet sie doch für den Mineralogen und Techniker großes Interesse, das bei mir noch erhöht war durch meine frühere Tätigkeit für die Verarbeitung und Gewinnung von Borsäure in Staßfurt, sowie durch ältere persönliche Beziehungen zu dem Chemiker Philipp Schwarzenberg, der in den 50er Jahren als politischer Flüchtling aus Deutschland nach Florenz ging, dort bis 1870 lebte und in der Borsäureindustrie mit Erfolg tätig war. Gelegentlich einer in diesem Frühjahr unternommenen Reise nach Italien machte ich deshalb von Pisa einen Ausflug nach dem in den Maremmen von Toskana befindlichen Hauptsitz der italienischen Borsäureindustrie, Larderello, dem Zentrum der Gräflich Larderellschen Betriebe. Der Weg dorthin führt auf der Bahn Pisa—Rom nach Cecina und von dort auf einer Nebenbahn im Tale der Cecina aufwärts über Castelina mit seinen Alabasterbrüchen nach Salina, wo sich große Steinsalzlager und Salinen befinden. Von Salina resp. dem auf hohem Gebirgsrücken darüberliegenden schon von den Etruskern erbauten Volterra führt eine gute Straße in drei Stunden nach Larderello am Monte Cerboli. Die Gegend ist ziemlich öde und das Gebirge, welches hauptsächlich aus Serpentin (Gabbro) mit übergelagertem Appeninen-Kalkstein besteht, sehr zerrissen. Schon aus ziemlicher Entfernung sieht man an den Abhängen dichte Dampfwolken aufsteigen, welche die sonst etwas öde Gegend im Wechsel der Beleuchtung eigenartig beleben. Die Dampfausströmungen — Suffioni oder Fumaroli genannt — sind über ein Gebiet von mehreren Quadratmeilen verteilt, doch sind Anlagen zur Gewinnung der Borsäure naturgemäß nur dort gemacht, wo sich zahlreiche Soffionen vereinigt finden. Hauptplatz und Zentrum der Unternehmungen ist wie gesagt Larderello, welches 1818 begründet wurde. Dann folgten 1819 Serrazano und Lustignano, ferner 1824 Monte rotondo, 1827 Castelmare, 1832 Sasso, das an Fumarolen reichste Gebiet, und Lago, wo bereits 1320 durch die ausströmenden Dämpfe ein ganzes Dorf unterwaschen wurde und sich ein See bildete, dessen Wasser neben Borsäure auch freie Schwefelsäure enthält. Die Fumarolen von Travale, welche entfernter liegen, enthalten im Wasser der darüber stehenden Lagoni nur 1,5 Teile Borsäure in 10 000 Teilen Wasser, so daß dort die Gewinnung nur wenig lohnt.

Wenn man weiter aufwärts durch die engen Täler fährt, sieht man überall mächtige Dampfwolken ausströmen, die zum Teil mehr oder weniger hoch gehen. In der näheren Umgebung der Soffioni ist der ganze Boden weich und vom Dampf gelockert, so daß es nicht unbedenklich ist, sich ohne Führer dorthin zu begeben. Es ist vorgekommen, daß selbst Angestellte und Arbeiter der Werke eingesunken und in der kochenden Schlammschicht verbrüht sind. Ich bin seinerzeit in Yellowstone-Park gewesen, der in bezug auf die Ausströmungen und die Geyser ja weit großartiger ist; während man aber dort in Demut und Staunen vor den ungebändigten Naturkräften steht, empfängt der Forscher hier den nicht minder erhebenden Eindruck, daß es dem menschlichen Geist gelungen ist, sich auch diese Kräfte dienstbar zu machen. Die Art, in welcher dies geschehen ist, werde ich Ihnen in folgendem kurz schildern:

Um den schwachen Borsäuregehalt der den Soffioni entströmenden Dämpfe auszunutzen, hatte man anfangs eine Erhöhung und Erweiterung der Krater durch Umwallung derselben mit dem als Verwitterungsprodukt dort reichlich vorhandenen Ton hergestellt und so große Bassins, sogenannte Lagoni geschaffen, die man mit aus einem Bache zugeleiteten Wasser anfüllte, in welchem letzteren sich dann die Dämpfe unter gleichzeitiger Auflösung der in ihnen enthaltenen Borsäure kondensierten. Bei diesem Vorgang muß besonders darauf geachtet werden, daß der Inhalt der Lagoni nicht ins Kochen kommt, da die an sich feuerbeständige und bei höchsten Glühtemperaturen kaum zu verflüchtigende Borsäure die wunderbare Eigenschaft hat, sich mit kochendem Wasserdampf leicht zu verflüchtigen. Um einer zu starken Erhitzung des Inhalts der Lagoni zu begegnen, und gleichzeitig die möglichste Anreicherung des Wassers an Borsäure zu erzielen, hat man früher, mehrere Bassins auf den an den Abhängen der Hügel sich befindenden Dampfausströmungen terrassenförmig übereinander angeordnet und läßt die im obersten Bassin erhaltene schwache Lösung in ein zweites und drittes ebenfalls vom Dampf durchströmtes Bassin fließen. Durch solche sukzessive Anreicherung steigt der Borsäuregehalt der Lösung bei besonders günstigen Umständen von 1,15 ‰ bis 19 ‰. Daß die den Lagoni entströmenden Dämpfe bereits 1827 von Larderel für die weitere Eindampfung und Konzentration der Lösung benutzt wurde, ist schon erwähnt. Zu diesem Zweck wurden die Lagoni mit einem Gewölbe abgeschlossen, resp. überdeckt, aus welchem dann ein seitlich angebrachter, ebenfalls gemauerter Kanal den Abdampf unter die Heizpfanne führte. Der bedeutendste technische Fortschritt wurde aber erst in den Jahren 1838--1840 dadurch gemacht, daß Larderel auf Grund erfolgreicher Versuche der Ingenieure Gazzeri und Manteri an Stelle der bis dahin allein benutzten natürlich hervorbrechenden Soffioni solche künstlich durch Tiefbohrungen schuf und damit einen geregelten, von äußeren Einwirkungen unabhängigen Betrieb gewann. Die mit den in der Tiefbohrtechnik bekannten Apparaten hergestellten und durch Verrohrung entsprechend versicherten Bohrlöcher gehen jetzt in Tiefe bis zu 130 m, doch liefern häufig auch ziemlich flache Bohrungen schon ausreichend starke Soffioni.

Selbstverständlich war bei den so gesicherten und durch Ventilverschlüsse regulierbaren Dampfausströmungen auch eine oberirdische Fortführung der Dämpfe möglich, und damit entfiel auch die Notwendigkeit, die Lagoni auf dem weichen, meist unterwühlten Terrain der wilden Fumaroli zu errichten. An Stelle der terrassenförmigen Lagoni traten vielmehr einzelne größere solid konstruierte Absorptionsbassins, während nunmehr für die Verdampfanlage usw. ein Teil der Dämpfe direkt zugeführt wird, welche dann unter Abgabe ihrer Wärme zu einer schwachen Borsäurelösung kondensiert werden. Zur Zeit sind auf den Werken neben 71 älteren natürlichen mit Lagoni kombinierten Soffioni 330 künstlich erbohrte vorhanden. Die Lebensdauer resp. Tätigkeit der künstlich hergestellten Soffioni ist ebenso wie die der natürlich hervorbrechenden eine verschiedene. Während einzelne 10 Jahre und länger in voller Tätigkeit verbleiben, sind andere intermittierend und werden schon in kurzer Zeit schwächer. Verschieden wie die Dauer und Mächtigkeit ist auch die Temperatur und die Menge der Dampfausströmungen. Haben die aus geringen Tiefen kommenden Dämpfe noch wasserführende Schichten zu passieren, so beträgt ihre Temperatur wenig über 100°, dagegen erreichen die aus tieferen Bohrlöchern kommenden Dämpfe in Sasso 180 bis 190°. Die durchschnittliche Dampftemperatur ist mit 145° ermittelt. Auch die Spannung der ausströmenden Dämpfe ist bei den einzelnen Bohrlöchern je nach der Teufe und nach dem durch die Verrohrung bewirkten Abschluß sehr verschieden. Während sie bei einigen nur 1,5 Atm. beträgt, finden sich andere mit 4 bis 5 Atm. Spannung, die bei frischen Bohrlöchern sogar 7—9 Atm. erreicht. Dem Druck entspricht auch die Geschwindigkeit der Ausströmung. Professor Nasini in Padua hat hierüber in seiner gelegentlich des Internationalen Chemiker-Kongresses in Rom publizierten Schrift: „I Soffioni boraciferi e la Industria dell'acido Borico in Toscana" interessante Angaben gemacht, denen ich die folgenden Zahlen entnehme:

Aus dem Foro della Venella strömt der Dampf mit einer Temperatur von 150° und unter einem Druck von 4 Atm. und mit einer Geschwindigkeit von 106 m per Sekunde aus; es ergibt dies per Sekunde 1,6 cbm Dampf entsprechend 3,9 Kilo; Foro Forte hat bei 162° und 2,5 Atm. Druck eine Ausströmungsgeschwindigketi von 106 m per Sekunde, was 1,6 cbm = 2,33 Kilo Dampf per Sekunde oder 8400 Kilo per Stunde entspricht. Das große Bohrloch di Piazza Anna zeigt bei einer Temperatur von 162° eine Geschwindigkeit der mit 3 Atm. Druck ausströmenden Dämpfe von 172 m per Sekunde; die Dampfmenge beträgt also in der Sekunde 5,4 cbm, welche bei dem angegebenen Drucke einem Gewicht von rund 8 Kilo, also per Stunde rund 29 000 Kilo Wasserdampf entspricht. Wie ersichtlich, korrespondieren Temperatur und Druck der ausströmenden Dämpfe nicht immer mit den für reinen Wasserdampf gültigen Zahlen. Es erklärt sich dies dadurch, daß teils eine Überhitzung der wahrscheinlich aus großen Tiefen von 1000 m und mehr kommenden Dämpfe stattfindet, und anderenteils dem Wasserdampf andere heiße Gase, namentlich Kohlensäure, aber auch Sauerstoff und Stickstoff, sowie Schwefelwasserstoff reichlich beigemengt sind.

Nachdem die ausströmenden überhitzten Dämpfe bereits im Jahre 1890 zum Heizen der für den Maschinenbetrieb erforderlichen Dampfkessel benutzt waren, machte der jetzige Inhaber und Leiter der Larderelschen Werke, Prinz Ginori Conti, im Jahre 1904 den interessanten und erfolgreichen Versuch, die ausströmenden Dämpfe direkt für die Kraftgewinnung zu verwenden, indem er eine gewöhnliche Dampfmaschine direkt mit den gut verrohrten Bohrlöchern verband. Um die volle Bedeutung des hierbei erzielten günstigen Resultats zu erkennen, weise ich nur darauf hin, daß die dem Bohrloch di Piazza Anna stündlich entströmende Menge von 29 000 Kilo Wasserdampf bei gewiß reichlicher Annahme eines Dampfverbrauchs von 10 Kilo per Pferdekraftstunde allein imstande sein würde, nahezu 3000 Pferdekräfte zu leisten, und ist es hieraus leicht erkennbar, welche bedeutende und verschiedenster Anwendung fähige Kraftquelle in der großen Anzahl schon jetzt vorhandener Bohrlöcher, die jederzeit durch Neubohrungen ergänzt werden können, geboten ist. Schon jetzt werden auch die Bohrmaschinen selbst mit dem ausströmenden Dampf betrieben. Man hat sich wohl früher schon in phantastischen Spekulationen darüber ergangen, ob nicht nach Abbau und Erschöpfung der erreichbaren Kohlenlager die innere Wärme der Erde durch Tiefbohrungen erschlossen und als Kraftquelle herangezogen werden könne. Dieser Traum hat sich auf dem vulkanischen Boden von Larderelle zu greifbarer Wirklichkeit gestaltet.

Nach diesem Ausblick auf ein für uns noch fernes Problem möchte ich Ihnen noch in kurzem die dort auch unter alleiniger Benutzung der Erdwärme erfolgende weitere Konzentration und Verarbeitung der in den Lagoni gewonnenen dünnen Borsäurelösungen schildern. 1000 Teile dieser Flüssigkeit enthalten im Mittel 4—4,15 Teile Borsäure und 0,76—1,7 schwefelsaures Ammoniak. Außerdem finden sich darin schwefelsaures Natron, schwefelsaure Magnesia, schwefelsaures Eisenoxyd und Mangan, sowie Gips und etwas organische Substanz.

Die erste Verdampfung dieser dünnen Laugen erfolgt in großen flachen Bleipfannen, welche bei 80—110 m Länge und 1,64 m Breite nur 5 cm Höhe haben und mit leichtem Gefälle von etwa 5° auf den gemauerten Dampfkanälen in offenen Schuppen aufgestellt sind. Die Pfannen sind durch querliegende Bleistreifen, welche abwechselnd an der einen und der anderen Wand einen Durchlaß bieten, geteilt, so daß die oben zugeführte Lauge in langsamem Strom und wechselnder Richtung nach unten fließt und hierbei zugleich einen Klär- und Absetzungsprozeß durchmacht. In den Pfannen, welche durch den aus den Soffioni kommenden Dampf geheizt werden, darf die Temperatur den Kochpunkt nicht erreichen, da sonst Borsäureverluste eintreten würden. Trotzdem kann bei günstigem Wind und Wetter eine dieser Pfannen in 24 Stunden bis zu 100 000 Kilo Wasser verdampfen. Aus den langen offenen Pfannen geht die vorverdampfte Lauge dann in Konzentrationskessel, wo sie wiederum bei 85° bis zur Kristallhaut, d. h. je nach der herrschenden Außentemperatur auf 15—20° Beaumé eingedampft wird und dann in die Kristallisiergefäße abfließt. Nachdem die Kristallisation in 3 bis 4 Tagen erfolgt ist, geht die Mutterlauge noch mehrere Male in die Verdampfpfannen zurück, bis sie an schwefelsaurem Ammoniak genügend angereichert ist. Die auskristallisierte rohe Borsäure enthält etwa

Borsäure	80—82 %,
Schwefelsaures Ammoniak . . .	6—8 %,
Schwefelsaure Magnesia	3—4 %,
Schwefelsaures Natron und -Kali	1—1,5 %,

sowie im Rest noch Gips, Eisenoxyd, Ton und Feuchtigkeit. Diese rohe Borsäure wird teils direkt versandt, teils gleich an Ort und Stelle raffiniert. Die sehr reine raffinierte Borsäure kommt in verschiedenen, den Wünschen des Publikums angepaßten Formen, teils in großen Kristallen, teils in sehr zierlichen Blättchen, sogenannten Paillettes in den Handel und ist fast chemisch rein. Neuerdings wird auch ein Teil der Borsäure gleich an Ort und Stelle zu Borax umgearbeitet.

In den Mutterlaugen der ersten Kristallisation, welche 5—9 % schwefelsaures Ammoniak und 3—5 % Borsäure enthalten, wird der Ammoniakgehalt durch wiederholtes Auskristallisieren und Eindampfen auf 15—20 % erhöht und daraus dann in Apparaten, welche den für Verarbeitung der Gaswasser ähnlich sind, durch Kochen unter Zusatz von Ätzkalk das Ammoniak ausgetrieben, und die Dämpfe in ein Bassin mit Schwefelsäure geleitet, aus welchem das schwefelsaure Ammoniak in bekannter Weise durch Sieblöffel auf die Abtropfbänke geschöpft wird. Das Vorkommen von Ammoniak in den Dämpfen der Soffioni ist zwar nicht von so großer wirtschaftlicher Bedeutung, wie dasjenige der Borsäure, aber an sich sehr interessant, weil Ammoniaksalze als Mineralprodukte selten auftreten.

Über die Bildung von Borsäure wie von Ammoniak in den Fumarolen sind zahlreiche Theorien aufgestellt, deren Erörterung hier zu weit führen würde. Nachdem neuerdings von Professor Nasini die starke Radioaktivität der Dampfausströmungen nachgewiesen ist, gewinnt die von demselben Gelehrten gemeinsam mit Perrone vertretene Annahme, daß die Borsäure der Zerlegung von Turmalinen durch Wasserdampf entstammt, Bedeutung. Solche Turmalinen, die 3—4 % Borsäure enthalten, finden sich in großen Mengen in den Graniten von Elba, und darf man auch annehmen, daß sie in größerer Tiefe im Gebiete der Fumarolen vorhanden sind. Was die Bildung des Ammoniaks betrifft, so hat man sie auch auf Borstickstoff oder Nitride zurückgeführt. Nach dem in dortiger Gegend vielfach konstatierten Auftreten von Petroleum erscheint es mir aber auch nicht undenkbar, daß man hierbei auch mit der Einwirkung von Wasserdampf und Luft auf Karbide rechnen darf. Immerhin steht die Wissenschaft hier noch vor vielen ungelösten Fragen.

Wichtiger und bedeutsamer als alle diese Theorien ist aber die Lehre, welche der Besucher der Larderelschen Werke dort durch die Nutzbarmachung der Naturkräfte für das Wohl des einzelnen, wie der Allgemeinheit empfängt. Worte sind derselben verliehen auf einer Gedenktafel, die unter dem Bilde des Grafen Larderel angebracht ist; diese Inschrift, welche ich unseren Sozialpolitikern vom grünen Tisch, wie unseren Kathedersozialisten zur Beherzigung empfehle, lautet:

Religione e Civilta qui Non indarno insegnarono La necessaria armonia Tra la mano che opera E la mente che dirige Tra il labore che produce E il capitale che lo alimenta	Glaube und Wissenschaft gebieten nicht umsonst die notwendige Harmonie zwischen dem schaffenden Arm und dem führenden Geist, wie zwischen der produzierenden Arbeit und dem Kapital, welches dieselbe fördert.

III. Reisenotizen aus Süd-Italien[1]).

Von Dr. A. Frank, Charlottenburg.

In Italien hat, ebenso wie bei uns, die politische Einigung belebend auf die wirtschaftliche Entwicklung gewirkt, und so sieht der aufmerksame Reisende dort auch nach dieser Richtung viel des Interessanten und Erfreulichen.

Was zunächst das wesentliche Material industrieller Entwicklung, also Charakter und Befähigung des Volkes auch im Süden betrifft, so ist es wohl allgemein anerkannt, daß der Italiener ein geschickter, fleißiger und dabei auch nüchterner und sparsamer Arbeiter ist, Eigenschaften, die man an ihm auch im Auslande voll würdigt. Was in Italien fehlt, oder bisher fehlte, ist die Gelegenheit zu ausreichender Betätigung dieser guten Eigenschaften. Ganz besonders ungünstig liegen dort die Verhältnisse infolge der Unmöglichkeit des Erwerbes von Grund und Boden. Dieser alte Schaden des Landes bedarf dringend einer Reform.

[1]) Nach einem Vortrag, gehalten in der Sitzung des Vereins zur Förderung des Gewerbefleisses am 11. Juni 1900. Z. f. angew. Chemie 1900. S. 278–283.

Ganz besonders schwer lastet auf dem Volke das unglückliche System der Pacht- und Zwischenpachtsverträge, welches, wie im Landbau, so auch in der Provinzial- und städtischen Verwaltung geübt wird. Der meist im Großbesitz befindliche Grund und Boden wird von einem Generalpächter in mehreren Stufen an Zwischen- und Unterpächter abgegeben. Es herrscht auch bei Abhebung der Gemeindesteuern usw. das gleiche System, und die Folge davon ist eine derartige Ausbeutung der unteren Klassen, daß man sich nicht wundern kann, wenn namentlich im Süden soziale Schäden, wie die Maffia, die uns vollständig unbegreiflich sind, noch immer fortbestehen und beinahe unausrottbar erscheinen.

Nach dieser zum Verständnis der Verhältnisse durchaus gebotenen kleinen Abschweifung auf das sozial-politische Gebiet wende ich mich an Hand der Statistik wieder den Tatsachen zu und benutze dabei neben anderen Daten als wertvolle Unterlage eine für die jetzige Pariser Weltausstellung publizierte Arbeit des Commendatore Monzilli, in welcher er gewissermaßen eine Bilanz der wirtschaftlichen Entwicklung Italiens zwischen der Weltausstellung von 1878 und der jetzigen zieht. Danach ergibt sich, daß die Bevölkerung Italiens, welche 1878 nicht ganz 28 Millionen betrug, bis 1900 auf über 32 Millionen gestiegen ist. Die zeitweise Auswanderung von Arbeitern aus Italien, welche i. J. 1878 auf 100 000 Einwohner 282 betrug, erreichte i. J. 1899 die Zahl von 634 für 100 000, und fast im gleichen Verhältnis vermehrten sich die Zahlen der dauernden Auswanderung von 76 für 100 000 in 1878 auf 199 für die gleiche Zahl im Jahre 1899. Immerhin zeigt aber auch die Fläche des kultivierten Bodens in dem vorliegenden Zeitraum eine Vermehrung von 21 Millionen ha auf 23 Millionen, und da Norditalien seit langer Zeit in hoher Kultur steht, so macht sich diese Zunahme des kultivierten Landes namentlich in Süditalien kenntlich.

Was die einzelnen landwirtschaftlichen Betriebe angeht, so hat der Getreidebau in Italien nach der Fläche abgenommen, sich aber nach dem Ertrage erhöht. Der Weinbau hat dagegen nach Fläche und Ertrag zugenommen und zwar stieg der Ertrag von 27 auf 32 Millionen hl. Der Wert der Weinausfuhr ist von 12 Millionen Lire resp. Franks in 1878 auf 68 Millionen Franks in 1899 gestiegen. Die Kultur und Produktion der Olivenpflanzung hat der Quantität nach zwar abgenommen, sich dagegen betreffs der Qualität wesentlich verbessert. Es dürfte hierbei wohl die in den letzten Jahren sehr mächtig gewordene Konkurrenz des amerikanischen Baumwollsamenöls mitgewirkt haben. Eine starke Zunahme zeigt die Produktion der Südfrüchte, indem die Zahl der Fruchtbäume von 12 auf 17 Millionen, die der geernteten Früchte von 2 600 Millionen auf 4000 Millionen gestiegen ist. Der Export von Südfrüchten, Orangen, Zitronen usw. stieg von 977 000 auf 2 400 000 Ztr. Nach mir in Sizilien gewordenen Mitteilungen ist jedoch auch hierbei in den letzten Jahren durch die amerikanische Konkurrenz (Florida und Kalifornien) der Gewinn stark herabgedrückt, so daß man jetzt bei Neuanpflanzungen sich der lohnenderen Mandelkultur mehr zuwendet. Von den landwirtschaftlichen Gewerben zeigen Spiritusbrennerei und Brauerei keinen Fortschritt, dagegen nimmt die Fabrikation des Rübenzuckers zu; dieselbe hat i. J. 1898 zirka 8 000 000 kg, also etwa ein Zehntel des italienischen Zuckerverbrauchs produziert; auch hierbei bilden aber die schweren Lokalsteuern ein großes Hemmnis. Der Gesamtwert der Ausfuhr landwirtschaftlicher Produkte stellt sich auf 735 Millionen Franks, der Gesamtwert der landwirtschaftlichen Produktion Italiens, mäßig geschätzt, auf 5 Milliarden. So bedeutend diese Summe ist, so ergibt doch die Rechnung, daß daraus nur 43 Centesimi pro Tag und pro Kopf der Bevölkerung entfallen, und folgt schon hieraus, daß Italien als Ackerbaustaat nicht zu bestehen vermag, vielmehr wie andere Länder zur Ernährung seiner zunehmenden Bevölkerung der Industrie dringend bedarf. Das hat man auch in Italien erkannt und sich mit aller Energie auf die Ausbildung und Erweiterung der Industrie geworfen, wobei sich die merkwürdige Erscheinung zeigt, daß man trotz der in diesem Lande seit lange bestehenden kunstgewerblichen Tätigkeit das Möglichste tut, um die Großindustrie und die Fabrikbetriebe dort einzuführen.

Nun besteht freilich für Italien in dem Mangel an Brennmaterial und namentlich an mineralischen Kohlen ein großes Hemmnis. Die wenigen, schon in Angriff genommenen Lignitlager, welche sich in Toskana und in den Marken befinden, sind von geringer Qualität und unter keinen Umständen für Deckung des Bedarfs ausreichend, und ist Italien deshalb auf die Einfuhr fremder Kohlen angewiesen. Der Import von Kohlen hat sich nun (und das ist ein sehr wertvoller Maßstab für die Entwicklung der Gesamtindustrie) von 1 300 000 tons in 1878 auf 4 800 000 tons in 1899 erhöht. Freilich erfordert dies die sehr schwere Abgabe von 140 Millionen Franks an das Ausland. In neuester Zeit ist nun aber den Italienern, namentlich im Norden, durch die Ausnutzung der Wasserkräfte und deren Fortleitung und Verteilung auf elektrischem Wege eine ganz bedeutende Hilfe gekommen, die man auch dort mit Energie und Verständnis ausnutzt. Es tritt dies schon jetzt in der Ausdehnung älterer und in der Entwicklung neuer Industriezweige zutage.

Das Vorkommen und die Gewinnung des Schwefels in Sizilien sind die bedeutendsten der ganzen Welt. Es gibt zwar noch eine große Anzahl anderer Schwefellager; namentlich kommt in Italien selbst noch Schwefel in der Romagna vor, und wurden ferner neuerdings im Kaukasus, in Japan, in Venezuela und in den Vereinigten Staaten große Schwefellager aufgeschlossen, über die ich nachher noch kurz berichten werde, aber bis heute ist Sizilien die größte und maßgebendste Produktionsstätte geblieben. Die Hauptdistrikte für die Schwefelgewinnung liegen dort bei Girgenti, Cattolica, Licata, Caltanisetta, Racalmuto, Zolfari, Comittini; die Schwefelregion hat eine Ausdehnung von 160 bis 170 km von Ost nach West und 85—90 km von Nord nach Süd.

Ähnlich wie bei uns in einigen bergrechtlichen Bezirken Salz, Braunkohle und Eisenstein, ist auch in Sizilien der Schwefel Eigentum der Grundbesitzer, und infolge davon hat sich dort eine große Anzahl kleiner Betriebe etabliert; hieraus haben sich wieder alle die Schäden und Nachteile, die wir in unseren hiesigen Eigenlöhner- und Kleinbetrieben kennen, bei den dortigen, noch komplizierteren Besitz- und Arbeiterverhältnissen in noch größerem Maßstabe ausgebildet. Immerhin ist eine Besserung schon so weit zu merken, als zur Zeit nur etwa noch 25 % der Schwefelminen von den Grundbesitzern betrieben werden, während 75 % verpachtet sind; doch besteht auch hier die Pacht meist in Naturalanteilen, welche von 10—35 % des gewonnenen Produktes variieren. Man kann schon hieraus ersehen, wie schwierig unter solchen Verhältnissen die Einführung von Verbesserungen ist, da der Grundbesitzer und resp. Verpächter jeder Änderung, welche den Betrieb eine Zeitlang hemmt, widerstrebt, und so ist es denn gekommen, daß vor etwa 10 Jahren eine englische Kompagnie, welche auf einer von ihr gepachteten Schwefelgrube eine Dampfmaschine aufstellte, von den Grundbesitzern im Wege der Klage 2 Jahre lang gezwungen wurde, auf die Benutzung dieser Maschine für Förderung der Schwefelerze zu verzichten, und die alte verrufene Fördermethode, bei der die Schwefelerze durch Knaben von 10—12 Jahren auf meist sehr steilen Treppen heraufgeschleppt werden mußten, weiter zu verwenden; aber auch diese Verhältnisse haben sich in der letzten Zeit wesentlich verbessert, und die düstren Schilderungen, die uns jetzt von der Not der Bergleute und namentlich von dem Mißbrauch jugendlicher Arbeitskräfte in den Schwefelgruben gemacht werden, sind größtenteils übertrieben. Im sizilianischen Schwefelbergbau ist der kleine Industrielle, welcher Mangel an Kapital leidet, wie überall sonst, nicht imstande, Verbesserungen des Betriebes einzuführen, vielmehr ist er, um leistungsfähig zu bleiben, auf eine weitgehende Ausnutzung der Arbeitskräfte, selbst unter ungünstigsten Abbauverhältnissen, angewiesen, dagegen sieht die mit ausreichendem Kapital ausgerüstete Großindustrie ihren eigenen Vorteil darin, die Arbeiter möglichst zu schonen und auf solche Weise deren Kräfte für wirklich lohnende Arbeit zu verwerten.

Die jetzigen Tagelöhne der Bergleute betragen nach der Einsicht, die ich selbst dort auf den Gruben genommen habe, 3 Franks und sind zum Teil sogar noch höher, und das ist in Sizilien bei dortigem Klima und Lebensverhältnissen ein sehr auskömmlicher Lohn, was man am besten daraus ersieht, daß die Leute selten mehr als vier Tage in der Woche arbeiten. Sie haben dann genug verdient und gehen dann für die übrige Zeit auf ihre kleinen Weinberge oder Pachtäcker, wenn sie es nicht vorziehen, sich dem dolce far niente zu widmen. Die Grubenbesitzer klagen weit mehr über den Mangel an geschulten Arbeitskräften, als die Arbeiter über fehlende Arbeit. Die Tagelöhner werden freilich niedriger bezahlt; deren Lohn stellt sich auf 1,50—1,70 Franks, doch erscheint auch dies mit Rücksicht auf die billige und einfache Lebenshaltung noch als auskömmlich.

Von Bergwerken existieren heute etwa 500, natürlich von der kleinsten Quetsche bis zu den bedeutendsten und sehr rationell geführten Betrieben. Die Gesamtproduktion an Schwefel beträgt jetzt durchschnittlich 400 000 tons per Jahr.

Wie schon gesagt, besteht der Schwefelbergbau in Sizilien bereits seit Jahrhunderten. Bis 1831 gab es aber keine Statistik; die Ausbeuten werden bis zu diesem Jahre auf 2 000 000 tons geschätzt; von 1831 bis 1885 wurden 8 000 000 tons und von 1885 bis 1892 2 400 000 tons Schwefel gewonnen, resp. exportiert. Der Gesamtvorrat an Schwefel, soweit er bis jetzt aufgeschlossen ist, wird auf 65 000 000 tons geschätzt.

Was nun zunächst den Bergbau anbetrifft, so ist er infolge der bereits erwähnten Fehler des Kleinbetriebes und des früheren Mangels amtlicher Aufsicht und Anleitung nicht so sorgfältig, wie wir es bei uns gewohnt sind. Immerhin sind auf den besseren Gruben überall Grubenkarten vorhanden, und es sind jetzt auch von der italienischen Regierung Berginspektoren bestellt, die zum Teil in Berlin studiert haben und bemüht sind, möglichst rationelle Arbeitsverhältnisse einzuführen; daß sie dabei den örtlichen Verhältnissen Rechnung tragen, ist nur vernünftig.

Die Schwefelerze kommen in verschiedenen Gehalten vor; es gibt z. B. in den Gruben von Villarosa und Sommatino einzelne sehr reiche Nester, welche bis 70 % Schwefel enthalten; im Durchschnitt der Förderung werden als reichste Erze solche mit 30 bis 40 %, als reiche solche mit 25—30 % und als Mittelerze solche mit 20—25 % Schwefelgehalt bezeichnet. Die ersteren liefern ein Ausbringen von 20—25 %, die zweiten ein solches von 15 bis 20 und die Mittelerze ein solches von 10—15 % verkäuflichen Schwefels. Der Durchschnittsgehalt der geförderten Erze stellt sich auf 20—22 %. Schwefelerze unter 8 % Schwefelgehalt lohnen die Förderung überhaupt nicht. Es liegt dies in der Ausnutzung und Verarbeitung des Schwefels, die, den örtlichen Verhältnissen entsprechend, immerhin noch an vielen Stellen eine sehr primitive ist. Bei der ältesten Methode der Verarbeitung der Schwefelerze wurden dieselben bekanntlich einfach zu kleinen offenen Meilern, sogenannten Calcarelli, aufgetürmt, die man dann durch Anzünden von darunterliegenden Reisigbündeln in Brand setzte. Der hierbei teilweise verbrennende Schwefel brachte den in den oberen Lagen enthaltenen Schwefel zum Schmelzen, welcher dann in flüssiger Form in eine am Boden und am Rande des Meilers befindliche Vertiefung absaigerte und dann ausgeschöpft wurde. Man erhielt auf diese Weise nur etwa 5—8 % verkäuflichen Schwefels aus den Erzen. Ein Fortschritt wurde dann in den 40er Jahren dadurch gemacht, daß man die Meiler bedeutend vergrößerte, indem man ihnen einen Durchmesser von 12—15 m und eine aus Gipssteinen aufgeführte, mit Heiz- und Ablaufkanälen versehene Grundmauer, sowie Seitenwände gab und dann durch Bedeckung und durch regelmäßige Zuführung der Luft, wie bei unseren Kohlenmeilern, die Führung des Feuers durch die ganze Masse regulierte. In diesen als Calcaroni bezeichneten Rösthaufen erhöhten sich die Ausbeuten bis zu 15 %; ein solcher Rösthaufen brannte bei 200 cbm Gehalt etwa einen Monat, bei 700 cbm Gehalt zwei

Monate. Auch dieser verbesserte Meilerbetrieb hat aber neben dem Verlust an Schwefel noch den großen Nachteil, daß der verbrannte Schwefel als gasförmige schweflige Säure in die Atmosphäre geht, welche auf die Kulturen in der Umgegend der Werke einen äußerst schädlichen Einfluß ausübt. Die Grubenbesitzer wurden hierdurch zunächst vielfach in Prozesse verwickelt und schließlich durch Gesetz gezwungen, den Calcaronibetrieb in der Zeit, in welcher die Feldfrüchte in Blüte standen, ganz einzustellen. Hierdurch wurden sie genötigt, sich nach anderen verbesserten Methoden der Schwefelgewinnung umzusehen, resp. solche bei dem Calcaronibetrieb einzuführen.

Im wesentlichen finden hierfür zweierlei Verfahren Verwendung, von denen sich das erste der älteren Methode insofern nähert, als bei derselben in gänzlich geschlossenen gemauerten Öfen die Absaigerung und Ausschmelzung der Schwefelerze ebenfalls noch durch Verbrennen eines Teiles des Schwefels bewirkt wird, während bei den anderen Apparaten die zum Ausschmelzen nötige Hitze von außen durch Dampf zugeleitet wird. Von der erstgenannten Konstruktion, welche auf den Werken als Forni bezeichnet wird, sind namentlich die durch Gill eingeführten Zellenöfen vielfach im Gebrauch, die in ihrer Disposition große Ähnlichkeit mit den Hoffmann'schen Ringöfen haben. Es sind 3—4 Öfen zusammengebaut, die dann in der Weise arbeiten, daß die heißen Gase, die aus dem zweiten Ofen herausgehen, noch durch den dritten und vierten zur Vorwärmung der Masse geführt werden, während durch den ersten bereits ausgeschmolzenen Ofen Luft einströmt, welche dann noch entsprechend vorgewärmt, dem zweiten in Brand stehenden Ofen zugeführt wird. Es wird durch diese Regeneration eine bedeutende Wärmeökonomie erzielt, und ist es auch infolgedessen nicht nötig, eine so große Menge Schwefel wie in den Meilern als Heizmaterial zu verbrennen, woraus sich dann wieder eine geringe Ausströmung von schwefliger Säure in die Atmosphäre ergibt. Eine nahezu vollständige Gewinnung des in den Erzen enthaltenen Schwefels, verbunden mit gänzlichem Ausschluß der Entwicklung von schwefliger Säure wird durch das andere System der Ausschmelzung mit überhitztem Dampf erzielt. Da der Schwefel schon bei 110° schmilzt, so sollte eigentlich eine Dampfspannung von 2 Atmosphären schon genügen, um denselben von der beigemengten Bergart zu trennen. In der Praxis ist man jedoch gezwungen, behufs rascher Durchheizung und Ausnutzung der Apparate Dampf von $3^1/_2$—4 Atmosphären für diesen Zweck zu benutzen. Man füllt die auszuschmelzenden Schwefelerze in starke Zylinder aus Eisenblech, die oben und unten mit einem durch Schrauben befestigten Deckel geschlossen werden können, und läßt dann in diese gefüllten und verschlossenen Kessel hochgespannten Dampf eintreten. Hierdurch wird der Schwefel zum Schmelzen gebracht, sammelt sich am Boden des senkrecht stehenden Kessels und wird durch ein dort angebrachtes Ventil in davorgesetzte Kästen abgelassen, welche die Form der als Calate bezeichneten, zirka 60 kg schweren Schwefelbrote haben. Nach dem Ausschmelzen des Schwefels und dem Ablassen des Dampfes wird dann der untere Boden des Kessels gelöst und die vom Schwefel befreite Gangart in kleine Wagen gestürzt, in denen sie auf die Halde gefördert wird. Da man bei diesem Verfahren des Ausschmelzens mit Dampf nicht nur eine größere Ausbeute und einen vorzüglich reinen Schwefel, sondern auch die Beseitigung der mit dem Betrieb der Calcaroni und Forni verbundenen Ausströmung von schwefliger Säure erzielt, so sollte man auf den ersten Blick glauben, daß die Ausdämpfmethode alle anderen rasch verdrängen müßte. Tatsächlich ist dies aber nicht der Fall, da neben den hohen Anlagekosten der Dampfapparate die sehr bedeutenden Aufwendungen für Beschaffung der zu ihrer Heizung nötigen englischen Kohlen hinzutreten. Es stellen sich bei normalen Preisen die Arbeitskosten per ton Schwefel beim Betriebe der Calcaroni und Forni bei 14 % Ausbringen an Sekundaschwefel auf 41 Franks per ton, während mit Dampfapparaten mit durchschnittlich 18—19 % Ausbringen an Primaschwefel die Gesamtkosten etwa 43½ Franks per ton betragen. Augenblicklich kostet aber englische Kohle in Sizilien loko Grube zirka 45 Franks per ton, was einer Preiserhöhung von 70 bis 80 % über normal gleichkommt, und hat man aus diesem Grunde das Ausschmelzen mit Dampf nur auf die reichsten Erze und auf die Zeit beschränkt, in der man durch die gesetzlichen Bestimmungen verhindert ist, Calcaroni oder Forni zu betreiben. Erwähnen möchte ich bei dieser Gelegenheit, daß neuerdings amerikanische Kohle mit Vorteil nach Italien bezogen ist und sich 5—6 Franks per ton niedriger stellte als englische. Selbstverständlich kann ein solches Resultat nur durch günstige Frachtkombinationen erzielt werden. Immerhin gibt die Konkurrenz der Amerikaner auch auf diesem Gebiete viel zu denken.

Für die Extraktion des Schwefels aus den Erzen sind noch eine Reihe anderer Methoden vorgeschlagen, wie z. B. seinerzeit das in der Romagna geübte Ausschmelzen mit Salzlösungen oder das bei der früheren Schwefelgewinnung in Sosnovice angewendete Lösen und Extrahieren des Schwefels mittels Schwefelkohlenstoffs, doch haben sich diese Verfahren in Sizilien nicht als praktisch durchführbar erwiesen.

Um auch die ärmeren Schwefelerze und namentlich das früher als grauer Schwefel direkt verkaufte mulmige und tonige Erzklein vorteilhaft zu verwerten, hat man neuerdings die Etablierung von Schwefelsäurefabriken in den Hauptverschiffungshäfen Port Empedocle und Catania in Erwägung gezogen. Für die so gewonnene Schwefelsäure würde sich auch in Sizilien selbst vielleicht eine Verwendung finden lassen zur Verarbeitung des jetzt nach England exportierten zitronensauren Kalkes auf Zitronensäure und eventuell zur Herstellung von Düngemitteln aus den jetzt in den nahen Gebieten von Algier und Tunis zur Förderung gelangenden reichen Phosphaten. Bei den großen Hemmnissen, welche einerseits Kapitalmangel und andererseits die durch die schlechte Kommunalverwaltung geschaffenen Schwierigkeiten der Entwicklung neuer Industriezweige bereiten, dürfte jedoch auch die Ausführung dieser Schwefelprojekte noch geraume Zeit in Anspruch nehmen.

Der Transport des rohen Schwefels nach den Verschiffungsplätzen findet in der verschiedensten Art statt, teilweise sogar mittels Tragtieren. Große Mengen werden auch auf den landesüblichen zweirädrigen Karren befördert, doch sind neuerdings nach einzelnen der Hauptgruben Schmalspurbahnen gelegt, welche mit kleinen Lokomotiven betrieben werden und wesentliche Ersparnisse in den Transportkosten ermöglichen.

Bevor ich auf die statistischen und kommerziellen Verhältnisse der sizilianischen Schwefelindustrie eingehe, möchte ich in kurzem einen Überblick der mit Sizilien konkurrierenden anderen Produktionsstätten geben, welche letztere jedoch in ihrer Gesamtheit bisher nur einen mäßigen Bruchteil der sizilianischen Produktion darstellen.

In erster Linie nenne ich hier die Schwefelgewinnung auf dem italienischen Festlande, in der Romagna, welche ebenfalls seit altersher betrieben wird und sich von der sizilianischen jetzt nur wenig unterscheidet, während dort früher ein Teil des Schwefels nicht durch Schmelzen, sondern durch Destillation in sogenannten Doppioni erhalten wurde.

Die Gewinnung von Schwefel in Griechenland, bei Melos und Korinth, ist unbedeutend, ebenso die schon erwähnte Schwefelextraktion aus erdigen Erzen in der Nähe von Sosnovice nahe Krakau.

Auch die seit lange bestehende Schwefelgewinnung in Mexiko, woselbst der Schwefel im Krater des Popocatepetl in einer Höhe von 17 000 Fuß von den Indianern gewonnen wird, ist nicht von Belang.

Großes Interesse bietet dagegen die erst seit Ende der 80 er Jahre in Angriff genommene Schwefelgewinnung Japans, um so mehr, weil man dort sogleich alle Hilfsmittel der Technik herangezogen hat. Das Hauptvorkommen in Japan ist auf der Insel Hokaido und ist ebenso wie das in Sizilien vulkanischen Ursprungs. Die Erze sind sehr reich; sie enthalten teilweise bis 90 % Schwefel. Als Primaerze sind solche mit 75 % Schwefel, als Sekundaerze solche mit 50 % und als Tertiaerze solche mit 35 % Schwefel bezeichnet. Behufs Ausnutzung der Gruben hatte man dort gleich mit dem Bau einer 40 km langen Schmalspurbahn nach dem Kushirofluß begonnen. Auf diesem Flusse werden die Erze nach dem Hafen Kushiro gebracht, in dessen Nähe sich Steinkohlenlager befinden, die man ebenfalls gleich in Angriff nahm, um mit Hilfe des so gewonnenen Brennstoffes den Schwefel mittels Dampf auszuschmelzen. Die Produktion betrug i. J. 1890 26 000 tons, wovon ein großer Teil nach den westlichen Vereinigten Staaten, sowie nach China und Australien ging, da der gelieferte Schwefel, von dem ich in Oregon und St. Franzisko selbst größere Partien gesehen habe, vorzüglich rein war. Infolge des Sinkens der Preise des sizilianischen Schwefels hat jedoch der Export des japanischen sich vermindert und betrug i. J. 1894 nur 18 700 tons, i. J. 1896 12 500 tons und in 1897 nur 9700 tons in Form von raffiniertem Schwefel. Es ist aber wohl anzunehmen, daß ein großer Teil des in Japan produzierten Schwefels jetzt für die im Lande selbst entstandenen Schwefelsäure- und Zellulosefabriken Verwendung findet.

In den Vereinigten Staaten finden sich reiche Schwefellager in Utha bei Covecreek und Frisco, deren Ausbeutung aber infolge der hohen Landtransportkosten nur eine geringe ist. Ein sehr mächtiges Schwefelvorkommen wurde beim Bohren nach Petroleum vor einigen Jahren im Staate Louisiana bei Lake Charles aufgefunden. Dieses zirka 32 m mächtige Lager enthält im Durchschnitt 70—80 % Schwefel, ist aber mit gewöhnlichen Schachtabteufen nicht erreichbar, weil sich darüber neben etwa 33 m festem Gestein eine Schicht von mehr als 100 m schwimmendes Gebirge befindet. Da der Versuch, dieses Hindernis durch Abteufen eines Schachtes nach dem System von Kind Chaudron zu überwinden, kaum Aussicht auf Erfolg bot, so hat der bekannte amerikanische Ingenieur-Chemiker Frash mit Hilfe der American Sulphur Company, welcher dieses Lager gehört, den sehr interessanten Versuch gemacht, den Schwefel in der Lagerstätte selbst zu schmelzen und dann in flüssiger Form herauszuheben. Zu diesem Zweck hat Frash mittels Bohrungen ein Rohr von 10 Zoll Durchmesser bis in das Schwefellager herabgetrieben. In dieses Rohr setzt er ein zweites engeres von etwa 3 Zoll Durchmesser und führt nun in dem zwischen beiden Röhren entstandenen Raum unter hohem Druck Wasser herab, welches auf 165—170 ° C erhitzt ist. Dieses heiße Wasser bringt die Schwefellagen in der Umgebung des Rohres zum Schmelzen, und wird dann der flüssige Schwefel durch das innere dreizöllige Rohr entweder durch eine mit Aluminium-Ventilen versehene Pumpe oder durch einen nach Art der Mammuthspumpen konstruierten Hebeapparat gefördert. Leider hat sich diese geniale Idee aber in der Praxis nicht bewährt. Es ist zwar bei einzelnen Bohrlöchern gelungen, mehrere 100 tons flüssigen Schwefels zu fördern, dagegen haben andere schon nach kurzer Zeit versagt; und unter allen Umständen ist der Aufwand von Brennstoffen zur Beschaffung des für die Wärmeübertragung nötigen überhitzten Wassers ein ganz enormer gewesen, so daß nach den letzten Berichten die Versuche mit dem Frashprozeß eingestellt sind.

In Neu-Kaledonien auf den Inseln Tanna und Vanna-Lava bei Sulphur Bai Port Resolution ist vor einigen Jahren von einer französischen Gesellschaft die Verarbeitung mächtiger und reicher Schwefellager mit einem durchschnittlichen Gehalt von 48—58 % Schwefel in Angriff genommen, doch liegen bisher noch keine Berichte über den Erfolg vor. Große Erwartungen werden ferner neuerdings durch ein in Venezuela in der Nähe von Karupano 15 km von der Küste erschlossenes mächtiges Schwefellager angeregt. Die Schwefelerze sollen dort auf einer Fläche von mehr als 300 000 qm zutage liegen und sich bis zu bedeutender Tiefe erstrecken. Als Durchschnittsgehalt der Erze wird 62 % angenommen; bezügliche Muster sind nach Europa gekommen. Das

Schwefellager bei Karupano war bis vor kurzem im Besitz der Venezuela Trading and Investment Company in New-York, nach deren Angaben sich der Preis des Schwefels auf 17 Mark franko Schiff Karupano und auf 26 Mark per ton franko New-York stellen sollte. Trotz dieser überaus günstigen Kalkulation haben jedoch die Amerikaner ihren Besitz einer deutschen Gesellschaft, welche sich für diesen Zweck vor kurzem bildete, überlassen. Letztere soll nun beabsichtigen, eine Drahtseilbahn von den Gruben nach Karupano zu bauen und an letzterem Ort Hafenbauten mit Molen und Verladeeinrichtungen vorzunehmen. Ob Verzinsung und Amortisationskosten aller dieser Einrichtungen durch die oben genannten äußerst niedrigen Preise mit gedeckt werden, vermag ich nicht zu beurteilen.

Als ein beachtenswerter Mitbewerber auf dem Schwefelmarkte hat sich dagegen schon jetzt der sogenannte Chance-Claus-Prozeß erwiesen, nach welchem der in den Sodarückständen des Leblanc-Verfahrens verbleibende Schwefel in sehr vollkommener Weise (bis zu 90 %) wiedergewonnen wurde. Hätte die Sodaindustrie nicht mit dem Ammoniakprozeß und mit dem elektrischen Verfahren in den letzten Jahren neue Wege eingeschlagen, so würde die Schwefelgewinnung aus den Rückständen des Leblanc-Verfahrens für den sizilianischen Schwefelbergbau noch bedenklichere Folgen haben, da in diesem Falle allein die englische Sodaproduktion aus ihren Rückständen eine Ausbeute bis zu 200 000 tons Schwefel erzielt hätte. Der Umstand, daß die Sodaindustrie jetzt in einem Umwandlungsprozeß begriffen ist und daß sich die Einrichtungskosten für den Chance-Claus-Prozeß der Schwefelgewinnung sehr hoch stellen, hat viele englische und fast alle kontinentalen Sodafabriken bestimmt, auf dessen Einführung einstweilen zu verzichten, so daß nach diesem Verfahren bisher nur etwa 40 000 tons Schwefel p. a. in England hergestellt werden. Immerhin hat auch diese Produktion sich auf dem Schwefelmarkte sehr fühlbar gemacht, um so mehr, als sie zu einer Zeit eintrat, in welcher die Preise des sizilianischen Schwefels infolge der dortigen Überproduktion, sowie infolge der weiter ausgedehnten Anwendung der Schwefelkiese in der Schwefelsäurefabrikation, sehr gedrückt waren. — Einen Überblick der Marktverhältnisse des Schwefels liefert die hier beifolgende aus amtlichen Quellen entnommene Statistik des italienischen Schwefelexports, der Vorräte und der Marktpreise in den letzten Jahrzehnten:

Jahr	Gesamt	Sicilien	Preis Lire	Vorrat Sicilien
1860	157 000	150 000	120,—	
1865	171 000	162 000	—	
1870	203 700	180 200	121,—	
1875	207 400	173 400	142,—	
1880	359 600	312 900	100,—	
1885	425 500	372 200	83,—	
1890	369 200	328 000	77,—	
1891	395 000	347 500	113,—	117 900
1892	418 535	374 300	95,—	175 000
1893	417 600	374 800	72,—	210 000
1894	405 000	323 000	62,50	198 000
1895	385 000	347 000	55,—	203 000
1896	426 000	396 700	75,—	222 900
1897	499 000	410 500	92,—	240 000
1898	488 000	447 000[1])	92,—	248 000

Wie aus dieser Darstellung ersichtlich, hatte die seit 1880 eingetretene bedeutende Zunahme der sizilianischen Schwefelproduktion eine starke Vermehrung der Vorräte und einen durch das erhöhte Angebot verursachten starken Preisfall zur Folge, letzteres um so mehr, als gerade in der ersten Hälfte des letzten Dezenniums die drohende Konkurrenz des Chance-Claus-Verfahrens auftrat. Da jedoch auch das letztere bei einem Preise des Schwefels von 55—60 Franks kaum noch die auf seine Einrichtung verwendeten großen Kosten lohnte, und da ferner diese sehr niedrige Preisnotierung des sizilianischen Schwefels selbst auf die Marktpreise des Schwefelkieses ungünstig wirkte, so bildete sich bekanntlich i. J. 1895 unter Mitwirkung großer Kapitalisten, welche an den hier genannten verschiedenen Betrieben interessiert waren, die Anglo-Sicilian-Sulphur-Company. Zweck dieser Gesellschaft war, durch Regulierung der ungemessen gesteigerten sizilianischen Schwefelproduktion, sowie durch entsprechende Kontrolle und Vereinigung des Marktes die Gestehungs- und Verkaufskosten des Schwefels wieder in ein richtiges Verhältnis zu bringen. Das i. J. 1896 für 5 Jahre gebildete Syndikat setzte

[1]) Die Schwefelkiesproduktion der Welt — abgesehen von kupferhaltigen Kiesen — betrug 1897 = 1 041 000 tons, entsprechend 470 000 tons Schwefel.

Der Schwefelkiesverbrauch in den Vereinigten Staaten, welcher 1881 nur 8000 tons betrug, war 1890 = 225 000 tons und 1898 = 446 009 tons.

Die Schwefelsäureproduktion der Vereinigten Staaten, welche früher fast nur Schwefel verwendete, betrug 1880 285 000 tons 66 grd.; 1890 510 000 tons; 1898 1 000 000 tons; von dieser Produktion fanden 35 Proz. für Petroleumraffination und 53 Proz. für Herstellung von Superphosphaten Verwendung.

sich zunächst mit den Eigentümern der zahlreichen sizilianischen Schwefelwerke in Verbindung und garantierte diesen für 5 Jahre einen festen Preis von 78 Franks per ton einschließlich der 11 Franks betragenden Exporttaxe. Für den Fall der Aufhebung der letzteren, welche tatsächlich in 1897 bis auf 1 Franks per ton erfolgte, sollte auch der hierdurch erzielte Gewinn dem Schwefelproduzenten zufallen. Gegenbedingung war eine der jeweiligen Marktlage entsprechende Reduktion der Schwefelförderung auf den Gruben, welche zunächst auf 18% festgesetzt wurde. Für die englische Schwefelerzeugung nach dem Chance-Claus-Prozeß wurde ein Quantum von 40000 tons per Jahr reserviert. Obgleich es nun dem Syndikat nicht gelang, alle sizilianischen Schwefelproduzenten in seine Hand zu bringen, so hatte es sich doch bis Ende des Jahres 1897 die Kontrolle über 75—80% der Schwefelproduktion gesichert und war dadurch imstande, eine wesentliche Erhöhung der Preise bei gleichzeitiger mäßiger Vermehrung des Konsums zu bewirken. Behufs besserer Ausnutzung des in seinem Besitz befindlichen Rohschwefels verschaffte sich das Syndikat dann auch noch die Kontrolle über die größeren auf Sizilien (Catania, Messina usw.) bestehenden Schwefelraffinerien, welchen es den Rohschwefel lieferte und die raffinierte Ware abnahm.

Ob jedoch das Syndikat trotz aller dieser durch seine kaufmännische Geschicklichkeit und Energie erzielten Erfolge auch ferner weiter geführt werden kann, erscheint noch zweifelhaft. Die sizilianischen Grubenbesitzer, welche von der Tätigkeit des Syndikates den größten Nutzen hatten und durch die ihnen gewährte Hilfe erst wieder zu Kräften gekommen sind, weigern sich jetzt, irgend welche Konzessionen zu machen, weil auch die nicht unter Kontrolle des Syndikates stehenden Outsider von der Besserung der Marktlage profitieren.

Sollte dieses unverständige Vorgehen eine Auflösung des Syndikats zur Folge haben, so würde hierdurch, wie durch die starke Anhäufung der Schwefelvorräte in Sizilien eine noch schlimmere Krisis hervorgerufen werden, als es die von 1895 war, und gerade die kleinen Grubenbesitzer, welche jetzt durch ihre überspannten Anforderungen die meisten Schwierigkeiten machen, werden dann am meisten zu leiden haben.

Ich bin auf die Aktion der Anglo-Sicilian-Sulphur-Company etwas näher eingegangen, weil sie auch für die Wirksamkeit und Entwicklung anderer Syndikate lehrreiche Winke bietet.

IV. Ueber Ammoniaksoda und Ammoniakgewinnung bei der Kokerei.

Von Dr. Frank, Charlottenburg.[1])

Meine Herren, gestatten Sie mir einige kleinere Mitteilungen über Ammoniaksoda und Ammoniakgewinnung bei der Kokerei. Es ist Ihnen vielleicht erinnerlich, daß, als bei der Wiener Ausstellung die Solvaysche Sodafabrikation zunächst als Großindustrie auftrat, man schon das Ende der alten nach Leblancs Prozeß arbeitenden Sodafabriken gekommen wähnte. Diese Voraussicht hat sich nun zwar nicht erfüllt, aber der Solvay-Prozeß hat sich seitdem doch in bedeutender Weise fortentwickelt und es arbeiten jetzt eine Reihe großartig angelegter Fabriken, zum Teil unter Solvays bezw. der in Paris und Brüssel domizilierten Compagnie Solvay eigener Regie, deren Produktion sich auf dem Sodamarkte um so fühlbarer macht, als die Qualität und Reinheit der Ammoniaksoda die aller anderen Sodasorten weit überragt. Es war mir im vorigen Herbst, gelegentlich einer Studienreise in England, durch die Freundlichkeit eines deutschen Kollegen, des auch in anderen Zweigen der chemischen Großindustrie in Deutschland und England durch bedeutende Leistungen wohlbekannten Herrn Ludwig Mond in Northwich, Gelegenheit geboten, einen spezielleren Einblick nebst zuverlässigen Angaben in dies neue System der Sodafabrikation zu erhalten, die ich Ihnen kurz mitteilen möchte, um damit zugleich von meinem Standpunkte aus die vielfach erörterte Frage zu beantworten, wie weit das System der Solvayschen Sodafabrikation, welches sich, abgesehen von einigen kleineren Versuchsanstalten Schalke und Fürth, über deren Erfolge zuverlässige Daten noch nicht vorliegen, bei uns im Großbetrieb noch nicht eingeführt hat, auch für Deutschland Bedeutung gewinnen kann. — Wie Sie wissen, wandelt Solvay bei seinem Verfahren das Kochsalz (Chlornatrium) nicht erst in Glaubersalz (schwefelsaures Natron) als Zwischenprodukt um, sondern stellt direkt aus Chlornatrium kohlensaures Natron her, indem er von der eigentümlichen Umsetzung des doppeltkohlensauren Ammoniaks mit Kochsalz Gebrauch macht, bei der sich auf der einen Seite schwer lösliches doppeltkohlensaures Natron, auf der anderen gelöstes Chlorammonium bildet; aus letzterem wird dann durch Destillation mit

[1]) Kurze Mitteilung in der Sitzung des Vereins zur Beförderung des Gewerbfleißes am 3. 3. 1879 S. 284—287.

Ätzkalk und Zuführung von Kohlensäure wieder doppeltkohlensaures Ammoniak gebildet, welches auf neue Kochsalzmengen wirkt, und so geht der Prozeß nach der Theorie permanent vorwärts, ohne anderen Verlust als den von Kalk und Kohlensäure; es werden also die großen Kapitalien, welche bei den älteren Sodafabriken die Anlage und Fabrikation der Schwefelsäure, die Schmelzöfen usw. erfordern, gespart und es war die viel verbreitete Ansicht, daß nun eine ganz neue Ära der Sodafabrikation eintreten müßte, so wie man die Sache auf dem Papier sah, auch wohl berechtigt. Haben sich nun in Wirklichkeit diese sanguinischen Hoffnungen auch nicht ganz erfüllt, so ist es doch Tatsache, daß Solvay in seinen beiden Fabriken in Varangsville und Couillieres jährlich zirka 30 000 tons = 600 000 Ztr. herstellt, und daß Ludwig Mond, welcher den Solvay-Prozeß nach England übertrug und mehrfach verbesserte, in seinen Fabriken bei Northwich in Cheshire zur Zeit schon ebenfalls 12 000 tons p. a. produziert und seine Anlagen so projektiert hat, daß er sie nach und nach auf das sechsfache ausdehnen kann, und daß beide Fabrikanten bisher trotz der flauen Zeit wegen des Absatzes keine Mühe haben, da viele große Industrien, z. B. die Weißhohlglasfabrikation, die Ammoniaksoda allen anderen vorziehen, weil sie fast absolut rein (99—99½ %) und namentlich frei von Schwefelverbindungen und Eisen ist, so daß man dafür willig den 10—15 % höheren Preis zahlt.

Auch nach Deutschland werden große Mengen Ammoniaksoda importiert und es lag hierin, wie in dem für den Solvay-Prozeß günstigen Vorkommen mächtiger von Muschelkalk überlagerten Steinsalzlager in Norddeutschland [1]) die Veranlassung, mit Herrn Solvay in Verbindung zu treten und ihn zur Übertragung seiner Sodaindustrie nach Deutschland einzuladen. Solvay hat bisher diese Anerbietungen abgelehnt und es war mir neben anderen von ihm erhobenen Bedenken das Motiv besonders interessant, daß er erst dann eine große Sodafabrik in Deutschland etablieren wolle, wenn wir einen höheren Sodazoll bekommen, bis dahin könne er von seiner geschützten Position in Frankreich weit bequemer auf dem deutschen Markte konkurrieren. Es zeigt dies

---

[1]) Außer den bekannten Lagern von Staßfurt, Sperenberg etc. mag hier noch das vor wenigen Jahren erschlossene Lager bei Altmirsleben, in der Nähe der Berlin-Lehrter Bahn, erwähnt werden, es sind dort nach Durchteufung einer mächtigen Schicht von Muschelkalk, unter dem Gips folgte, 200 m des reinsten Steinsalzes durchsunken, ohne daß bisher das Liegende erreicht ist

wohl deutlich, daß Solvay selbst bei normalen Konkurrenzverhältnissen die Übermacht der Ammoniaksoda nicht für absolut gesichert hält und daher von einem Verdrängen der alten Sodafabrikation auch bei uns nicht die Rede sein kann. Es sind die Verhältnisse für Ammoniaksodafabrikation sowohl in der von Solvay bei Nancy, als in den von Mond bei Northwich angelegten Fabriken auch im übrigen so eigenartig günstige, wie sie vielleicht nirgends anders zu treffen sind. Während die deutschen Sodafabriken sich das Rohmaterial Salz durchschnittlich mit 12 bis 14 Mark per tons loko Fabrik berechnen müssen, kostet dieses in der Solvayschen Fabrik so gut wie nichts. Solvay hat seinerzeit ein Bohrloch für 2000 oder 3000 Franks gekauft, aus dem er nun schon seit Jahren Millionen Ztr. Salz in Form klarer gesättigter Sole pumpt, und Herr Mond in Northwich zahlt ebenfalls nur ein Minimum von 2—3 pence (0,25 Mark) für die Tonne Salz im aufgelösten Zustande (Sole) und dies auch nur, weil er bisher keine Neigung hatte, ein größeres Bohrloch auf seinem eigenen Besitz niederzubringen.

Was nun den Eindruck anbetrifft, den die Ammoniaksodafabrikation auf den Beschauer macht, so ist dies ein ganz eigenartiger; der Gedanke an eine chemische Fabrik gewohnter Art kommt kaum zur Geltung, und man denkt unter all den Maschinerien, Luftpumpen, Filtern, Kolonnen- und Kühlapparaten zunächst weit eher an die Fabrikation von Zucker, als an die von Alkalien.

In der sehr intelligent geleiteten Fabrik in Northwich sind von Herrn Mond noch wesentliche Verbesserungen bei dem Solvay-Prozeß eingeführt, welche den Ammoniakverlust und somit die bedeutendste Ausgabeziffer wohl auf das technisch erreichbare Minimum reduzieren, trotzdem ist nach meiner Ansicht die Fabrikation der Ammoniaksoda nur unter besonders günstigen lokalen Vorbedingungen — an denen es freilich auch in Deutschland nicht mangelt — und beim Arbeiten im größten Stile, mit leichten maschinellen Einrichtungen mit finanziellem Erfolge durchzuführen. In dieser Beziehung haben Solvay wie Mond die richtigen Punkte zu treffen gewußt und die Versuche, ihnen mit kleinen, billig und dürftig ausgestatteten Fabriken Konkurrenz zu machen, dürften kaum zum Ziele führen. Die eigentliche Achillesferse des Solvay-Prozesses bildet seine Abhängigkeit vom Preise der Ammoniaksalze, und bei der raschen Steigerung, welche diese bisher nur in begrenzten Quantitäten, als Nebenprodukt der Gasfabrikation gewinnbaren Salze infolge ihrer Anwendung in der

Landwirtschaft — namentlich beim Zuckerrübenbau — seit einem Jahrzehnt erfahren haben, müßte man in dieser Beziehung sehr ernste Bedenken hegen, wenn nicht die schon oft vergeblich gemachten Versuche auch die bei der Kokesfabrikation entweichenden, ganz enormen Mengen von Destillationsprodukten aufzufangen und zugute zu machen, durch die neuerdings auf den bekannten Hüttenwerken zu Terrenoir erlangten Ergebnisse Aussicht auf Erfolg bieten. Nach den mir hierüber gewordenen generellen Mitteilungen, sollen in Terrenoir per Tonne Koks Nebenprodukte — Ammoniak, Teer usw. — im Werte von 4—5 % gewonnen werden. Bedenken Sie nun, daß bei uns, wie in England und in allen anderen Ländern mit großer Hüttenindustrie, das zum Verkoken benutzte Quantum Steinkohle ein vielfach größeres als das für die Leuchtgasfabrikation benutzte ist, daß. namentlich in England Kokereien im Betriebe sind, welche 10 000 tons und darüber per Woche produzieren, so ergibt sich sofort, welchen gewaltigen Umschwung die Gewinnung des Ammoniaks und der Teerprodukte bei der Kokerei selbst, wie für die auf die Produkte der Destillation der Steinkohle basierten Industrien herbeiführen mußte. — Da mir in den deutschen technischen Journalen über diesen neuen, und wenn er sich auch nur annähernd bewährt, äußerst wichtigen Fortschritt in der Verwertung der Steinkohle noch keine Mitteilung begegnet ist, so möchte ich hierdurch zu weiteren Forschungen und Versuchen in dieser Richtung anregen; unsere Berg- und Hüttenindustrie befindet sich ja gerade jetzt in der Lage, eine solche Vermehrung des Ertrages gut gebrauchen zu können. —

Gelegentlich der Kohlenschwelprozesse möchte ich mir erlauben, Ihnen noch eine andere Form derselben vorzuführen, die mir unter meinen Reiseerinnerungen lebhaft vorschwebt. Sie wissen, daß man in England durch Parlamentsakte und Lokalgesetzgebung das Mögliche getan hat, um den aus den Fabrikschornsteinen entströmenden dicken, schwarzen Rauch zu bannen; ganz besonders tätig ist man in dieser Beziehung in dem Salinenbezirke von Cheshire gewesen, wo freilich die unter hunderten von Salzsiederpfannen nicht immer nach den rationellsten Vorschriften über Rostanlagen und Luftzuführung brennenden und schmauchenden Kohlenfeuer eben nicht zur Klärung der Atmosphäre beitragen. Die englische Smoke consuming act, deren Lob zur Zeit auch in deutschen Zeitschriften verkündigt ward, schreibt nun bestimmt vor, daß ein Schornstein nicht länger als zehn

Minuten nacheinander schwarzen Rauch ausstoßen dürfe; diese Vorschrift wurde nun von den bei den Salinen nicht näher interessierten Anwohnern mit großer Freude begrüßt, und behufs ihrer genaueren Befolgung wurden die Schornsteine sorgfältig überwacht, das führte dann zu häufigen Anzeigen und Bestrafungen der unachtsamen oder ungeschickten Feuerleute, bis letztere durch eine ebenso einfache als wirksame Kombination dazu gelangten, dem Gesetze nach seinem strengsten Wortlaute Genüge zu leisten, ohne dadurch in der bisher üblichen Methode der Befeuerung gar zu sehr behindert zu werden. Bei der Salinenfeuerung ist jetzt eine Uhr angebracht, welche alle zehn Minuten anschlägt, sobald dieses Signal ertönt, greift der Feuermann mit seiner Schaufel in einen neben dem anderen horizontal liegenden Haufen Kehrsalz und streut davon über das lebhaft brennende Feuer; sofort hört der schwarze Rauch auf und an seiner Stelle entströmen dem Schornstein fast ganz weiße Salzdämpfe; nach kurzer Zeit gewinnt freilich der schwarze Rauch wieder die Oberhand, aber dem Gesetze ist genügt, und das Publikum betrachtet den schwarzen Rauch jetzt mit günstigeren Augen als früher, da dieser ihm nur Ruß allein, der weiße dagegen Ruß und Salz gemischt zuträgt.

Darf ich nach dieser mehr feuilletonistischen Mitteilung Ihre Geduld noch einen Augenblick in Anspruch nehmen, so möchte ich mir erlauben, Sie auf einige Tonwaren hinzuweisen, die heute auf meine Veranlassung hier im Vorsaal aufgestellt sind, weil sie eine ganz vorzügliche Leistung deutscher Industrie repräsentieren.

Die verschiedenen Tonröhren sind von der Fabrik von Rohrmann & Co. in Krauschwitz bei Muskau gefertigt, und bitte ich Sie besonders die größeren Kühlschlangen genauer anzusehen, da dieselben sowohl in bezug auf die Ausführung als auf die Qualität, Glasur und Feinheit des Scherbens, selbst die besten englischen von Doulton in Lambeth weit übertreffen. Bis vor wenigen Jahren mußte ich solche Schlangen für meine Bromfabrikation in großer Anzahl von England beziehen, und dafür nicht allein ganz enorme Preise bezahlen, sondern hatte bei einem Dutzend oft 4 bis 6 während des Transports zerbrochene.

Herr Komm.-Rat Jannasch in Bernburg begann zwar auf mein Ersuchen die Fabrikation, stieß dabei aber auf große Schwierigkeiten, da sein sonst vorzügliches Tonmaterial für so lange, kurz gewundene Rohrstränge zu steif war. Die jetzt von Rohrmann & Co. gelieferten Schlangen erreichen aber die englischen nicht nur, sondern übertreffen sie namentlich darin, daß die Doultonschen Schlangen aus einem nur oberflächlich glasierten, dicken, porösen Scherben, die deutschen dagegen aus einer vollständig geflossenen dichten, die Wärme besser leitenden Masse bestehen, und daher auch für gleiche Wirkung wesentlich kleiner sein können, als die englischen. Lernen wir nur unser heimisches Material kennen und richtig verwerten, so werden auch auf andern Gebieten solche Erfolge zu erzielen sein!

* *
*

Druck von Julius Beltz in Langensalza.

FSC
www.fsc.org
MIX
Papier | Fördert gute Waldnutzung
FSC® C083411

Zeitfracht Medien GmbH
Ferdinand-Jühlke-Straße 7
99095 Erfurt, Deutschland
produktsicherheit@kolibri360.de